icve 智慧职教

高等职业教育
自动化类专业
"智改数转"系列
新形态教材

智能传感器应用实践

U0683544

刘书凯　主编	常州市高等职业教育园区管理委员会 山东莱茵科斯特智能科技有限公司	组编
周嵘　主审	俞齐鑫　许明瑶　段瑞珍 唐咏　孙菊妹　汤建华 李永杰　田端强　侯田杰	参编

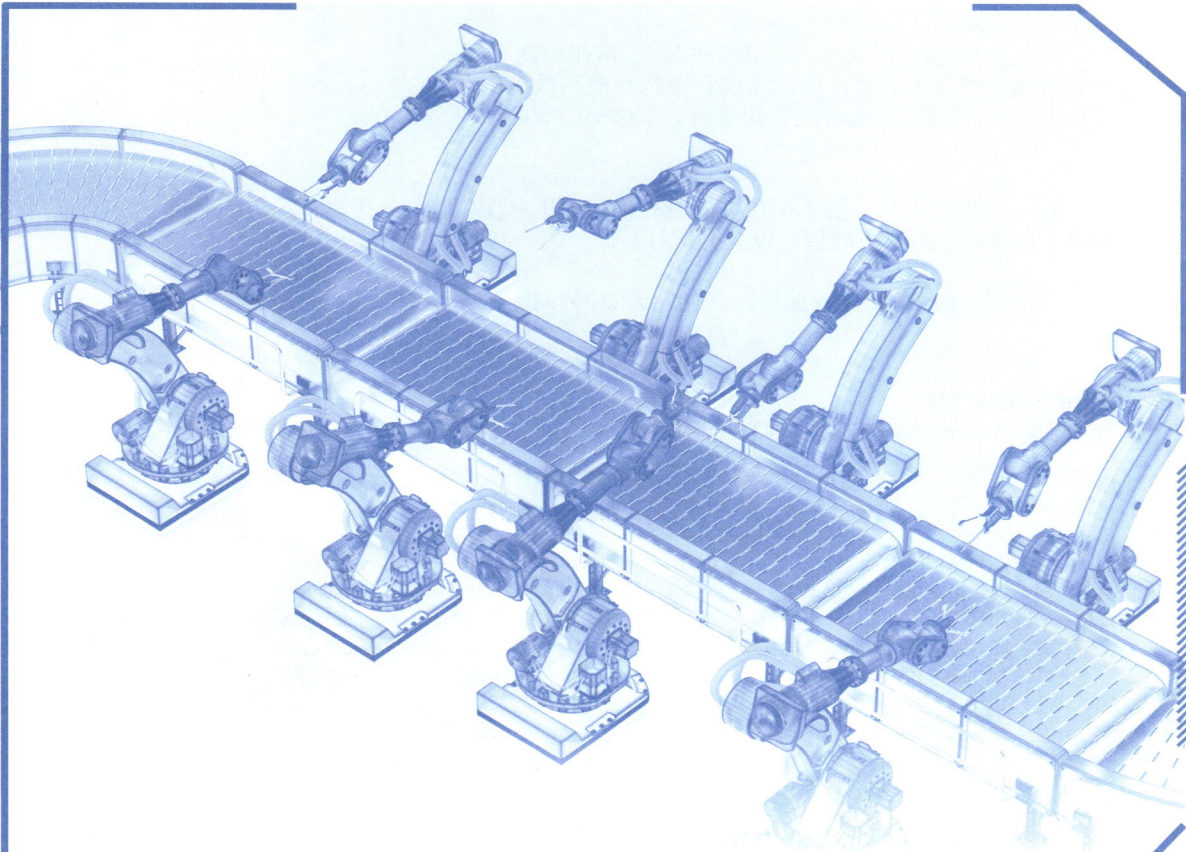

中国教育出版传媒集团
高等教育出版社·北京

内容提要

本书是高等职业教育自动化类专业"智改数转"系列新形态教材之一。

本书是根据智能传感器技术人员、智能产线集成人员等新职业的岗位要求，结合高等职业院校装备制造大类专业转型升级需求编写的理实一体化教材。本书围绕智能产线设计了智能传感器应用基础、传感器在智能产线供料单元的应用、传感器在智能产线分拣单元的应用、机器视觉在智能产线上的应用及智能传感器在智能产线上的综合应用五个项目，每个项目均包含若干任务，构建以项目为载体、任务为驱动，以能力培养为主线的组织体系结构。每个项目贯穿智能传感器相关知识点和技能点的学习，最终使学习者获得智能传感器的专业技能。

本书配套提供教学课件、微课、演示视频、源代码、拓展阅读等数字化教学资源，读者可发送电子邮件至gzdz@pub.hep.cn获取部分资源。

本书可作为高等职业院校电气自动化技术、机电一体化技术、工业机器人技术、数字化设计与制造技术等相关专业的课程教材，也可作为智能制造领域相关企业工程技术人员的培训教材和工具书。

图书在版编目（ＣＩＰ）数据

智能传感器应用实践 / 刘书凯主编 ； 常州市高等职业教育园区管理委员会，山东莱茵科斯特智能科技有限公司组编. -- 北京 ： 高等教育出版社，2023.9（2025.8重印）
ISBN 978-7-04-060594-5

Ⅰ．①智…　Ⅱ．①刘…　②常…　③山…　Ⅲ．①智能传感器－高等职业教育－教材　Ⅳ．①TP212.6

中国国家版本馆CIP数据核字（2023）第097640号

智能传感器应用实践
ZHINENG CHUANGANQI YINGYONG SHIJIAN

策划编辑　郑期彤	责任编辑　郑期彤	封面设计　贺雅馨	版式设计　杨　树		
责任绘图　于　博	责任校对　张　然	责任印制　刘思涵			

出版发行	高等教育出版社	网　　址	http://www.hep.edu.cn
社　　址	北京市西城区德外大街4号		http://www.hep.com.cn
邮政编码	100120	网上订购	http://www.hepmall.com.cn
印　　刷	高教社（天津）印务有限公司		http://www.hepmall.com
开　　本	787mm×1092mm　1/16		http://www.hepmall.cn
印　　张	16.75		
字　　数	380 千字	版　　次	2023 年 9 月第 1 版
购书热线	010–58581118	印　　次	2025 年 8 月第 2 次印刷
咨询电话	400–810–0598	定　　价	46.80元

本书如有缺页、倒页、脱页等质量问题，请到所购图书销售部门联系调换
版权所有　侵权必究
物 料 号　60594-00

"智慧职教"服务指南

"智慧职教"（www.icve.com.cn）是由高等教育出版社建设和运营的职业教育数字教学资源共建共享平台和在线课程教学服务平台，与教材配套课程相关的部分包括资源库平台、职教云平台和App等。用户通过平台注册，登录即可使用该平台。

● **资源库平台：为学习者提供本教材配套课程及资源的浏览服务。**

登录"智慧职教"平台，在首页搜索框中搜索"智能传感器应用实践"，找到对应作者主持的课程，加入课程参加学习，即可浏览课程资源。

● **职教云平台：帮助任课教师对本教材配套课程进行引用、修改，再发布为个性化课程（SPOC）。**

1. 登录职教云平台，在首页单击"新增课程"按钮，根据提示设置要构建的个性化课程的基本信息。

2. 进入课程编辑页面设置教学班级后，在"教学管理"的"教学设计"中"导入"教材配套课程，可根据教学需要进行修改，再发布为个性化课程。

● **App：帮助任课教师和学生基于新构建的个性化课程开展线上线下混合式、智能化教与学。**

1. 在应用市场搜索"智慧职教icve"App，下载安装。

2. 登录App，任课教师指导学生加入个性化课程，并利用App提供的各类功能，开展课前、课中、课后的教学互动，构建智慧课堂。

"智慧职教"使用帮助及常见问题解答请访问help.icve.com.cn。

　　党的二十大报告强调，坚持把发展经济的着力点放在实体经济上，推进新型工业化，加快建设制造强国、质量强国。智能制造是建设制造强国、质量强国的主攻方向，其发展程度直接关乎我国的制造业竞争力水平。发展智能制造对于巩固实体经济根基、建成现代化产业体系、实现新型工业化具有重要作用。随着全球新一轮科技革命和产业变革的突飞猛进，新一代信息、生物、新材料、新能源等技术不断突破，并与先进制造技术加速融合，为制造业高端化、智能化、绿色化发展提供了相关技术支持。为了支撑智能制造企业高质量发展，培养大批满足企业需求的高素质技术技能人才，职业院校的实训条件、课程建设、教学资源开发需要及时与产业对接，进行数字化、智能化升级。在此背景下，由常州市高等职业教育园区管理委员会统筹规划，组织常州科教城现代工业中心、相关智能制造企业与职业院校深度合作，联合开发高等职业教育自动化类专业"智改数转"系列新形态教材。

　　本书所介绍的智能传感器是当今世界正在迅速发展的高新技术，是指具有信息处理功能的传感器，它集感知、信息处理、通信于一体，通过通信网络以数字形式进行信息传递。智能传感器应用技术是装备制造大类专业群的核心课程。本书以智能传感器实训平台为载体，以真实需求为导向，结合高等职业教育教学特点，将智能传感器相关的理论知识与实操任务整合到教学活动中，理论基础与实训教学有效衔接，通过选型、安装、调试培养学生的智能传感器使用和调试能力。

　　本书由常州工程职业技术学院、常州信息职业技术学院、常州机电职业技术学院、常州纺织服装职业技术学院、常州工业职业技术学院、常州科教城现代工业中心、山东莱茵科斯特智能科技有限公司等单位联合开发。

　　本书由常州工程职业技术学院刘书凯担任主编，由常州信息职业技术学院俞齐鑫、许明瑶，常州机电职业技术学院段瑞珍，常州工程职业技术学院唐咏、孙菊姝，常州纺织服装职业技术学院汤建华，常州工业职业技术学院李永杰，山东莱茵科斯特智能科技有限公司田端强、侯田杰共同编写。全书由常州工程职业技术学院周皞教授担任主审。在编写过程中，参阅了相关的教材及技术文献，在此对各位专家、工程师和文献作者一并表示衷心的感谢。

　　本书配有丰富的数字化教学资源，包括教学课件、微课、演示视频、源代码、拓展阅读等，并在书中相应位置放置了二维码资源标记，读者可以通过手机等移动终端扫码学习。

　　受编者水平所限，书中难免存在不足之处，恳请广大读者批评指正。

编　者

2023 年 4 月

目录

项目一
智能传感器应用基础

微课
智能传感器
应用基础

2022年11月29日晚，搭载神舟十五号载人飞船的长征二号F遥十五运载火箭在酒泉卫星发射中心点火发射，顺利进入预定轨道，航天员乘组状态良好，发射取得圆满成功。载人飞船上装有数千只传感器，用于监测航天员的呼吸、脉搏、体温等生理参数和飞船升空、运行、返回等多项飞行参数，并及时传回指挥控制中心。

新技术的发展将世界带入物联网时代，物联网时代是比信息时代更智能的新时代。在发展物联网的过程中，智能传感器不可或缺，因为在信息交换的过程中，获取准确、可靠的信息十分重要，而传感器是获取各种信息的主要途径。全球传感器市场多年来保持稳步增长，2017年，全球传感器市场规模达到2 075亿美元（约合14 500亿元人民币），增速达到14.7%；2021年，中国传感器市场规模接近3 000亿元，同比增长18.74%。未来几年，随着智能制造、物联网、车联网等相关行业的发展，全球对智能传感器产品的需求将快速增长，预计到2025年，全球智能传感器市场规模将接近900亿美元（约合6 300亿元人民币），年均复合增速接近20%。

项目描述

本项目将学习传感器的定义、组成及特点等基础知识，传感器在机电设备和其他设备中的主要应用，传感器技术的发展趋势，有关仪表和测量误差的基础知识和传感器的标定，了解智能传感器实训平台的基本情况。

项目目标

➤ **知识目标**
1. 了解传感器的定义、作用和基本构成。
2. 了解传感器的分类、主要性能指标和发展趋势。
3. 掌握误差的基本概念和简单计算。

➤ **能力目标**
1. 熟悉机电设备及其他设备中最常见的传感器。
2. 掌握传感器的灵敏度和线性度的计算方法。
3. 掌握仪表精度等级的选用以及传感器的标定方法等。

➤ **素养目标**
1. 能够积极思考，举一反三，探索解决问题的多种方式。
2. 具有爱岗敬业、勇于创新和精益求精的职业精神。

本项目重点介绍传感器的基本知识，主要分为三个任务。前两个任务将介绍传感器的定义、组成、作用及分类等传感器认知方面的内容，以及传感器误差的定义、类型和传感器的标定方法等。任务三将对智能传感器实训平台进行介绍。

任务一
传感器认知

任务描述

通过本任务，将可了解各类传感器的基础知识，掌握传感器的定义、组成、作用和分类，熟悉传感器的特性，了解传感器技术的发展趋势。

微课
传感器认知

任务分析（表1-1）

表1-1　知识点与技能点

知识点	技能点
传感器的定义与组成	常见传感器的辨识
传感器的作用与分类	传感器的特性分析与选择
传感器的特性	
传感器技术的发展趋势	

知识链接

伴随着工业化、信息化时代的到来，传感器技术已经成为一门迅猛发展的综合性技术学科，广泛应用于人类的社会生产和科学研究中，并起着越来越重要的作用，成为国民经济发展和社会进步的一项不可或缺的重要技术。它与通信技术、计算机技术共同构成了信息技术系统的"感官""神经"和"大脑"，一起成为信息技术的三大支柱。对于机电一体化产品来说，三者缺一不可。自动化程度越高，系统对传感器的依赖性就越大，传感器对系统功能的决定作用就越明显。

传感器（transducer/sensor）是一种检测装置，它能感受到被测量信息，并将其按一定规律变换成电信号或其他所需形式的信息输出，以满足信息的传输、处理、存储、显示、记录和控制等要求，是实现自动检测和自动控制的首要环节，可为自动控制提供控制依据。在工业生产、自动化检测与控制系统中，通常用传感器取代人的五官，用计算机取代人的大脑，对传感器感知、变换来的信号进行处理，并控制执行器对外界对象实施自动化控制。人体系统与机器系统对比的结构示意图如图1-1所示。

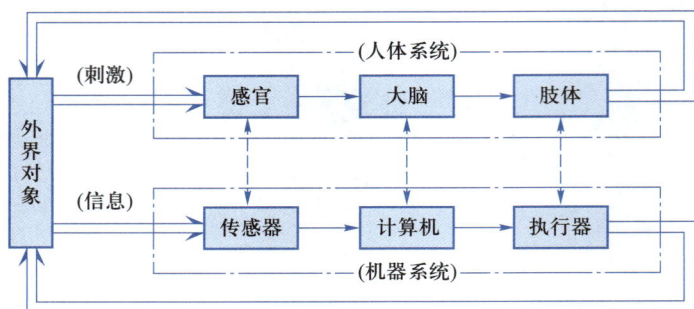

图1-1　人体系统与机器系统对比的结构示意图

一、传感器的定义与组成

根据国家标准GB/T 7665—2005《传感器通用术语》，传感器的定义是"能感受被测量并按照一定的规律转换成可用输出信号的器件或装置"。

这一定义包含了以下几方面的意思：

① 传感器是一种测量装置，能完成检测任务。例如，常见的发电机是一种可以将机械能转换成电能的转换装置，从能量角度看，它是一种发电设备，不能称为传感器；但是，从另一个角度看，人们可以通过发电机发电量的大小来测量调速系统的机械转速，这时发电机就可以被看成一种用于测量转速的装置，是一种速度传感器，通常称为测速发电机。应用传感器的目的主要是获得被测量的准确信息。

② 传感器的输入量是某一被测量，可能是物理量，也可能是化学量、生物量等。

③ 传感器定义中所谓的"可用输出信号"是指便于传输、转换及处理的信号，主要包括光、电等信号，这里主要指电信号（电压、电流、频率），它能够比较容易地进行放大、反馈、滤波、微分、存储、远距离操作等。被测量一般为非电量信号，在工程中常见的需要测量的非电量有压力、压强、温度、速度、位移、浓度等。正是由于这些非电量信号不能像电信号那样可由电工仪表或者电子仪器来直接测量，因而需要利用传感器技术来实现由非电量到电量的转换。

④ 传感器的输入和输出信号要有一定的对应关系，并且要保证一定的精度。

因此，传感器也可以狭义地定义为将外界非电量按一定规律转换成电信号输出的器件或装置。传感器有时又被称为变换器、换能器、探测器、检知器等。

传感器按其定义一般由敏感元件、转换元件、信号调理转换电路三部分组成，有时还需外加辅助电源提供转换能量，如图1-2所示。其中，敏感元件是指传感器中能直接感受或响应被测量的部分。转换元件是指传感器中能将敏感元件感受或响应的被测量转换成适合于传输或测量的电信号的部分。由于转换元件输出的信号一般都很微弱，因此需要在信号调理、转换、放大、运算与调制之后再进行显示和参与控制。应该指出的是，并不是所有的传感器都必须包括敏感元件和转换元件。如果敏感元件可以直接输出电量，它就同时兼为转换元件；如果转换元件可以直接感受被测量而输出与之成一定关系的电量，则传感器就不需要敏感元件。敏感元件与转换元件合二为一的传感器很多，如压电晶体、热电偶、热敏电阻及光电器件等。

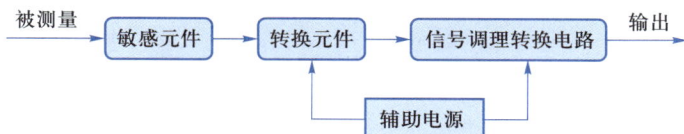

图1-2 传感器的组成

图1-3所示为一台测量压力用的电位器式压力传感器的结构示意图，当被测压力p增大时，弹簧管撑直，通过齿条带动齿轮转动，从而带动电位器的电刷产生角位移。电位器电阻的变化量反映了被测压力p的变化。在这个传感器中，弹簧管为敏感元件，它将压力转换成角位移α。电位器为转换元件，它将角位移转换为电参量——电阻的变化。当电位器的两端加上电源后，电位器就组成分压比电路，它的输出量是与压力成一定关系的电压U_o。在此例中，电位器又属于分压比式测量转换电路。

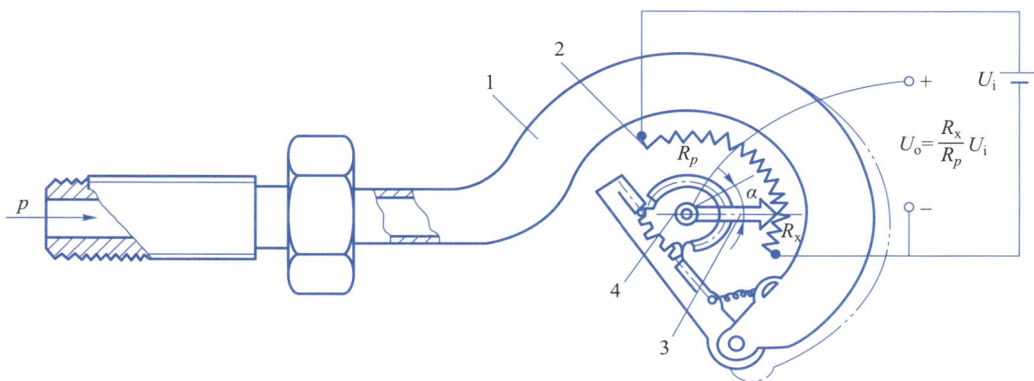

1—弹簧管(敏感元件)；2—电位器(转换元件、测量转换电路)；3—电刷；4—传动机构(齿轮-齿条)

图1-3 电位器式压力传感器的结构示意图

二、传感器的作用、分类与命名

1. 传感器的作用

从20世纪80年代起，全世界范围内掀起了一股"传感器热"，各先进工业国都极为重视传感技术和传感器的研究、开发和生产。传感技术领域已成为重要的现代科技领域，传感技术已成为科学和生产实践的必要手段，其水平的高低是衡量科技现代化程度的重要标志之一，传感器及其系统的生产成为重要的新兴产业。

在现代工业生产尤其是自动化生产过程中，各种传感器通常被用来监视和控制生产过程中的各个参数，使设备能工作在正常状态或最佳状态，并提高产品的质量。如一辆汽车需要配备30～100种传感器及配套检测仪表用于检测车速、方位、转矩、振动、油压、油量、温度等参数；一条自动化生产线则需要配备20～100种传感器及配套检测仪表用于监测生产部位的参数，如位置、压力、流量等，如图1-4所示。可见，传感器与检测技术在工程技术领域占有非常重要的地位，没有众多优良的传感器，现代化生产就失去了基础。

图1-4　传感器在自动化生产线中的应用

在基础学科研究中，传感器具有更加突出的地位。随着现代科学技术的发展，人们的研究已经迈入了许多新领域。例如，宏观上要观察上万或上亿光年的茫茫宇宙，微观上要观察小到纳米量级的粒子世界，纵向上要观察长达数十万年的天体演化和短到毫秒的瞬间反应。此外，还出现了对于深化物质认识、新能源及新材料开拓等具有重要作用的各种极端技术的研究，如超高温、超低温、超高压、超高真空、超强磁场、超弱磁场等。以上的这些研究领域都离不开传感器的帮助。

传感器早已渗透到工业生产、宇宙开发、海洋探测、环境保护、资源调查、医学诊断、生物工程，甚至文物保护等领域，应用极其广泛，如图1-5所示。可以毫不夸张地说，从茫茫的太空，到浩瀚的海洋，以及各种复杂的工程系统，几乎每一个现代化项目都离不开各种各样的传感器。像人们日常生活中使用的智能手机内就有10余种传感器，如图1-6所示。

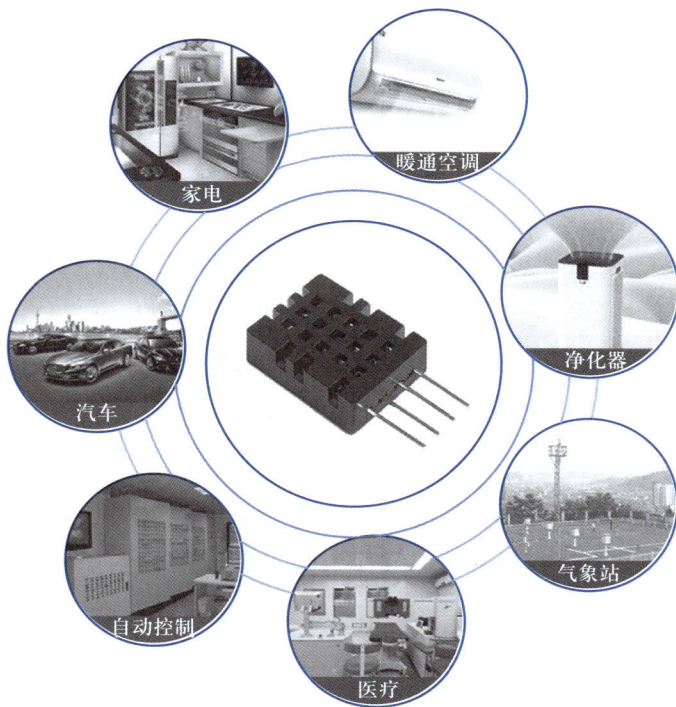

图1-5　传感器的广泛应用

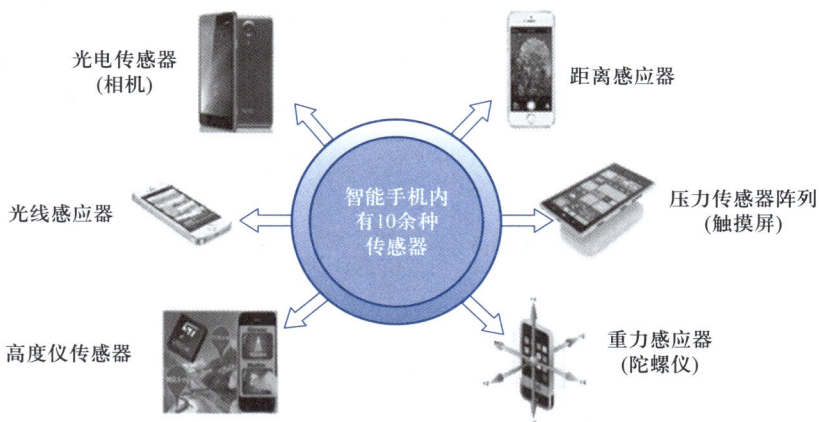

图1-6　智能手机应用的传感器

　　由此可见，传感器技术在发展经济、推动社会进步等方面具有十分重要的作用，世界各国也都十分重视这一领域的发展。

　　2.传感器的分类

　　传感器的种类繁多，可以按基本效应、被测量、工作原理、能量种类、能量关系、输出信号类型、防爆等级、敏感材料、与之结合的高新技术等进行分类，如表1-2所示。

表 1-2　常用传感器的分类方法

分类方法	主要类型
按基本效应	物理型传感器、化学型传感器、生物型传感器
按被测量	位移传感器、压力传感器、力传感器、速度传感器、温度传感器、流量传感器、气体成分传感器等
按工作原理	电阻式传感器、电容式传感器、电感式传感器、热电式传感器、压电式传感器、磁电式传感器、光电式传感器、光纤传感器等
按能量种类	机、电、热、光、声、磁6种能量传感器
按能量关系	有源传感器、无源传感器
按输出信号类型	模拟量传感器、数字量传感器
按防爆等级	普通型传感器、防爆型传感器、本安型传感器
按敏感材料	半导体传感器、金属材料传感器、陶瓷传感器、高分子材料传感器、复合材料传感器等
按与之结合的高新技术	集成传感器、智能传感器、机器人传感器、仿生传感器等

此外，传感器按工作机理可分为结构型（空间型）传感器和物性型（材料型）传感器两大类。结构型传感器依靠传感器结构参数的变化实现信号变换，从而检测出被测量，常可按能源种类再分为机械式传感器、磁电式传感器、光电式传感器等。物性型传感器利用某些材料本身的物性变化来实现被测量的变换，主要以半导体、电介质、磁性体等作为敏感元件的固态器件，可按其物性效应再分为压电式传感器、压磁式传感器、磁电式传感器、热电式传感器、光电式传感器、仿生式传感器等。

3. 传感器的命名

根据 GB/T 7666—2005《传感器命名法及代码》，一种传感器产品的名称应由主题词加四级修饰语构成。

① 主题词：传感器。

② 第一级修饰语：被测量，包括修饰被测量的定语。

③ 第二级修饰语：转换原理，一般可后续以"式"字。

④ 第三级修饰语：特征描述，指必须强调的传感器结构、性能、材料特征、敏感元件以及其他必要的性能特征，一般可后续以"型"字。

⑤ 第四级修饰语：主要技术指标（量程、测量范围、精度等）。

在有关传感器的统计表格、图书索引、检索以及计算机汉字处理等特殊场合，传感器名称应采用正序排列，即"传感器"→第一级修饰语→第二级修饰语→第三级修饰语→第四级修饰语，如"传感器，位移，电容式，差动，±20 mm""传感器，压力，压阻式,[单晶]硅，600 kPa"。在技术文件、产品样本、学术论文、教材及书刊的陈述句子中，传感器名称应采用反序排列，即第四级修饰语→第三级修饰语→第二级修饰语→第一级修饰语→"传感器"，如"100~160 dB差动电容式声压传感器"。

　　在实际应用中，可根据产品具体情况省略任何一级修饰语，如"100 mm 应变片式位移传感器"。作为商品出售时，传感器的第一级修饰语不得省略。

三、传感器的特性

　　传感器一般用于将各种信息量（物理量、化学量、生物量）转换为电信号，描述这种转换的输入/输出关系表达了传感器的基本特性，有静态特性和动态特性之分。静态特性是指当输入量为常量或变化极慢时，即被测量各个值处于稳定状态时的输入/输出关系。动态特性是指当输入量随时间变化时的输入/输出关系。这里重点介绍传感器静态特性的部分指标。

　　1.传感器的静态特性

　　（1）线性度

　　通常总是希望传感器的输入-输出特性曲线为线性的，但实际的输入-输出特性曲线只能接近线性，都应进行线性处理，用一条拟合直线近似代表实际特性曲线。常用的直线拟合方法有理论直线法、端基拟合法［见图1-7（a）］、平均选点法［见图1-7（b）］、割线法、最小二乘法［见图1-7（c）］和计算程序法等。

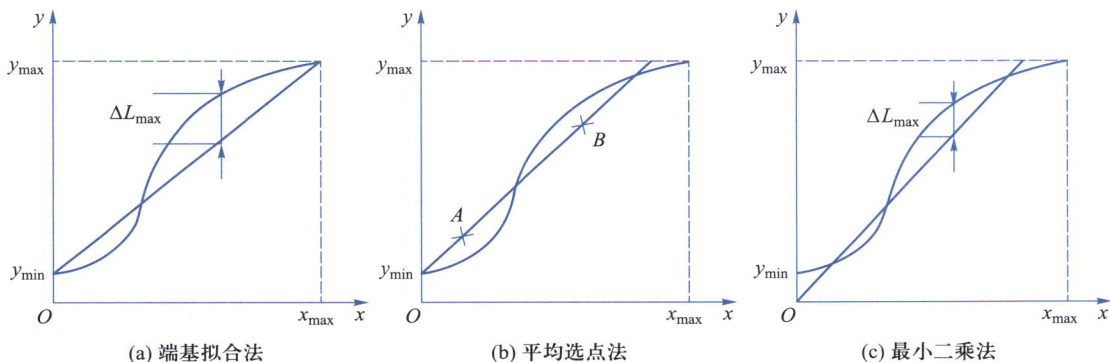

図1-7　直线拟合方法

　　传感器的线性度是指传感器实际静态特性曲线与拟合直线之间的最大偏差 ΔL_{max} 与传感器满量程输出 y_{max} 和最小输出 y_{min} 的差的比值，用 γ_L 表示为

$$\gamma_L = \pm \frac{\Delta L_{max}}{y_{max} - y_{min}} \times 100\% \qquad (1-1)$$

　　线性度又称为非线性误差。γ_L 越小，说明实际静态特性曲线与拟合直线之间的偏差越小。从特性上看，γ_L 越小越好，但考虑到成本，则一般要求 γ_L 适中。

　　（2）灵敏度

　　传感器的灵敏度（见图1-8）是指传感器在稳态下的输出变化量 Δy 与输入变化量 Δx 之

比，用K表示为

$$K = \frac{\Delta y}{\Delta x} \qquad (1-2)$$

对于线性传感器，其灵敏度就是它的静态特性曲线的斜率。

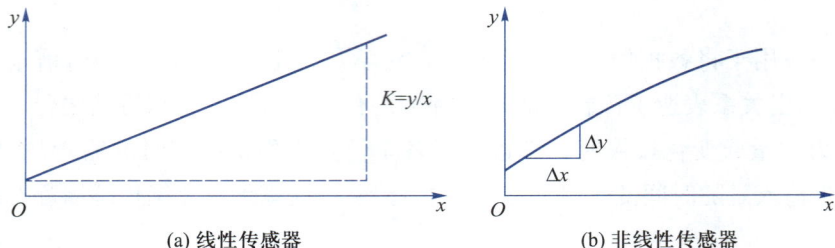

(a) 线性传感器   (b) 非线性传感器

图1-8　传感器的灵敏度

（3）迟滞

传感器的迟滞是指传感器在正向行程（输入量增大）和反向行程（输入量减小）期间，输入–输出特性曲线不一致的程度，如图1-9所示。迟滞γ_H的值通常由实验来决定，可表示为

$$\gamma_H = \pm \frac{1}{2} \frac{\Delta H_{max}}{y_{max}} \times 100\% \qquad (1-3)$$

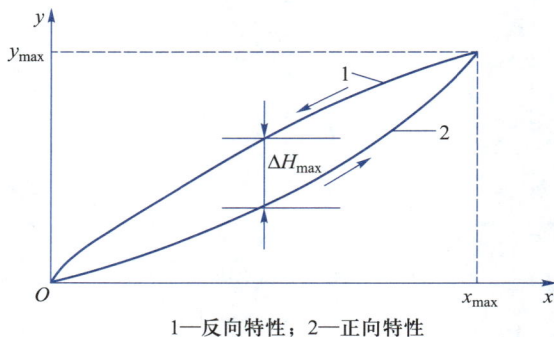

1—反向特性；2—正向特性

图1-9　传感器的迟滞特性

产生迟滞现象的主要原因是传感器的机械部分不可避免地存在着间隙、摩擦及松动等。

（4）重复性

传感器的重复性是指传感器在输入量按同一方向做全量程内的连续重复测量时，所得输入–输出特性曲线不一致的程度，如图1-10所示。出现此不一致现象的原因与出现迟滞现象的原因相同。重复性用γ_x表示为

$$\gamma_x = \pm \frac{\Delta m_{max}}{y_{max}} \times 100\% \qquad (1-4)$$

式中，Δm_{max} 取 Δm_1，Δm_2，…中的最大值。传感器的重复性越好，使用时的误差就越小。

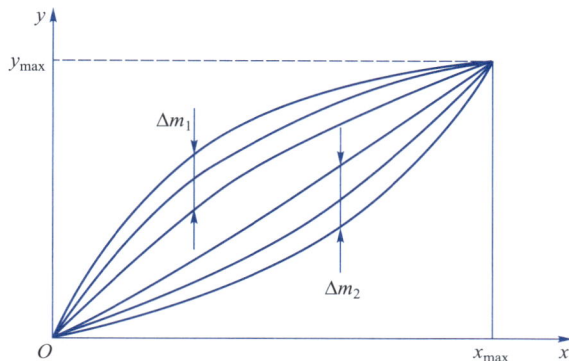

图 1-10　传感器的重复性

（5）分辨力

传感器的分辨力是指传感器在规定测量范围内所能检测到的输入量的最小变化量，有时也可用该值相对于满量程输入值的百分数表示。

（6）稳定性和漂移

传感器的稳定性是指经过一段时间后，传感器的输出量和初始标定时的输出量之间的差值，可分为长期稳定性和短期稳定性。通常用不稳定度来表征传感器输出的稳定程度。

传感器的漂移是指在外界干扰下，传感器的输出量出现与输入量无关的变化。漂移有很多种，如时间漂移和温度漂移等。时间漂移是指在规定的条件下，传感器的零点或灵敏度随时间变化而发生变化；温度漂移是指传感器的零点或灵敏度随环境温度变化而发生变化。

（7）精度

与精度有关的指标有精密度、准确度和精确度。

① 精密度：表示传感器输出值的分散性，即对某一稳定的被测量，由同一个测量者用同一个传感器，在相当短的时间内连续重复测量多次，其测量结果的分散程度。精密度是随机误差大小的标志，精密度高，意味着随机误差小。注意：精密度高，准确度不一定高。

② 准确度：表示传感器输出值与真值的偏离程度。例如，某流量传感器的准确度为 $0.3\ m^3/s$，表示该传感器的输出值与真值偏离 $0.3\ m^3/s$。准确度是系统误差大小的标志，准确度高，意味着系统误差小。同样，准确度高，精密度不一定高。

③ 精确度：精确度是精密度与准确度两者的总和。在最简单的情况下，可取两者的代数和。精确度高，表示精密度和准确度都比较高。

准确度、精密度与精确度的关系如图 1-11 所示。在测量中，人们总是希望得到精确度高的结果。

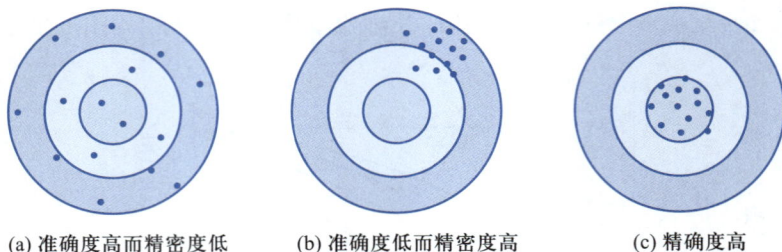

(a) 准确度高而精密度低   (b) 准确度低而精密度高   (c) 精确度高

图 1-11   准确度、精密度与精确度的关系

2. 传感器的动态特性

在实际测量中，不仅要求传感器具有良好的静态特性，而且要求其具有良好的动态特性。动态特性是指传感器测量动态信号时的输入/输出关系。在进行动态测量时，由于被测量要随时间变化，此时如果传感器不能快速响应并正确提取信号，测量工作就无法进行。例如，在做人体的心电图检查时，如果不能准确地将人体心脏随时间跳动的状况及时检测出来并迅速打印，那么就不能为医生的诊断提供有效依据。

动态特性好的传感器，其输出随时间的变化将高精度地反映输入随时间的变化，即它们具有相同的时间函数。但是，除理想情况外，实际传感器的输出信号与输入信号不会具有相同的时间函数，由此将引起动态误差。

动态特性常用阶跃响应（最大偏离量、延迟时间、上升时间、峰值时间、响应时间）和频率响应（幅频特性、相频特性）来描述。

四、传感器技术的发展趋势

在科学技术、工农业生产以及日常生活中，传感器发挥着越来越重要的作用。人类社会对传感器提出越来越高的要求是传感器技术发展的强大动力，而现代科学技术突飞猛进的发展则为其提供了坚强的后盾。随着科学技术的发展，传感器也在不断地更新换代。当前传感器的发展方向是智能化、微型化、多功能化和网络化。

1. 智能化

传感器与微处理器相结合，使自身不仅具有检测功能，还具有信息处理、逻辑判断、自诊断以及"思维"等人工智能，这称为传感器的智能化，如图 1-12 所示。借助于半导体集成技术把传感器部分与信号预处理电路、输入/输出接口、微处理器等制作在同一块芯片上，便得到大规模集成智能传感器。可以说，智能传感器是传感器技术与大规模集成电路技术相结合的产物，它的实现取决于传感器技术与半导体集成化工艺水平的提高与发展。

与一般传感器相比，智能传感器有以下几个显著特点：

① 精度高。智能传感器具有信息处理的功能，通过软件可以修正各种确定性系统误差（如传感器的非线性误差、温度误差、零点误差、正反行程误差等），还可以适当补偿随机误差，降低噪声，从而使传感器的精度大大提高。

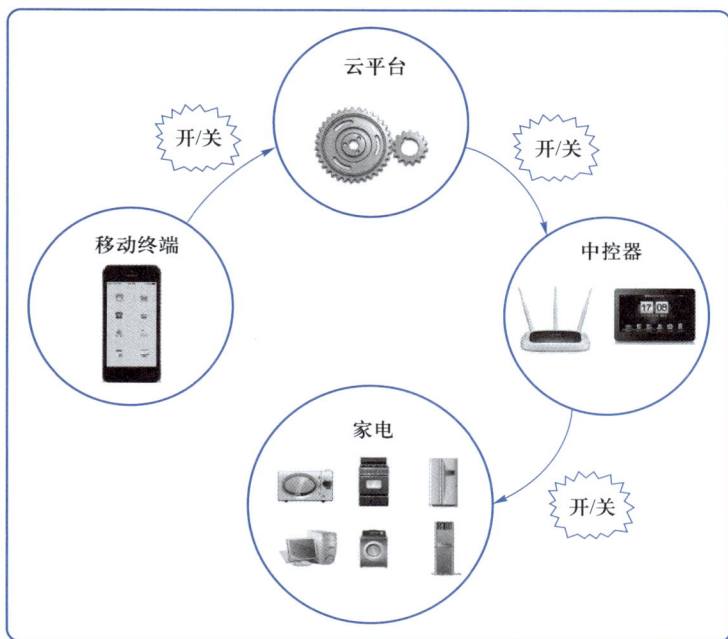

图 1-12　智能传感器

② 稳定性、可靠性好。智能传感器具有自诊断、自校准和数据存储功能，对于智能结构系统还有自适应功能。

③ 检测与处理方便。智能传感器不仅具有一定的可编程自动化能力，能根据检测对象或条件的改变，方便地改变量程及输出数据的形式等，而且输出的数据可以通过串行通信线路直接送入远程计算机进行处理。

④ 功能广。智能传感器不仅可以实现多传感器多参数的综合测量，测量与使用范围广，还可以提供多种形式的输出。

2. 微型化

由于计算机技术的发展，计算机辅助设计（CAD）技术和集成电路技术迅速发展，微机电系统（MEMS）技术应用于传感器，从而引发了传感器的微型化。微机电系统是采用微机械加工技术，将微型传感器、微型执行器、微型机构和相应的处理电路集成在一起的微型器件或微型系统，为微米级加工技术。

3. 多功能化

传感器的多功能化也是其发展方向之一。作为多功能化的典型实例，单片硅多维力传感器的主要元件是由4个正确设计安装在一个基板上的悬臂梁组成的单片硅结构，以及9个准确布置在各个悬臂梁上的压阻敏感元件。该传感器可以同时测量3个线速度、3个离心加速度（角速度）和3个角加速度。多功能化不仅可以降低生产成本，减小体积，而且可以有效地提高传感器的稳定性、可靠性等性能指标。

4. 网络化

随着通信技术的发展和无线技术的广泛应用，无线传感器网络也得到了大量应用。如在航天技术中，可通过卫星把多个传感器的采集数据发回地面，从而了解太空中的所有情况。

无线传感器网络利用大量的微型传感器（节点），通过无线通信形成网络，用来感知现场信息。节点中的微处理器对原始数据进行初步处理后，经网络层层转发，最终发送给基站，再由基站传送给用户，从而实现对现场的监控。无线传感器网络由成千上万个微型传感器组成，每个微型传感器称为网络的一个节点。

无线传感器网络被称为21世纪最具影响力的技术之一，被认为是继互联网以来的第二大网络。我国在无线传感器网络技术的研究与应用方面拥有较强的实力，位居世界前列。

综上所述，传感器的发展日新月异，特别是人类由高度工业化进入信息时代以来，传感器技术不断向更新、更先进的方向发展。因此，我们应该持续加大对传感器技术研究和开发的投入，进一步促进我国仪器仪表工业和自动化技术的发展。

任务实施

一、常见传感器的辨识

传感器是当今各种科技领域中不可或缺的部分，在信息采集、控制、监测等诸多领域均有着重要的作用，正在让人们的生活变得更加美好、更加安全。常见的传感器有基础传感器和智能传感器两大类，其中基础传感器有磁性开关、光电传感器、光纤传感器、电感式传感器、电容式传感器、超声波传感器等，智能传感器有RFID（射频识别）传感器、工业机器视觉系统等。

进行传感器辨识时，应注意以下几点：

① 在分析各类传感器的实际应用场合时，可尽量搜集多种传感器实物，先从外形上辨识常见的传感器，如测量位移的各类典型传感器。

② 根据本项目任务三所述智能传感器实训平台上实际应用的传感器实物，通过人体的感觉器官与传感器的对应类比，深入了解传感器的相关特性和所能实现的基本功能。

③ 通过实地视察、调查、询问、查阅产品说明书或相关技术资料等多种方式，理解各种传感器在生活、消费、军事等方面的应用。

二、传感器特性的分析与选择

传感器的种类繁多，测量参数、用途各异，其性能参数也各不相同。一般情况下，需要分析和计算传感器的常用静态特性和动态特性参数，如线性度、灵敏度、迟滞、重复性和精度等。

进行传感器特性的分析与选择时，应注意以下几点：

1. 根据测量对象与测量环境确定传感器的类型

要进行一项具体的测量工作，首先要考虑采用何种原理的传感器，这需要分析多方面的因素之后才能确定。即使是测量同一物理量，也有多种原理的传感器可供选用，哪一种原理的传感器更为合适，则需要根据被测量的特点和传感器的使用条件考虑以下一些具体问题：量程的大小；被测位置对传感器体积的要求；测量方式是接触式还是非接触式；信号的引出方法是有线还是无线；传感器的来源是购买还是自行研制，购买的话是国产还是进口，价格能否承受。在考虑上述问题之后就能确定选用何种类型的传感器，然后再考虑传感器的具体性能指标。

2. 灵敏度的选择

通常在传感器的线性范围内，希望传感器的灵敏度越高越好。因为只有灵敏度高时，与被测量变化对应的输出信号的值才比较大，有利于信号处理。但要注意的是，传感器的灵敏度高，与被测量无关的外界噪声也容易混入，也会被放大系统放大，影响测量精度。因此，要求传感器本身应具有较高的信噪比，尽量减少从外界引入的干扰信号。传感器的灵敏度是有方向性的。如果被测量是单维向量，而且对其方向性要求较高，应选择其他方向灵敏度小的传感器；如果被测量是多维向量，则要求传感器的交叉灵敏度越小越好。

3. 线性范围的选择

传感器的线性范围是指输出与输入成正比的范围。从理论上讲，在此范围内，传感器的灵敏度保持定值。传感器的线性范围越宽，其量程越大，并且能保证一定的测量精度。在选择传感器时，当传感器的种类确定以后，首先要看其量程是否满足要求。但实际上，任何传感器都不能保证绝对的线性，其线性度也是相对的。当所要求的测量精度比较低时，在一定的范围内，可将非线性误差较小的传感器近似看作线性的，这会给测量带来极大的方便。

4. 稳定性的选择

传感器使用一段时间后，其性能保持不变的能力称为稳定性。影响传感器长期稳定性的因素除传感器本身的结构外，主要是传感器的使用环境。因此，要具有良好的稳定性，传感器必须要有较强的环境适应能力。

在选择传感器之前，应对其使用环境进行调查，并根据具体的使用环境选择合适的传感器，或采取适当的措施，减小环境的影响。

传感器的稳定性有定量指标，在超过使用期后，在使用前应重新进行标定，以确定传感器的性能是否发生变化。

在某些要求传感器能长期使用而又不能轻易更换或标定的场合，对所选用传感器的稳定性要求更严格，要求传感器能够经受住长时间的考验。

5. 精度的选择

精度是传感器的一个重要的性能指标，它是关系到整个测量系统测量精度的一个重要环节。传感器的精度越高，其价格越昂贵，因此，传感器的精度只要满足整个测量系统的精度要求即可，不必选得过高，这样就可以在满足同一测量目的的诸多传感器中选择比较便宜和简单的传感器。

如果测量目的是定性分析，选用重复精度高的传感器即可，不宜选用绝对量值精度高的；如果是定量分析，必须获得精确的测量值，就需选用精度等级能满足要求的传感器。

对某些特殊使用场合，如果无法选到合适的传感器，则需自行设计制造传感器，自制传感器的性能应能满足使用要求。

表1-3　任务评价表

任务	训练内容与分值	训练要求	学生自评	教师评分
传感器认知	常见传感器的辨识，40分	1. 正确辨识不同类型的常用传感器； 2. 熟悉常用传感器的应用场合		
	传感器的特性分析与选择，40分	1. 正确分析常见传感器的静态和动态特性； 2. 在分析传感器特性的基础上，选择符合应用场景的不同类型的传感器		
	职业素养与创新思维，20分	1. 积极思考，举一反三； 2. 遵守纪律，遵守实训室管理制度		
	学生：　　　　　　　教师：　　　　　　　日期：			

任务二
传感器的测量误差与标定

任务描述

微课
传感器的测量
误差与标定

　　通过本任务，将可掌握传感器测量误差的定义、类型，了解传感器精度等级分类方法，为正确选择传感器打下基础，同时掌握传感器的标定方法。

任务分析（表1-4）

表1-4　知识点与技能点

知识点	技能点
误差的定义及表示方法	常见传感器测量误差的分析
误差的类型	常见传感器的选型
精度等级	
传感器的标定	

在信息社会的大部分研究领域中，检测是科学认识各种现象的基础性方法和手段。现代化的检测手段在很大程度上决定了生产、科学技术的发展水平，而科学技术的发展又为检测技术提供了新的理论基础和制造工艺，同时对检测技术也提出了更高的要求。检测技术是所有科学技术的基础，是自动化技术的支柱之一。检测即测量，就是采用传感器技术来获取被测对象信息的过程。

测量的目的是希望得到被测对象的真值（实际值）。但由于检测系统（仪表）不可能绝对精确、测量原理有一定的局限、测量方法不尽完善、存在环境因素和外界干扰，以及测量过程可能会影响被测对象的原有状态等，测量结果通常不能准确地反映被测量的真值而存在一定的偏差，这个偏差就是测量误差。

任何一种传感器在装配完之后都必须按设计指标进行全面严格的性能鉴定。使用一段时间（《中华人民共和国计量法》规定一般为一年）或经过修理后，也必须对主要技术指标进行校准实验，以确保传感器的各项性能指标达到要求。传感器标定就是利用精度高一级的标准器具对传感器进行定度的过程，从而确立传感器输出量和输入量之间的对应关系，同时也确定不同使用条件下的误差关系。

一、误差的定义及表示方法

1. 误差的定义

测量是指借助专门的技术与设备，通过实验和计算的方法取得事物量值的认识过程，即将被测量与一个同性质的、作为测量单位的标准量进行比较，从而定量地确定被测量与标准量的大小关系的比较过程。测量的结果包括大小、误差和单位三个要素。测量的目的就是尽量精确地"逼近"真值。测量值与真值之间的差值称为测量误差，简称误差。

2. 误差的表示方法

利用任何量具或仪器进行测量时，总存在误差，测量结果总不可能准确地等于被测量的真值，而只是它的近似值。测量的质量高低以测量精确度作为指标，可根据测量误差的大小来估计测量精确度。测量结果的误差越小，则认为测量越精确。按照表示方法的不同，可以把测量误差分为绝对误差和相对误差两种。

（1）绝对误差

绝对误差 Δ 指测量值 A_x 与真值 A_0 之间的差值，它反映了测量值偏离真值的多少，即

$$\Delta = A_x - A_0 \tag{1-5}$$

由于真值的不可知性，在实际应用时，常用实际真值代替真值，即用被测量多次测量的平均值或上一级标准仪器测得的示值作为真值。

（2）相对误差

相对误差反映测量值偏离真值的程度，它等于绝对误差 Δ 与真值 A_0 的百分比，用 γ_A 表

示，即

$$\gamma_A = \frac{\Delta}{A_0} \times 100\% \qquad\qquad (1\text{-}6)$$

相对误差评定测量精度也有局限性，它只能说明不同被测量的测量精度，但不适用于衡量仪表本身的质量。因为同一仪表在整个测量范围内的相对误差不是定值，被测量越小，相对误差越大。

（3）引用误差

引用误差是相对误差的一种特殊形式，它等于绝对误差 Δ 与仪表满量程值 A_m 的百分比，用 γ_m 表示，即

$$\gamma_m = \frac{\Delta}{A_m} \times 100\% \qquad\qquad (1\text{-}7)$$

当式（1-7）中的 Δ 取为最大值 Δ_m 时，称为最大引用误差。

二、误差的类型

1. 按误差的性质分类

（1）系统误差

在相同条件下多次重复测量同一物理量时，误差的大小和符号保持不变或按照一定的规律变化，此类误差称为系统误差。系统误差表征测量的准确度。产生系统误差的原因有检测装置本身性能不完善、测量方法不完善、仪器使用不当以及环境条件发生变化等。系统误差可以通过实验或分析的方法，查明其变化规律、产生原因。通过对测量值的修正或采取预防措施，可消除或减少系统误差对测量结果的影响。

（2）随机误差

相同条件下多次测量同一物理量时，其误差的大小和符号以不可预见的方式变化，此类误差称为随机误差。通常用精密度表征随机误差的大小。随机误差是测量过程中许多独立、微小、偶然的因素导致的综合结果。

（3）粗大误差

明显歪曲测量结果的误差称为粗大误差，又称为过失误差。产生粗大误差的原因主要有测量者采用的测量方法（读数方法、记录方法、计算方法和操作方法等）不当、测量条件发生意外变化等。含有粗大误差的测量值称为坏值或异常值，应予以剔除。剔除坏值后，要分析的误差就只有系统误差和随机误差了。

2. 按被测量与时间的关系分类

（1）静态误差

被测量不随时间变化而变化时测得的误差称为静态误差。

（2）动态误差

在被测量随时间变化的过程中测得的误差称为动态误差。动态误差是由于检测系统对

输入信号响应滞后，或对输入信号中不同频率成分产生不同的衰减和延迟而造成的。动态误差等于动态测量和静态测量所得误差的差值。

三、精度等级

测量仪表的精度等级 S 通常用最大引用误差来定义，有

$$S=\left|\frac{\Delta_{\mathrm{m}}}{A_{\mathrm{m}}}\right|\times100\% \tag{1-8}$$

测量仪表一般采用最大引用误差不能超过的允许值作为划分精度等级的尺度。工业仪表常见的精度等级分为 7 级，有 0.1、0.2、0.5、1.0、1.5、2.5、5.0 级。例如，5.0 级的仪表表示其最大引用误差不会超出量程的 ±5%。

【例1-1】 有两只电压表的精度等级及量程分别是 0.5 级、0 ~ 500 V 和 1.0 级、0 ~ 100 V，现要测量 80 V 的电压，应该选用哪只电压表?

解：用 0.5 级的电压表测量时，可能出现的最大示值相对误差为

$$\gamma_{x1}=\frac{\Delta_{\mathrm{m1}}}{A_{\mathrm{x}}}\times100\%=3.125\%$$

用 1.0 级的电压表测量时，可能出现的最大示值相对误差为

$$\gamma_{x2}=\frac{\Delta_{\mathrm{m2}}}{A_{\mathrm{x}}}\times100\%=1.25\%$$

计算结果表明，与 0.5 级的电压表相比，用 1.0 级的电压表测量时，最大示值相对误差反而更小。这说明在选用测量仪表时要兼顾精度等级和量程，通常希望最大示值应落在仪表满量程值的 2/3 以上的位置。

四、传感器的标定

为了保证各种被测量量值的一致性和准确性，很多国家都建立了一系列计量器具（包括传感器）检定的组织、规程和管理办法。工程测量中传感器的标定，应在与其使用条件相似的环境下进行。为获得较高的标定精度，应将传感器及其配用的电缆、放大器等测试系统一起标定。根据系统的用途，输入既可以是静态的，也可以是动态的，因此传感器的标定有静态标定和动态标定两种。

1. 传感器的静态标定

静态标定主要用于检验测试传感器的静态特性指标，如线性度、灵敏度、迟滞和重复性等。根据传感器的功能，静态标定首先需要建立静态标定系统，其次要选择与被标定传感器的精度相适应的一定等级的标定用仪器设备。图1-13所示为应变式测力传感器静态标定系统。其中，测力机用来产生标准力，高精度稳压电源经精密电阻箱衰减后向传感器提供稳定的电源电压，其值由数字电压表读取，传感器的输出由高精度数字电压表读出。

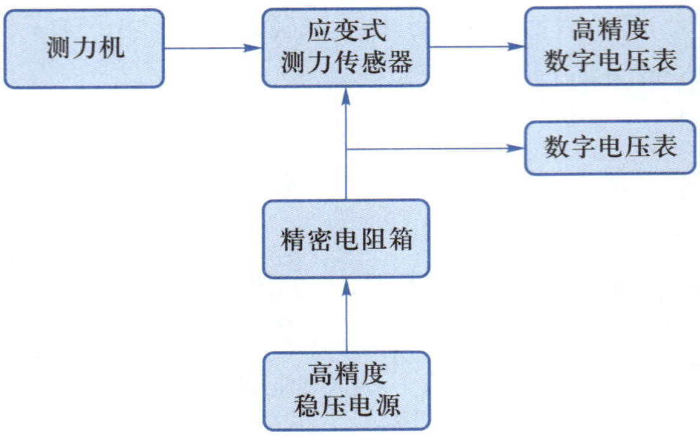

图1-13 应变式测力传感器静态标定系统

由上述系统可知:

① 传感器的静态标定系统一般由以下几部分组成:

a. 被测物理量标准发生器,如测力机。

b. 被测物理量标准测试系统,如测力传感器、压力传感器等。

c. 被标定传感器所配接的信号调节器和显示、记录器等。所配接的仪器精度应是已知的,也作为标准测试设备。

② 各种传感器的标定方法不同,具体标定步骤如下:

a. 将传感器测量范围分成若干等间距点。

b. 根据传感器量程分点情况,输入量由小到大逐渐变化,并记录各输入、输出值。

c. 将输入值由大到小慢慢减少,同时记录各输入、输出值。

d. 重复上述两步,对传感器进行正反行程的多次重复测量,将得到的测量数据用表格列出或绘制成曲线。

e. 进行测量数据处理,根据处理结果确定传感器的线性度、灵敏度、迟滞和重复性等静态特性指标。

2. 传感器的动态标定

一些传感器除了静态特性必须满足要求外,其动态特性也需要满足要求。因此在进行静态校准和标定后,还需要进行动态标定,以便确定它们的动态灵敏度、固有频率和频响范围等。对传感器进行动态标定时,需有一标准信号对传感器进行激励,常用的标准信号有两类:一类是周期函数,如正弦波等;另一类是瞬变函数,如阶跃波等。用标准信号激励后得到传感器的输出信号,经分析计算、数据处理,便可决定其频率特性,即幅频特性、阻尼和动态灵敏度等。

任务实施

一、压力传感器测量误差的分析

以一种压力传感器为例,在选择时要考虑其综合精度。引起传感器测量误差的因素有很多，下面主要分析其中4个无法避免的误差，也称为传感器的初始误差。

1. 偏移量误差

由于压力传感器在整个压力范围内垂直偏移保持恒定，因此变换器扩散和激光调节修正的变化将产生偏移量误差。

2. 灵敏度误差

压力传感器的误差大小与压力成正比。如果压力传感器的灵敏度高于典型值，灵敏度误差将是压力的递增函数。如果灵敏度低于典型值，那么灵敏度误差将是压力的递减函数。该误差的产生原因在于压力传感器敏感元件扩散过程的变化。

3. 线性误差

线性误差是一个对压力传感器初始误差影响较小的因素，该误差的产生原因在于硅片的物理非线性，但对于带放大器的传感器，还应包括放大器的非线性。线性误差曲线可以是凹形曲线，也可以是凸形曲线。

4. 迟滞误差

在大多数情形下，压力传感器的迟滞误差完全可以忽略不计，因为硅片具有很高的机械刚度。一般只需在压力变化很大的情形下考虑迟滞误差。

压力传感器的这4个误差是无法避免的，只能通过选择高精度的生产设备，利用高新技术来减小这些误差，还可以在出厂的时候进行一定的误差校准，尽最大的可能来减小误差。

二、压力传感器的选型

了解了压力传感器的测量误差，下面将根据不同的应用场景和需求，对压力传感器进行合理的选型，选型原则是以最经济的价格买到满足用途、量程、精度、温度范围、电学和机械等要求的压力传感器。

1. 确定压力传感器的测量类型

压力传感器可以测定绝对压力、对大气的相对压力和差压。测定绝对压力时，传感器自身带有真空参考压，所测压力与大气压力无关，是相对于真空的压力。测定对大气的相对压力时，传感器以大气压力为参考压，传感器弹性膜一侧始终与大气连通。此外，还可从传感器弹性膜两侧分别导入流体压力，这样能测定流体不同地点或流体间的差压。总之，应针对不同用途选用不同结构的压力传感器。

2. 确定压力传感器的量程范围

一般而言，选择的压力传感器的量程应达到被测压力最大值的1.5倍以上。在许多测试系统中，尤其是在进行液压测量和加工处理时，常存在峰值和持续不规则的上下波动，这种瞬间的峰值可能破坏压力传感器，持续的高压力值或超出传感器标定最大值的压力值等都会缩短传感器的寿命。

例如，装载机在抓举瞬间的冲击力会对传感器造成较大的考验，在这种场合下往往需要3倍以上的安全过载，但这样又会影响传感器的综合精度；也可选用阻尼装置来降低压力冲击，但这样又会降低传感器的响应速度。所以，在选择压力传感器时，要充分考虑压力范围、精度与稳定性，寻求最合适的解决途径。

3. 确定压力传感器的测量介质

一般来讲，黏性液体（如原油）、煤浆、泥浆及其他沉淀物等往往会堵住压力接口，影响传感器的正常工作，这种情况下需要采用隔离膜（即平膜结构）传感器直接与介质接触，进行压力测量。当溶剂中含有腐蚀性物质时，要选用与这些介质兼容的材质做隔离膜片，否则会影响产品的使用寿命。

4. 确定压力传感器的精度

这里所说的精度主要是指非线性、迟滞性、重复性、零点与满度偏差、温度及其他环境的影响。一般来讲，精度高，必然是因为在制作过程中增加了许多附加工艺、校准过程和补偿技术，因此相应成本提高，则销售价格也会较高。所以，在选择传感器时不能只单纯地追求高精度，而应根据实际测量需求进行合理选择。

5. 确定压力传感器的温度范围

通常一个传感器会标定两个温度范围，即正常操作温度范围和温度补偿范围。

① 正常操作温度范围：指产品在工作状态下不被破坏时的温度范围，当超出温度补偿范围时，可能会达不到其应有的性能指标。

② 温度补偿范围：在该范围内工作，产品肯定会达到其应有的性能指标。

温度变化会影响零点漂移和满量程输出，影响压力传感器的精度。为了消除温度的影响，需要应用各种温度补偿技术。温度范围越宽，补偿技术难度越大，且校准工作量越大，所能保证的全温度范围内的精度便越低。为此，应根据压力传感器所应用的实际温度范围和精度要求进行传感器的选择。

6. 确定压力传感器的电学要求

一般情况下，普通压力传感器的输出为模拟信号，远距离输出时电压信号会被衰减，因此应输出电流信号。经压力传感器将电流放大后，最大可以输出 20 mA 的电流信号，但此时压力传感器的价格就会成倍增加。在选择压力传感器的输出信号类型时，要考虑传感器与系统控制或显示部件之间的距离、噪声及其他电气干扰、输出信号是否需要放大，以及放大器的最佳放置位置等。

7. 确定压力传感器的作业方式

作业方式也是需要考虑的重要问题。如果压力传感器的工作环境较为恶劣，如有较大的振动、冲击或电磁干扰等，就需要传感器满足更为严格的要求，如过压能力强、机械密封可靠、防松动、安装正确等。另外，对传感器自身的引线、引脚以及外导线都应进行电磁屏蔽，并将屏蔽良好接地。

8. 确定压力传感器对压力密封的要求

通常用的压力密封方式有橡胶垫（或称O形环）、环氧树脂、聚四氟乙烯垫、锥孔配合、管螺纹配合及焊接等。所用的密封材料决定了压力传感器的工作温度范围。

表1-5　任务评价表

任务	训练内容与分值	训练要求	学生自评	教师评分
传感器的测量误差与标定	常见传感器测量误差的分析，40分	1. 正确分析常用传感器的误差； 2. 正确根据误差选择合适的传感器		
	压力传感器的误差分析与选型，40分	1. 正确分析压力传感器的误差； 2. 正确选择合适的压力传感器		
	职业素养与创新思维，20分	1. 积极思考，举一反三； 2. 遵守纪律，遵守实训室管理制度		
	学生：　　　　　　　教师：　　　　　　　日期：			

任务三
智能传感器实训平台概述

🖥 任务描述

通过本任务，将可了解智能传感器实训平台的组成，掌握智能传感器实训平台能够实现的基本功能，为下一步完成相关实训和实验打下坚实基础。

微课
智能传感器
实训平台概述

📊 任务分析（表1-6）

表1-6　知识点与技能点

知识点	技能点
智能传感器实训平台的组成	智能传感器实训平台的认知
智能传感器实训平台的功能	

🔗 知识链接

智能传感器实训平台能满足传感器与检测技术课程群的实验需求，并且具有占用空间小、模块化设计规范、互换性强、从基本实验到构成完整系统在一台实验装置上便可以全部实现的优点，避免了不同课程需要不同实验装置、占用空间大、难以构成完整系统、不方便实施综合性和设计型实训的麻烦。

通过使用本实训平台，学生可强化对书本知识的理解和深化，在完成传感器与检测技术等一系列基本实验后，便能掌握传感器与检测技术课程群所要求的基本原理、操作技能和动手能力；若再完成一个或几个综合型实训，则可对系统有一个较为全面的认识，从而形成基本的解决实践问题的知识体系；若再能进一步完成设计型乃至创新型实训，则将形成解决实践问题的能力，积累解决实践问题的经验，进而培养创新精神和创新能力。

一、智能传感器实训平台的组成

1. 智能传感器实训平台的技术要求

智能传感器实训平台主要由控制系统与执行系统两部分组成。

控制系统采用西门子 S7-1500 系列 PLC 的 ET 200SP 分布式 I/O 系统作为控制器。ET 200SP 分布式 I/O 系统中的所有模块都属于开放式设备，可通过现场总线将过程信号连接到上一级控制器。

ET 200SP 是一个高度灵活的可扩展分布式 I/O 系统，在结构设计上采用了与 ET 200S 类似的紧凑式设计，已覆盖 ET 200S 的主要功能。接口模块 IM155-6 PN ST 与 IM155-6 DP HF 支持多达 32 个模块，IM155-6 HF 支持多达 64 个模块；信号模块支持热插拔，具有支持 PROFINET 或 PROFIBUS DP 通信的 IM 通信接口模块；I/O 模块支持电源分组，支持组态控制功能。由于信号模块提高了集成度，使得使用 ET 200SP 配置相同数量的 I/O 信号比使用 ET 200S 体积减小 50%；改变了模板供电方式，无需 PM-E 模板；对模板功能进行整合，减少了模块的种类；系统集成了电源模块，从而无需单独的电源模块；采用 100 Mbit/s 背板总线，使背板数据刷新速度得到极大提高；采用快速接线技术，接线无需工具；安装导轨为标准的 DIN35 导轨。

ET 200SP 的体积更小，使用更加灵活，性能更加突出，其采用精简系列的触摸屏，作为上位机画面监控系统，可实现对执行系统的远程控制、数据采集、数据监控、系统报警等功能的组态。

执行系统以皮带机为载体，设计了小车往返、物料分拣、图像识别、RFID、多种传感器集成、变频调试等多种工业技术的编程与应用。

智能传感器实训平台实物图如图 1-14 所示。

2. 智能传感器实训平台主要结构

（1）控制柜内正面结构

智能传感器实训平台控制柜内正面结构如图 1-15 所示。

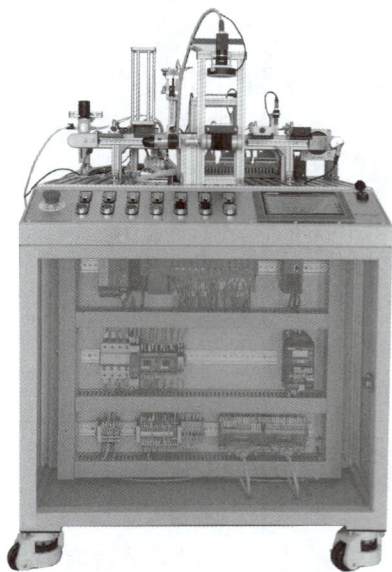

图 1-14　智能传感器实训平台实物图

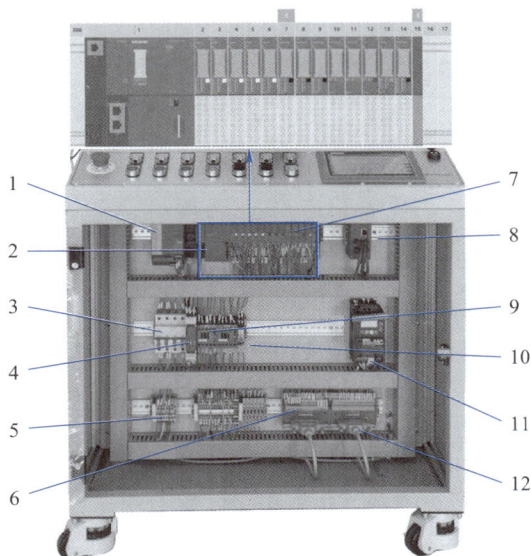

1—开关电源；2—PLC CPU模块；3—断路器(总电源)；4—安全继电器；
5—接线端子；6—端子接插模块；7—PLC扩展模块；8—交换机模块；
9—接触器；10—中间继电器；11—西门子V20变频器；12—DB 37连接线(带插头)

图1-15　智能传感器实训平台控制柜内正面结构

（2）控制柜内背面结构

智能传感器实训平台控制柜内背面结构如图1-16所示。

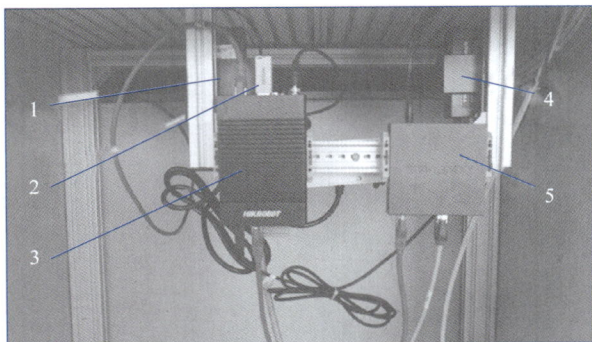

1—视觉控制器电源适配器；2—加密狗(必须插入才能正常使用)；
3—视觉控制器(自带系统，需连接显示器)；4—交换机电源适配器；
5—TP-Link交换机

图1-16　智能传感器实训平台控制柜内背面结构

（3）控制柜操作面板结构

智能传感器实训平台控制柜操作面板结构如图1-17所示。

（4）系统正面结构

智能传感器实训平台系统正面结构如图1-18所示。

（5）系统背面结构

智能传感器实训平台系统背面结构如图1-19所示。

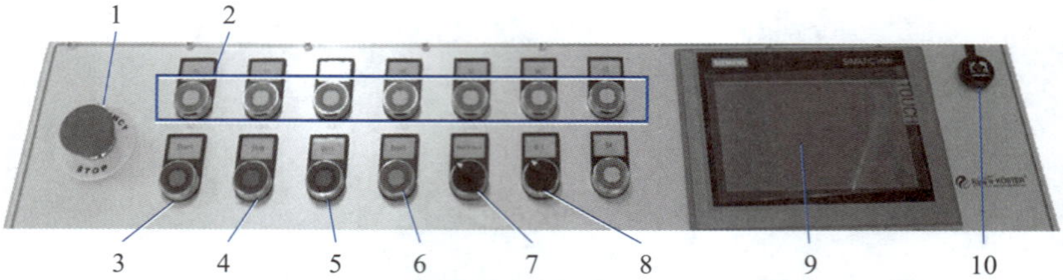

1—急停按钮；2—白色带灯按钮(用于手动控制)；3—绿色带灯按钮(用于启动设备)；
4—红色带灯按钮(用于停止设备)；5—蓝色带灯按钮(用于确认启动)；
6—黄色带灯按钮(用于复位故障)；7—转换开关(用于切换手动和自动)；
8—转换开关(用于电动机手动运行)；9—HMI(人机交互界面)；10—RJ45接口

图1-17　智能传感器实训平台控制柜操作面板结构

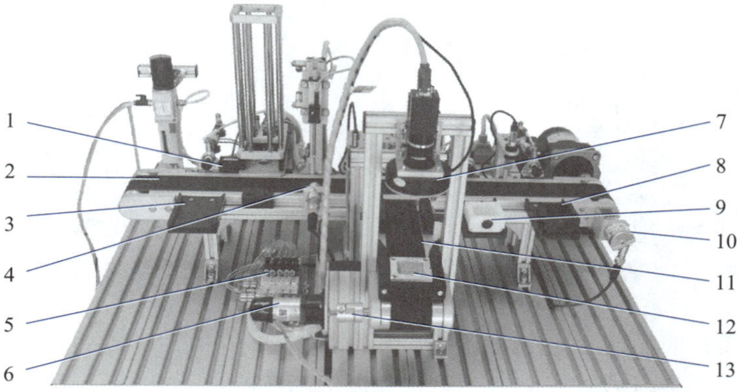

1—光纤线；2—横向输送带；3—不合格产品出料口；4—RFID阅读器；
5—电磁阀阀导；6—直流电动机；7—相机+镜头+光源；8—黑色物料；
9—白色物料；10—编码器金属物料；11—纵向输送带；
12—金属物料；13—联轴器

图1-18　智能传感器实训平台系统正面结构

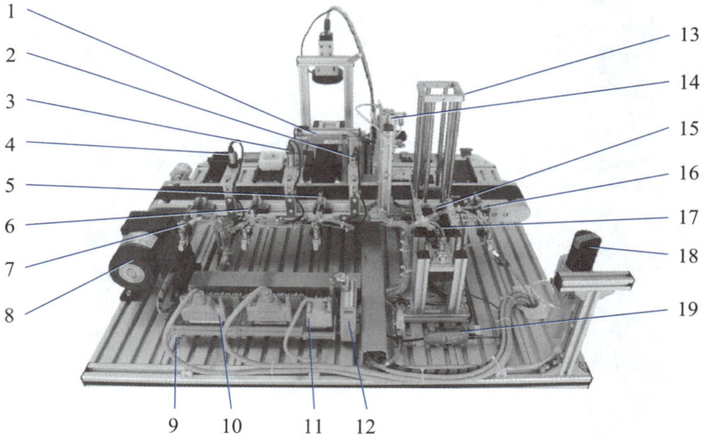

1—槽形传感器；2—电感式传感器；3—光电式传感器；4—电容式传感器；
5—推料气缸1；6—推料气缸2；7—推料气缸3；8—推研电动机；9—端子接插模块；
10—DB 37连接线(带插头)；11—DB 15连接线(带插头)；12—信号转换器；13—料仓；
14—深度检测装置；15—超声波传感器；16—不合格剔除气缸；17—料仓气缸；
18—过滤减压阀；19—光纤传感器

图1-19　智能传感器实训平台系统背面结构

项目一　智能传感器应用基础

二、智能传感器实训平台的功能

智能传感器实训平台能够完成传感器与检测技术相关课程实验,使学生掌握各种传感器原理、信号处理电路及检测方法。各种传感器信号的拾取、转换、调理、采样、存储、解算、控制及显示等处理电路均采用工业控制现场中广泛使用的成熟电路,实训装置充分考虑抗干扰及可靠性技术的应用,学生可以学以致用。智能传感器实训平台的功能介绍如下。

1. ET 200SP CPU基础学习功能

包括:① ET 200SP CPU 选型及系统参数学习;② ET 200SP I/O模块硬件接线;③ ET 200SP在TIA博途软件中的硬件组态;④ ET 200SP PLC编程应用。

2. HMI西门子触摸屏组态应用功能

包括:① HMI通信连接;② 电动机远程控制组态;③ 组态HMI画面。

3. V20变频器调试应用功能

包括:① 认识V20变频器;② V20变频器应用。

4. 基础传感器应用功能

包括:① 磁性开关应用;② 光电式传感器应用;③ 光纤传感器应用;④ 电感式传感器应用;⑤ 电容式传感器应用;⑥ 位移传感器应用;⑦ 超声波传感器应用。

5. 智能传感器应用功能

包括:① 旋转编码器应用;② RFID应用;③ 海康威视工业机器视觉系统应用;④ 电感式传感器应用;⑤ 电容式传感器应用;⑥ 位移传感器应用;⑦ 超声波传感器应用。

6. 智能传感器综合项目应用功能

包括:① 气缸往复运动控制;② 物料深度数据采集;③ 料块间歇控制;④ 物料往返控制;⑤ 变频多速控制;⑥ 站点寻呼控制;⑦ 皮带机运行时间控制;⑧ 传感器在智能产线供料单元的应用;⑨ 传感器在智能产线分拣单元的应用;⑩ 机器视觉在智能产线上的应用;⑪ 质量检测在智能产线上的应用。

▣ 任务实施

智能传感器实训平台的认知

认识智能传感器实训平台中的CPU,并查阅资料页内容,了解CPU的关键技术参数、硬件接线、软件组态及熟悉TIA博途软件的编程环境,最终编写一个简单程序并实现程序的下载及调试。

认识智能传感器实训平台中的HMI,并查阅资料页内容,了解HMI的组态方法,熟悉TIA博图软件的编程环境,最终编写一个简单程序并实现程序的下载及调试。

认识西门子V20变频器端子接线、参数设置,能熟练应用V20变频器进行固定段速、多段速、模拟量及电动机正反转控制，能够配合PLC进行相关工艺的编程控制。

认识磁性开关、光电式传感器、电容式传感器、电感式传感器、位移传感器、超声波传感器、光纤传感器等基础传感器的工作原理、应用场合、硬件接线，能根据工艺要求选择正确的传感器类型，并能熟练应用到工艺当中。

熟悉设备中智能传感器的类型，掌握旋转编码器、RFID系统、视觉传感器、智能相机的工作原理、应用场合、硬件接线、通信连接，并能根据工艺要求在PLC中组态并编程应用。

任务评价（表1-7）

表1-7　任务评价表

任务	训练内容与分值	训练要求	学生自评	教师评分
智能传感器实训平台概述	智能传感器实训平台的组成，40分	1. 熟悉智能传感器实训平台的各个组成部分； 2. 正确分析智能传感器实训平台关键组成部分的作用		
	智能传感器实训平台的功能，40分	1. 熟悉智能传感器实训平台能够实现的各类功能； 2. 正确分析每个功能所需要的传感器和控制部件等		
	职业素养与创新思维，20分	1. 积极思考，举一反三； 2. 遵守纪律，遵守实训室管理制度		
	学生：　　　　　教师：　　　　　日期：			

项目小结

通过项目一的学习，应当了解和认识传感器的定义、组成及静态和动态特性，了解传感器测量误差和标定的基本概念，熟悉智能传感器实训平台的组成和功能。请读者进行本项目各任务的操作，为后续学习打下基础。

思考与练习

1. 思考题

（1）传感器由哪几个部分组成？分别起到什么作用？

（2）传感器的性能参数反映了传感器的什么关系？传感器的静态参数有哪些？各参数

代表什么含义？

（3）某位移传感器，在输入量变化5 mm时，输出电压变化300 mV，求其灵敏度。

（4）试述智能传感器实训平台能够实现的主要功能。

2. 操作题

（1）现场分析智能传感器实训平台上各类传感器的基本组成和特性。

（2）实操智能传感器实训平台各组成部分的布置和连接。

项目二
传感器在智能产线供料单元的应用

当前，以新一代通信技术和制造业融合发展为主要特征的产业变革在全球范围内不断兴起，智能制造已经成为制造业发展的主要方向，"智能工厂"概念也应运而生。近年来，全球各主要经济体都在大力推进制造业的复兴。在工业4.0、工业互联网、物联网、云计算等热潮下，全球众多优秀制造企业都开展了智能工厂的建设实践。

例如，西门子公司安贝格电子制造工厂实现了多品种工控机的混线生产；发那科公司实现了机器人和伺服电动机生产过程的高度自动化和智能化，并利用自动化立体仓库在车间内的各个智能制造单元之间传递物料，实现了最高720小时无人值守；施耐德电气公司实现了电气开关制造和包装过程的全自动化。

在此背景下，国内许多制造企业为提高核心竞争力，降本增效，促进可持续发展，也在积极推进工厂车间的智能化改造进程。海尔佛山滚筒洗衣机工厂可以实现按订单配置、生产和装配，采用高柔性的自动无人生产线，广泛应用精密装配机器人，采用MES（制造执行系统）全程订单执行管理系统，通过RFID进行全程追溯，实现了机机互联、机物互联和人机互联；东莞劲胜精密组件股份有限公司全面采用国产加工中心、国产数控系统和国产工业软件，实现了设备数据的自动采集和车间联网，建立了工厂的数字映射模型，构建了手机壳加工的智能工厂。

📋 项目描述

本项目依托某企业智能改造需求，为其配备一台智能供料设备，主要实现自动化供料，以代替人工操作。该企业出于成本和使用功能的考虑，要求供料单元尽量满足简化机械结构的要求，还需要集成物料检测、自动出料、物料识别、废料剔除等功能。在这当中，几种在自动化产线中常用的传感器起到了重要作用。在本项目中，供料单元的具体功能要求如下：

① 料仓底部的超声波传感器检测料仓是否有物料，若检测出料仓有物料，则料仓气缸执行推出动作，推出到位后缩回；设定料仓气缸每隔一定延时时间推出一次（延时时间根据具体情况调节），直到料仓为空。

② 物料被推到主输送带上，主输送带正向运行。当物料运行到RFID阅读器位置时，主输送带停止运行。RFID阅读器识别物料编码信息，检测其是否为合格物料，如检测为合格物料，则主输送带继续正向运行，将物料运往后续分拣单元；如检测为不合格物料，则主输送带反向运行。

③ 不合格物料由主输送带反向运往剔除料位盒，由光纤传感器对不合格物料进行检测。当光纤传感器检测到不合格物料时，剔除气缸延时推出（延时时间根据具体情况调节），将不合格物料推到剔除料位盒。

图2-1所示为智能产线供料单元实物图。

图2-1 智能产线供料单元实物图

项目目标

> **知识目标**

1. 熟悉常见的超声波传感器、RFID系统、磁性开关以及光纤传感器的工作原理。
2. 熟悉上述几种传感器各自的特点与主要参数指标。
3. 掌握上述几种传感器的选型与应用。

> **能力目标**

1. 能够看懂传感器产品说明书或从网络中获取并看懂传感器相关资料。
2. 能够分析工艺标准，完成相关传感器的安装与调试。
3. 能够利用学过的知识，解决工作过程中出现的问题。

> **素养目标**

1. 能够积极思考，举一反三，探索解决问题的多种方式。
2. 具有在实际项目中灵活应用智能传感器的能力。

项目分析

本项目实现过程中需注意如下几点：

① 超声波传感器的输入是一组模拟量数据，使用时首先要确定其量程、电流或电压输出等数据，再进行组态。

② 要正确设置磁性开关动作的延时时间，确保物料准确推出。

③ 光纤传感器检测阈值需根据实际情况进行设置，确保物料检测的准确性。

④ 自动运行流程是标准的步进运行，可以使用顺控编程方式，也可以使用模块化编程方式。

1. 物料类型分析

对待分拣物料的类型进行分析，形成物料分拣类型表，如表2-1所示。

2. 信号类型分析

对传感器的输出信号进行分析，形成信号类型分类表，如表2-2所示。

表 2-1　物料分拣类型表

序号	待分拣物料名称
1	金属工件
2	白色塑料工件
3	黑色塑料工件

表 2-2　信号类型分类表

序号	传感器输出信号类型
1	数字量
2	模拟量
3	开关量

任务一
超声波传感器的安装与应用

任务描述

超声波传感器用于检测料仓内有无物料。本项目的智能产线供料单元中，在料仓正上方位置安装有 SICK UC4–13347 型超声波传感器，如图2-2所示。当超声波传感器检测到料仓有物料时，料仓气缸延时动作（延时时间根据具体情况调节），把物料推出到主输送带位置。

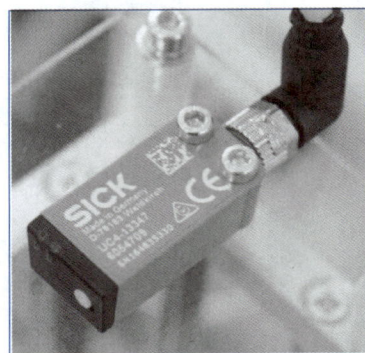

图2-2　超声波传感器

任务分析（表2-3）

表 2-3　知识点与技能点

知识点	技能点
超声波传感器的工作原理	认识超声波传感器
超声波传感器的应用场合	根据工况选择超声波传感器
超声波传感器的使用	超声波传感器与系统设备的连接
	使用超声波传感器检测物料的距离

一、超声波传感器的物理基础

超声波是存在于弹性介质中的一种机械振荡。其波形有三种，包括纵波、横波和表面波。粒子的振动方向与波的传播方向一致的波称为纵波；粒子的振动方向与波的传播方向垂直的波称为横波；粒子的振动方向介于纵波和横波之间并沿表面传播，振幅随距离的增加而迅速衰减的波称为表面波。纵波可以在固体、液体和气体介质中传播，而横波和表面波只能在固体介质中传播。

超声波具有如下基本性质：

1. 传播速度

影响超声波传播速度的因素主要包括介质的密度、介质弹性特性以及环境条件。

对于液体介质，超声波传播速度c为

$$c=\sqrt{\frac{1}{\rho B_{\mathrm{g}}}} \tag{2-1}$$

式中，ρ为介质的密度；B_{g}为绝对压缩系数。

对于气体介质，超声波传播速度与气体种类、压力以及温度有关。超声波在空气中的传播速度c为

$$c=331.5+0.607t\ (\mathrm{m/s}) \tag{2-2}$$

式中，t为环境温度。

对于固体介质，超声波传播速度c为

$$c=\sqrt{\frac{E(1-\mu)}{\rho(1+\mu)(1-2\mu)}} \tag{2-3}$$

式中，E为固体的弹性模量；μ为泊松系数比。

2. 反射与折射现象

超声波在经过两种不同的介质时会产生反射与折射现象，如图2-3所示，其特性符合

$$\frac{\sin\alpha}{\sin\beta}=\frac{c_1}{c_2} \tag{2-4}$$

式中，c_1、c_2分别为超声波在两种介质中的速度；α为入射角；β为折射角。

3. 传播中的衰减

随着超声波在介质中传播距离的增加，介质不断吸收其能量，使得超声波的强度逐渐衰减。假设超声波进入介质时的强度为I_0，通过介质后的强度为I，则它们之间的关系为

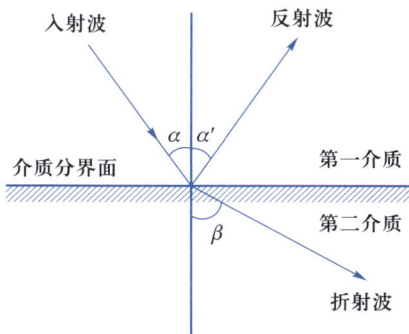

图2-3　超声波的反射和折射

$$I=I_0 \mathrm{e}^{-Ad} \tag{2-5}$$

式中，d 为介质的厚度；A 为介质对超声波能量的吸收系数。

　　介质的能量吸收程度与其密度以及超声波的频率密切相关。气体密度 ρ 越小，衰减就越快，特别是在高频条件下，其衰减速度更快。因此，频率较低的超声波通常用于空气中，而频率较高的超声波则用于固体和液体中。

二、超声波传感器的应用

　　超声波传感器由超声波换能器（也称为超声波探头，通常由压电晶片组成，如图 2-4 所示）、处理单元和输出级三部分组成。首先，处理单元向超声波换能器施加电压激励，超声波换能器在被激励后以脉冲形式发出超声波，然后超声波换能器进入接收状态。处理单元分析接收到的超声波脉冲信号以确定接收到的信号是否是发出的超声波的回波。如果是，便测量超声波的传播时间，并将该时间转换为距离，即反射超声波的物体距离。物体表面和传感器之间的距离可以通过将超声波传感器安装在合适的位置并沿被测物体位置的变化方向发射超声波来测量。

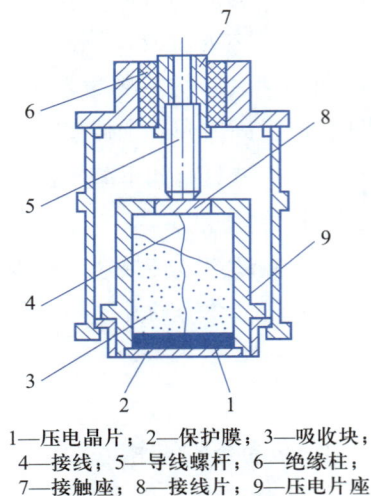

1—压电晶片；2—保护膜；3—吸收块；
4—接线；5—导线螺杆；6—绝缘柱；
7—接触座；8—接线片；9—压电片座

图 2-4　超声波换能器

　　超声波传感器包含发射器和接收器两个部分，单个超声波传感器也可以兼具发送和接收超声波的双重功能。超声波传感器利用压电效应将电能和超声波进行相互转换，即在发射超声波时，将电能转换为超声波；在接收到回波时，将超声振动转换为电信号。当发射器和接收器放置在被测物体的同一侧时，称为反射型超声波传感器；当发射器和接收器放置在被测物体的两侧时，称为透射型超声波传感器，如图 2-5 所示。反射型超声波传感器可用于液位和料位、距离、厚度等的测量以及金属探伤等，透射型超声波传感器可用于遥控器和防盗报警器等。

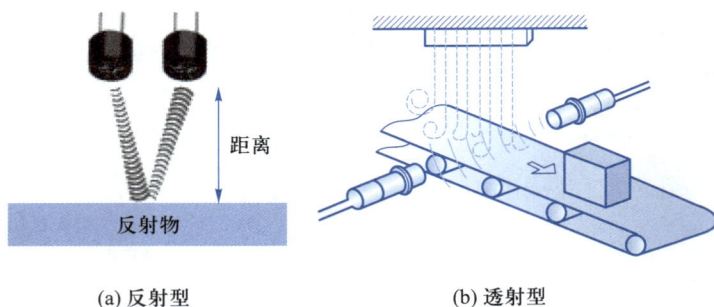

(a) 反射型　　　　　　　　　(b) 透射型

图 2-5　超声波传感器的两种基本类型

　　下面介绍反射型超声波传感器的几种典型应用。

1. 液位测量

超声波液位测量的基本原理是超声波探头产生的超声波脉冲信号在气体中传播，在遇到空气和液体之间的界面时被反射，超声波探头接收到回波信号后，计算超声波往返的传播时间，然后转换为距离或液位高度，如图2-6所示。

超声波测量具有许多其他测量方法无法比拟的优点，具体如下：

① 没有机械传动部件，也不接触被测液体，属于非接触式测量，不怕电磁干扰，不怕酸、碱等强腐蚀性液体，性能稳定，可靠性高，使用寿命长。

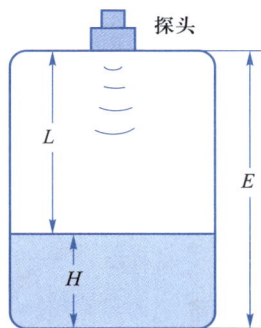

图2-6　超声波传感器液位测量原理

② 响应时间短，可以很容易地实现无延迟的实时测量。

2. 测距

超声波测距可通过以下方式实现：

① 取输出脉冲的平均电压，其值（幅值基本固定）与距离成正比，通过测量电压可以得到距离。

② 测量输出脉冲的宽度，即发射和接收超声波之间的时间间隔 t，则得到距离为 $S=\dfrac{1}{2}vt$（式中，v 为超声波在空气中的传播速度），如图2-7所示。如果测距精度要求很高，则应通过温度补偿进行校正。

超声波测距适用于中长距离的高精度测量。

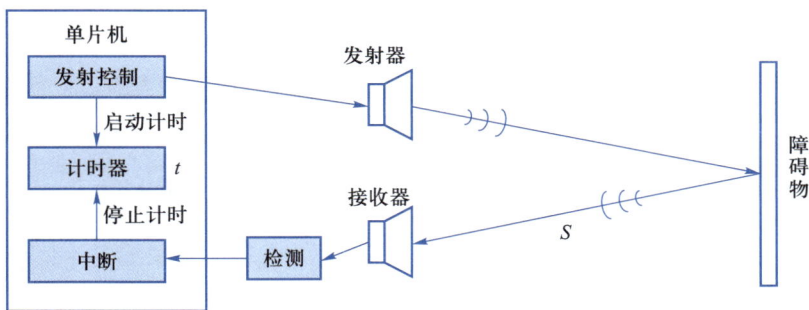

图2-7　超声波传感器测距原理

3. 金属无损探伤

在工业应用中，超声波的典型应用是对金属进行无损探伤。过去许多技术因为无法检测物体组织的内部而受到阻碍，超声波传感技术的出现改变了这种情况。超声波探伤是利用超声波能量穿透金属材料并从一个截面进入另一个截面时界面边缘的反射特性来检测零件缺陷的一种方法。超声波束通过探头从零件表面传到金属内部，当它遇到缺陷或触及零件底部时会产生反射波，在荧光屏上会形成脉冲波形，根据这些脉冲波形即可判断缺陷的位置和大小，如图2-8所示。

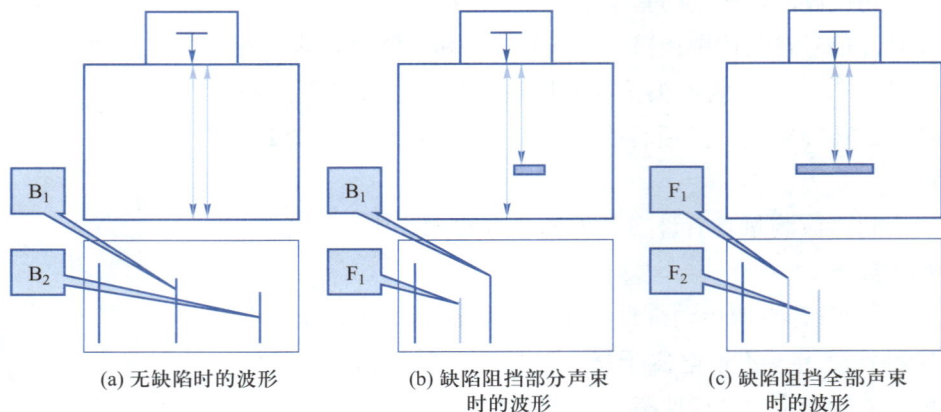

(a) 无缺陷时的波形　　　　(b) 缺陷阻挡部分声束　　　　(c) 缺陷阻挡全部声束
　　　　　　　　　　　　　　　时的波形　　　　　　　　　　时的波形

B₁——一次底面波形；B₂——二次底面波形；F₁——缺陷波的一次回波；F₂——缺陷波的二次回波

图2-8　超声波探伤仪工作原理

拓展阅读
大国重器
"蛟龙号"

▣ 任务实施

一、超声波传感器的安装

本任务采用西克公司的UC4-13347型超声波传感器，如图2-9所示。

图2-9中，1为安装固定螺纹，尺寸为M3；2为超声波传感器电气接口，用于将超声波传感器检测到的物料距离信号传输给PLC；3为数字输出状态指示灯；4为工作电压激活状态指示灯。该传感器的安装示意图如图2-10所示。

图2-9　UC4-13347型超声波传感器

图2-10　UC4-13347型超声波传感器安装示意图

二、超声波传感器的接线

本任务中 UC4–13347 型超声波传感器与 PLC 的电气连接如图 2–11 所示，其输出类型为 0~10 V 电压型模拟量（见表 2–4），引脚 1 和引脚 3 分别与 PLC 的 24 V 供电正负端相连接，引脚 4 接到 PLC 的模拟量输入端口。

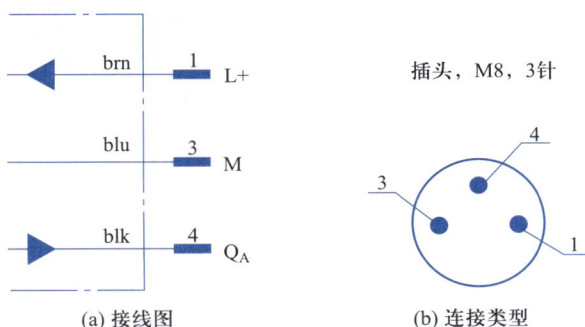

图 2–11　UC4–13347 型超声波传感器与 PLC 的电气连接

表 2–4　UC4–13347 型超声波传感器接口参数

模拟输出端	
数量	1
类型	电压输出
电压	0~10 V，$\geqslant 100\,000\ \Omega$
分辨率	12 bit

三、超声波传感器的调试

本任务采用西门子 S7–1500 PLC 对 UC4–13347 型超声波传感器进行功能调试。

① 通过 TIA 博途软件对 PLC 进行组态配置，选用 6ES7134–6HB00–0DA1 模拟量输入扩展模块 A11，按图 2–12 所示进行配置，通道号选择"0"，测量类型选择"电压"，测量范围选择"0 到 10 V"。

② 超声波传感器模拟量信号读取函数采用 SCALE_X 缩放函数，模拟量读取地址为"%IW9"，具体配置如图 2–13 所示。

③ 将物料放进料仓，观察程序中模拟量输出值是否变化，上下移动料仓物料，观察模拟量输出值的变化规律，如图 2–14 所示。

演示视频
超声波传感器
的调试

任务一　超声波传感器的安装与应用

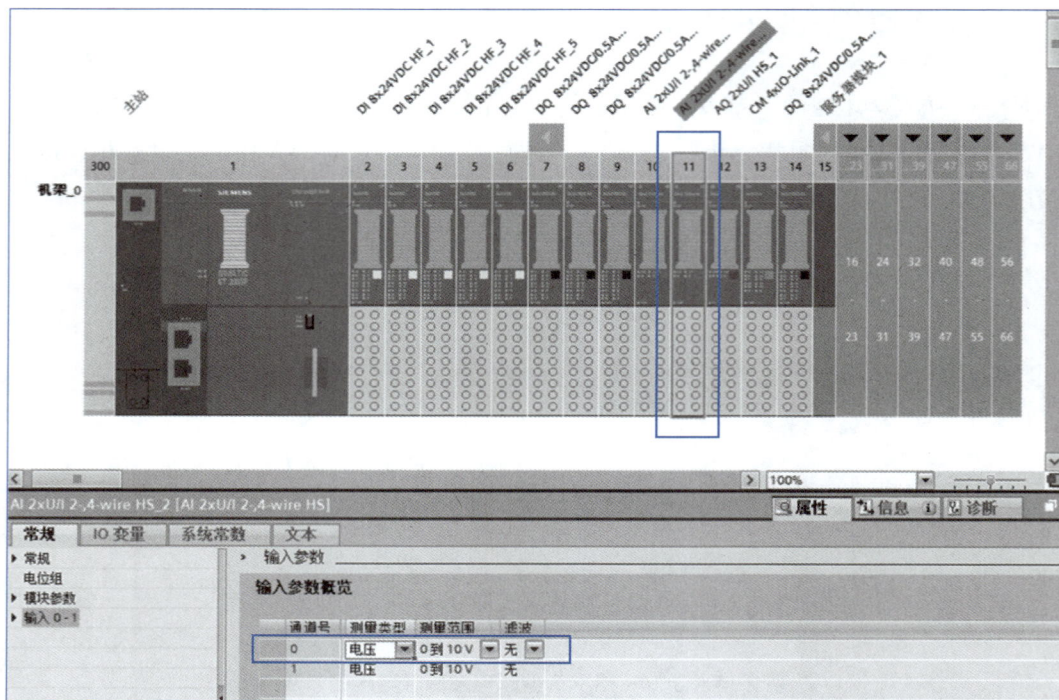

图2-12　PLC组态配置

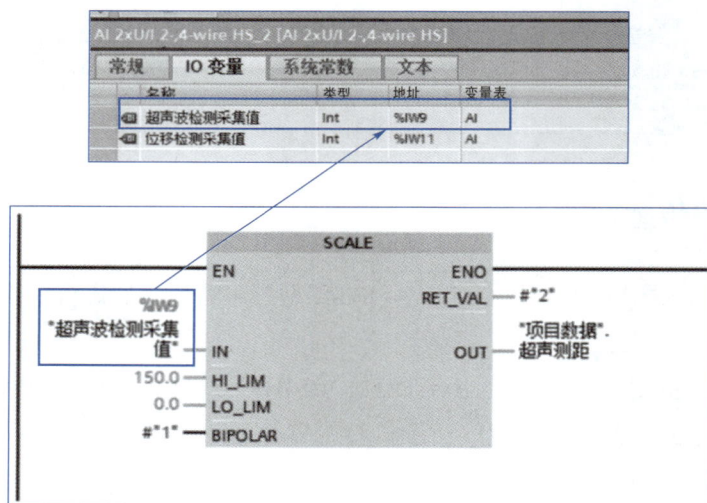

图2-13　PLC程序配置

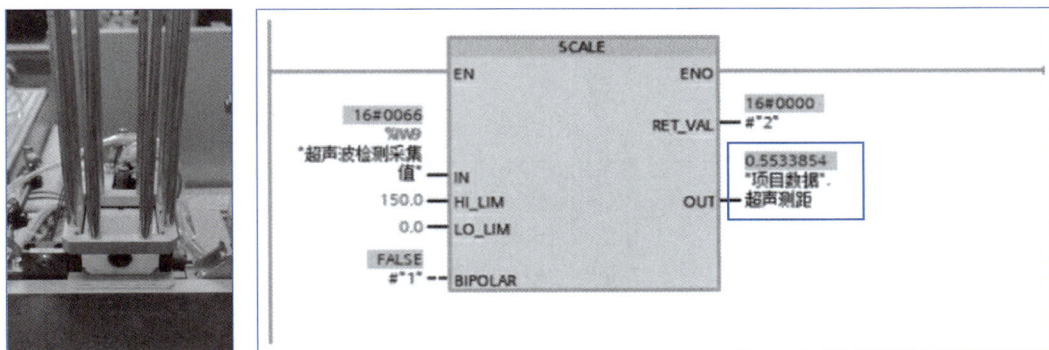

图2-14　模拟量读取测试

四、任务检查与总结（表2-5）

表2-5　任务检查与总结

序号	功能检查	信号检测	气缸动作	指示灯
1				
2				
3				
4				
5				
6				
7				
8				
9				
10				
任务总结（复述工作过程及注意事项）：				

表 2-6　任务评价表

任务	训练内容与分值	训练要求	学生自评	教师评分
超声波传感器的安装与应用	超声波传感器安装与接线，35分	1. 正确完成超声波传感器的安装； 2. 正确完成超声波传感器与设备的连接； 3. 安装与接线符合相应操作规范		
	超声波传感器信号调试，35分	1. 掌握超声波传感器信号的编程处理方法； 2. 能根据输出信号对超声波传感器进行调试； 3. 总结超声波传感器输出信号的特点		
	职业素养与创新思维，30分	1. 积极思考，举一反三； 2. 分组讨论，独立操作； 3. 遵守纪律，遵守实训室管理制度		
	学生：　　　　　　　教师：　　　　　　　日期：			

任务二

RFID 系统的安装与应用

📟 **任务描述**

　　RFID 系统用于产品信息的存储、追踪。本项目的智能产线供料单元中，在靠近料仓、主输送带的前端位置安装有 SIMATIC RF210R 型 IO-Link 阅读器，在每个零件物料侧面安装有 SIMATIC MDS D460 型的电子标签，如图 2-15 所示。电子标签内有对应零件物料的信息，当电子标签进入阅读器的工作有效区域时，阅读器会对电子标签进行读取/写入数据的操作。

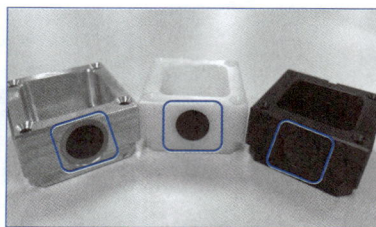

(a) SIMATIC RF210R 型 IO-Link 阅读器　　(b) SIMATIC MDS D460 型电子标签

图 2-15　阅读器与电子标签

表 2-7　知识点与技能点

知识点	技能点
RFID 的定义及系统组成	认识智能产线供料单元中的 RFID 阅读器和电子标签
电子标签和阅读器的定义、分类、特点及参数指标	RFID 系统的安装与电气接线
RFID 系统的工作原理与工作流程	IO-Link 阅读器的硬件组态
RFID 系统的类型与特点	使用 RFID 阅读器完成对电子标签内数据的读取和写入
RFID 系统的应用	

知识链接

一、RFID 系统的组成

RFID（radio frequency identification，射频识别）是20世纪90年代兴起的一项技术，是自动识别技术的一种，它通过无线射频方式进行非接触式的双向数据通信，利用无线射频方式对记录媒体（电子标签或射频卡）进行读写，从而达到识别目标和交换数据的目的。

作为物联网的核心技术之一，RFID 技术的应用领域非常广泛。不同领域的应用需求不同，造成了目前多种标准和协议的 RFID 设备共存的局面，这就使得 RFID 应用架构的复杂程度大幅提高。但就基本的 RFID 系统来说，其组成相对简单而清晰，主要包括电子标签、阅读器和应用软件三个部分，如图2-16所示。

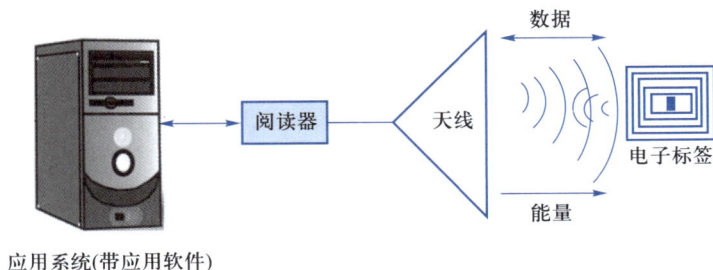

图2-16　RFID系统的组成

1.电子标签

电子标签（electronic tag）又称为射频标签、应答器或数据载体，是RFID 系统中存储可识别数据的电子装置，由标签专用芯片和标签天线组成，每个标签具有唯一的电子编码。电子标签通常被安装在被识别对象上，用于存储被识别对象的相关信息。电子标签存储器中的信息可由阅读器进行非接触读写。电子标签可以是卡，也可以是其他形式的装置。非接触式IC卡中的遥耦合识别卡就属于电子标签。

电子标签根据供电形式、数据调制方式、工作频率等可以被分为不同的种类。

（1）根据供电形式分类

根据供电形式的不同，电子标签可被分为有源电子标签和无源电子标签两种。有源电子标签使用电子标签内的电池供电，识别距离较长，可达几十米甚至上百米，但其寿命有限，且价格高。由于自带电池，因而有源电子标签的体积较大，无法制作成薄卡（如信用卡电子标签）。有源电子标签距阅读器天线的距离较无源电子标签要远。有源电子标签需要定期更换电池，阅读器能够显示电池的工作情况。

无源电子标签不含电池，利用耦合阅读器发射的电磁场能量为自己供电。无源电子标签重量轻，体积小，寿命非常长，成本便宜，可以被制成各种各样的薄卡或挂扣卡，但其发射距离受限制，一般是几十厘米到几十米，且需要较大的阅读器发射功率。无源电子标签工作时，一般应置于距阅读器天线较近的位置。

（2）根据数据调制方式分类

根据数据调制方式的不同，电子标签可被分为主动式电子标签、被动式电子标签和半主动式电子标签。一般来讲，无源系统为被动式，有源系统为主动式。主动式电子标签利用自身的射频能量主动地发送数据给阅读器，调制方式可为调幅、调频和调相。由阅读器发出的查询信号触发后进入通信状态的电子标签称为被动式电子标签。被动式电子标签的通信能量是从阅读器发射的电磁波中获得的，既有不含电源的电子标签，也有含电源的电子标签。对于含电源的电子标签，其电源只为芯片运转提供能量，这样的电子标签也称为半主动式电子标签。被动式RFID系统使用调制散射方式发射数据，必须利用阅读器的载波来调制自己的信号，适用于门禁考勤或交通管理领域，因为阅读器可以确保只激活一定范围内的电子标签。在有障碍物的情况下，若采用调制散射方式，阅读器的能量必须来去穿过障碍物两次。而主动式电子标签发射的信号仅需穿过障碍物一次，因此主动式电子标签主要应用于有障碍物的情况，其传输距离更远。

（3）根据工作频率分类

根据工作频率的不同，电子标签可被分为低频电子标签、高频电子标签、超高频电子标签和微波电子标签。电子标签的工作频率不仅决定着射频系统的工作原理（电感耦合还是电磁耦合）和识别距离，而且决定着电子标签和阅读器实现的难易程度及版本。

2. 阅读器

阅读器（reader）又称为读写器或询问器，是对电子标签进行读/写操作的设备。阅读器负责连接电子标签和计算机通信网络，与电子标签进行双向数据通信，读取电子标签中的数据，或按照计算机的指令对电子标签中的数据进行改写。阅读器是RFID系统中一个非常重要的组成部分，阅读器的频率决定RFID系统的工作频率，阅读器的功率直接影响射频识别的距离。阅读器能够正确地识别其工作范围内的多个标签，不但可以识别静止不动的物体，还可以识别移动的物体。若识别过程中产生一些错误，阅读器还可以发出相应的错误提示。

（1）阅读器的组成

阅读器的硬件一般由控制模块、射频模块、天线和接口组成，如图2-17所示。控制模块是阅读器的核心，一般由ASIC（application specific integrated circuit，专用集成电路）组件和微处理器组成。控制模块处理的信号通过射频模块传送给天线，由天线发送出去。阅读器的射频模块是阅读器的射频前端，同时也是影响阅读器成本的关键部件，主要负责射频信号的发射及接收，产生高频发射功率并接收和解调来自电子标签的射频信号。控制模块和应用软件之间的数据交换主要通过阅读器的接口来完成。阅读器的接口形式主要有RS-232串行接口、RS-485串行接口、WLAN接口、以太网接口、USB接口和IO-Link接口。天线是用来发射或接收无线电波的装置。阅读器与电子标签是利用无线电波传递信息的，当信息通过电磁波在空间传播时，电磁波的产生和接收要通过天线来完成。而天线主要负责将阅读器中的电流信号转换成射频载波信号，并发送给电子标签，或接收由电子标签发送过来的射频载波信号，并将其转化为电流信号。天线可以外置，也可以内置。

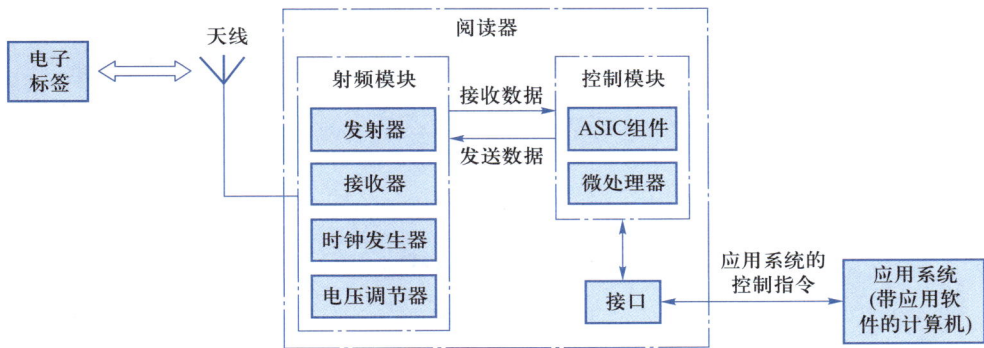

图2-17　阅读器硬件的组成

（2）阅读器的分类

根据用途的不同，阅读器在结构及制造形式上千差万别，大致可以分为固定式阅读器、工业阅读器、发卡机、便携式阅读器、红外阅读器，以及大量特殊结构的阅读器。不同种类的阅读器如图2-18所示。

① 固定式阅读器是最常见的一种阅读器，是将射频控制器和高频接口封装在一个固定的外壳中构成的。它留有阅读器接口和电源接口，配有安装托架及工作灯/电源指示灯等，供电方式有交流220 V、交流110 V或将交流220 V/110 V转换为直流12 V。固定式阅读器如图2-18（a）所示。

② 工业阅读器大多具备标准的现场总线接口，易于集成到现有设备中，主要应用在矿井、畜牧和自动化生产等领域。工业阅读器如图2-18（b）所示。

③ 发卡机又称为读卡器、发卡器等，主要用来对电子标签进行具体内容的操作，包括建立档案、消费纠正、挂失、补卡和信息纠正等，经常与计算机放在一起。发卡机如

图2-18（c）所示。

④ 便携式阅读器是适合用户手持使用的一类射频电子标签读写设备，其工作原理与其他形式的阅读器完全不一样。便携式阅读器主要用于动物识别，可作为检查设备、付款往来的设备、服务及测试工作中的辅助设备。便携式阅读器一般带有LCD显示屏，且带有键盘面板以便于操作或输入数据。通常可以选用RS-232接口来实现便携式阅读器与PC之间的数据交换。便携式阅读器如图2-18（d）所示。

⑤ 红外阅读器利用创新性的空间通信协议和独到的能感应红外线的太阳能模块来实现非接触式远距离主动识别。其识别方向性强，外形精致小巧，识别卡可无电池和天线。识别卡由日光、阅读器中内置的红外线发光二极管或扩能器的红外光提供能源，不受电磁干扰，不干扰其他系统，识别精确。红外阅读器如图2-18（e）所示。

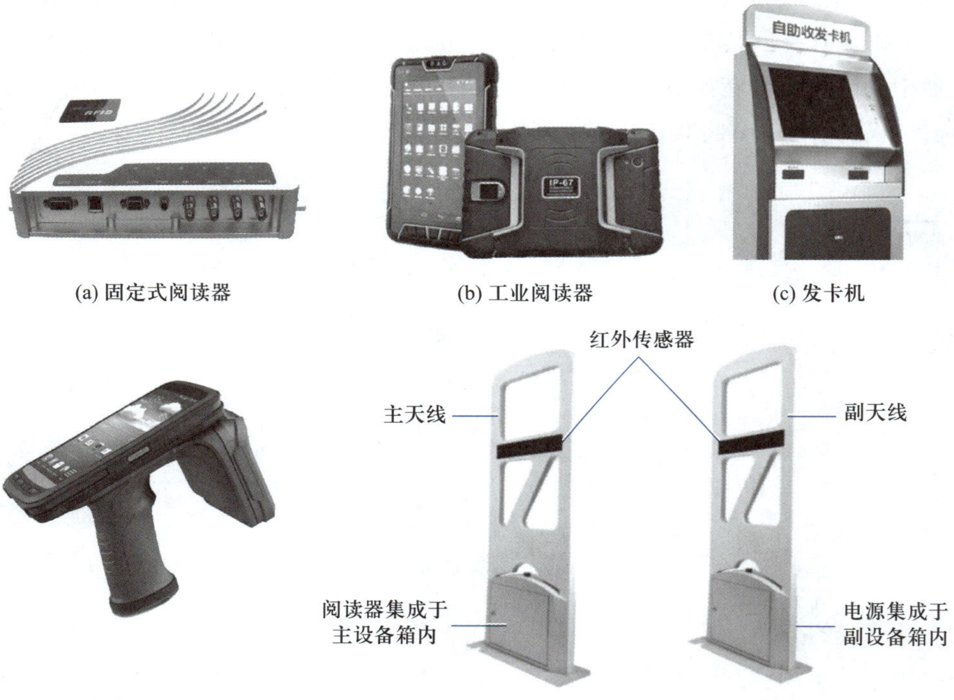

(a) 固定式阅读器　　　　(b) 工业阅读器　　　　(c) 发卡机

(d) 便携式阅读器　　　　(e) 红外阅读器

图2-18　不同种类的阅读器

（3）阅读器的工作方式

阅读器主要有两种工作方式，一种是阅读器先发言（reader talks first，RTF）方式，另一种是电子标签先发言（tag talks first，TTF）方式。

在一般情况下，电子标签处于等待或休眠状态，当电子标签进入阅读器的作用范围被激活时，其便从休眠状态转为接收状态，接收阅读器发出的命令，进行相应的处理，并将结果返回给阅读器。这类只有接收到阅读器的特殊命令才发送数据的电子标签的工作方式被称为RTF方式。与此相反，进入阅读器的能量场即主动发送数据的电子标签的工作方式被称为TTF方式。

3. 应用软件

应用软件（application software）是直接面向最终用户的人机交互界面，可以协助使用者完成对阅读器的指令操作以及逻辑设置，逐级将RFID原始数据转化为使用者可以理解的业务事件，并使用可视化界面进行展示。

二、RFID系统的工作原理与工作流程

1. RFID系统的工作原理

RFID系统的工作原理是利用射频信号和空间耦合（电感或电磁耦合）或雷达反射的传输特性，实现对被识别物体的自动识别。在目前广泛应用的RFID技术体系中，电感耦合和电磁反向散射耦合是电子标签与阅读器数据交互的主要技术原理。

（1）电感耦合

电感耦合通过空间高频交变磁场实现耦合，依据的是电磁感应定律。电感耦合的工作原理如图2-19所示。阅读器线圈的近场辐射通过电感耦合的方式供给电子标签能量，同时通过负载调制方法读取电子标签内容。负载调制实际是通过改变电子标签天线上负载电阻的接通和断开，来使阅读器天线上的电压发生变化，实现用近距离电子标签对天线电压进行振幅调制的功能。如果通过数据来控制负载电压的接通和断开，那么这些数据就能够从电子标签传输到阅读器中了。近场辐射强度随着距离的增加有很大的衰减，采用电感耦合技术的RFID系统只能在近距离范围内（小于1 m）工作，其工作原理与变压器的工作原理相同，因此电感耦合模型又被称为变压器模型。

阅读器天线产生一个电磁场，电子标签天线线圈通过该磁场感应出电压，以提供给电子标签工作的能量，从阅读器到电子标签的数据传输是通过改变传输场的一个参数（幅值、频率或相位）来实现的，从电子标签返回的数据传输是通过改变传输场的负载（幅值和相位）来实现的。

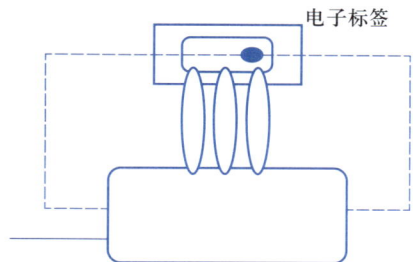

图2-19　电感耦合的工作原理

（2）电磁反向散射耦合

电磁反向散射耦合主要用于远距离读取的超高频和微波系统中。其工作原理如图2-20所示。远场的电磁传播基于电磁波的空间传播定律，发射后的电磁波遇到目标后，一部分能量被电子标签吸收，用来对内部芯片进行供电；另一部分能量通过电磁反向散射的方式被反射回阅读器中，同时带回目标信息。其工作原理与雷达的工作原理相同，因此电磁反向散射耦合模型又称为雷达模型。

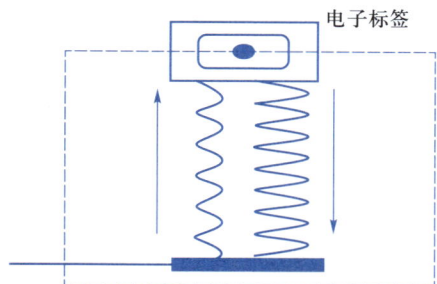

图2-20　电磁反向散射耦合的工作原理

两种耦合方式的对比如表2-8所示。

表 2-8　两种耦合方式的对比

耦合类型	电感耦合	电磁反向散射耦合
模型	变压器模型	雷达模型
工作原理	电磁感应定律	电磁波的空间传播定律
典型工作距离	10~20 cm	3~10 m
典型工作频率	125 kHz、225 kHz、13.56 MHz	433 MHz、915 MHz、2.45 GHz、5.8 GHz
电子标签	具有环形天线的典型低频、高频电子标签	具有双极天线的超高频和微波电子标签

针对上述两种耦合方式而采用的两种调制方式分别为负载调制和反向散射调制。

2. RFID系统的工作流程

RFID系统的工作流程如图2-21所示。使用者希望获得经过某个位置的电子标签内部的数据信息，即在应用软件端向与该位置相对应的阅读器发出读取电子标签的指令。阅读器接收到该指令后，通过天线散射一定频率的射频信号，当电子标签进入天线工作区域时产生感应电流，电子标签获得能量被激活。处于激活状态的电子标签随即发射出载有电子标签信息数据的无线电磁波。阅读器天线接收到从电子标签发送来的载波信号后传送到阅读器，阅读器进行解调和过滤后将电子标签的信息送至应用系统进行有关数据处理。然后应用系统识别该电子标签的身份，做出相应的处理和控制，最终发出指令信号控制阅读器完成不同的读/写操作。

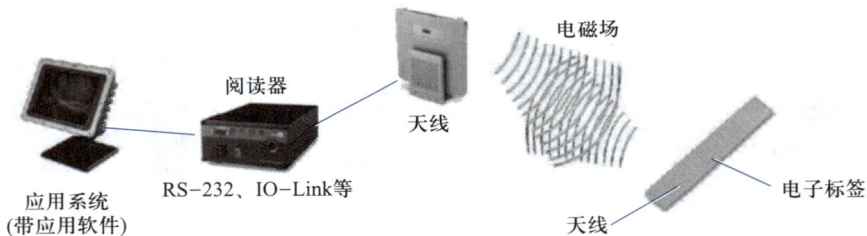

图2-21　RFID系统的工作流程

三、RFID系统的分类

自诞生以来，RFID技术在使用频率以及供电方式等方面呈现多样化的趋势，可将RFID系统进行如下分类。

1. 根据使用频率进行分类

RFID系统主要依赖电磁波传播，除了交互原理外，不同的发射频率还会在RFID系统的读写距离、数据传输速率和可靠性等参数上产生比较大的差异。可以说，RFID系统的工作频率是决定RFID系统性能和可行性的主导因素。

RFID系统主要工作在4个频段，4个频段特性的对比和主要应用如表2-9所示。

表2-9　RFID系统的4个频段特性的对比和主要应用

频率	低频 （30～300 kHz）	高频 （3～30 MHz）	超高频 （300 MHz～3 GHz）		微波 （2.45 GHz以上）
工作原理	电感耦合	电感耦合	电磁反向散射耦合		电磁反向散射耦合
典型工作频率	125 kHz、133 kHz	13.56 MHz	433 MHz、860～930 MHz		2.45 GHz、5.8 GHz
识别距离	＜10 cm	10 cm～1.5 m	1～10 m	1～6 m	25～50 cm（主动式） 1～15 m（被动式）
一般特性	价格较高，几乎不会因环境影响导致性能下降	价格低廉，适合短距离识别和需要多重电子标签识别的领域	适合长距离识别，实时跟踪，对集装箱内部湿度、冲击等环境敏感	价格最低廉，多重电子标签的识别距离和性能最突出	与960 MHz电子标签性能类似，但受环境影响最多
运行方式	无源型	无源型	有源型	有源型、无源型	有源型、无源型
应用领域	动物识别、工厂数据采集	非接触式IC卡、我国第二代身份证	集装箱、物流管理	车辆管理	蓝牙应用、CT应用、车辆管理
无线电管制	基本没有管制	ISM频段（供工业、科学和医疗机构使用的专用频段）	短距离装置、定位系统	工业、科学和医疗领域管制，功率略有不同	工业、科学和医疗领域管制，功率略有不同
识别速度	低速←————————————————————→高速				
环境影响	迟钝←————————————————————→敏感				
标签大小	大型←————————————————————→小型				

2. 根据供电方式进行分类

根据供电方式，可将RFID系统分为无源RFID系统、有源RFID系统和半有源RFID系统三类。

（1）无源RFID系统

无源RFID系统发展最早，也是发展最成熟、市场应用最广的系统。相关产品如公交卡、食堂餐卡、银行卡、宾馆门禁卡和二代身份证等，这些应用在人们的日常生活中随处可见，属于近距离接触式识别类产品。其主要工作频率有低频125 kHz、高频13.56 MHz、超高频433 MHz和915 MHz。

（2）有源RFID系统

有源RFID系统是近几年发展起来的，其远距离自动识别的特性决定了其巨大的应用空间和市场潜质。相关产品在远距离自动识别领域（如智能监狱、智能医院、智能停车场、智能交通、智慧城市、智慧地球及物联网等）有重大应用，属于远距离自动识别类产品。其主要工作频率有超高频433 MHz、微波2.45 GHz和5.8 GHz。

（3）半有源RFID系统

半有源RFID系统结合了有源RFID系统及无源RFID系统的优势，在低频125 kHz频率的触发下，让微波2.45 GHz发挥优势。半有源RFID技术也可以称为低频激活触发技术，它利用低频近距离精确定位、微波远距离识别和上传数据来解决单纯的有源RFID系统和无源RFID系统没有办法实现的功能。

半有源RFID技术是一项易于操控、简单实用且特别适用于自动化控制的灵活性应用技术，识别工作无须人工干预，既可支持只读工作模式，又可支持读写工作模式，且无须接触或瞄准。相关产品可在各种恶劣环境下自由工作，短距离射频产品不怕油渍、灰尘污染等恶劣的环境，可以替代条码，如用在工厂的流水线上跟踪物体；长距离射频产品多用于交通领域，识别距离可达几十米，如自动收费或识别车辆身份等。半有源RFID产品在门禁进出管理、人员精确定位、区域定位管理、周界管理、电子围栏及安防报警等领域有着很大的优势。

四、RFID系统的应用

1. RFID系统在路桥电子收费管理系统中的应用

基于RFID技术的路桥电子自动收费管理系统如图2-22所示，当车辆通过路桥车道并进入车道天线的通信区域时，安装在车辆内的电子标签立即将车辆信息、行车记录信息等发送至车道天线，车道天线接收到信息后通过交易控制器把信息传送给车道控制机，信息经车道控制机处理后，再逆向传送给车道天线，最后写入该车辆的电子标签。这样，每个收费站都可以通过获取车辆的行车记录信息来计算出应收通行费，然后通过收费网络对该车车主开设的银行账号进行扣账，实现自动收费。

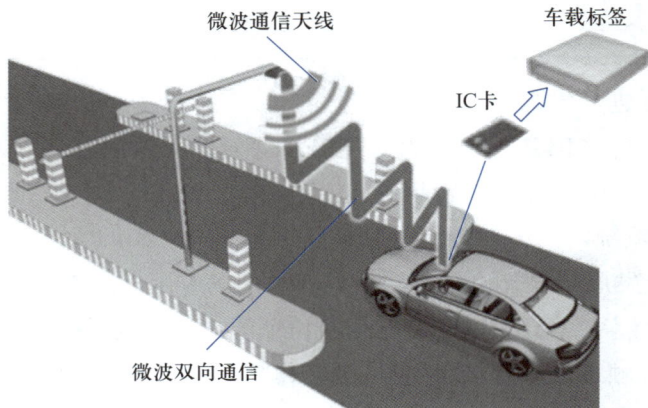

图2-22　基于RFID技术的路桥电子自动收费管理系统

2. RFID 系统在病人管理中的应用

① 新生儿安全管理：当婴儿出生时，将 RFID 电子标签粘贴在柔软的纤维带上，通过固定器缠绕在婴儿前臂或脚上。婴儿的健康记录、出生日期、时间及父母姓名等信息被输入安装在中心服务器上的系统，采用 RFID 阅读器读取分配给该婴儿的 ID 码，将 ID 码与存储在软件里的数据相对应。如果有婴儿靠近出口或有人企图移去婴儿的纤维带时，系统会发送警报。RFID 系统的新生儿安全管理如图 2-23 所示。

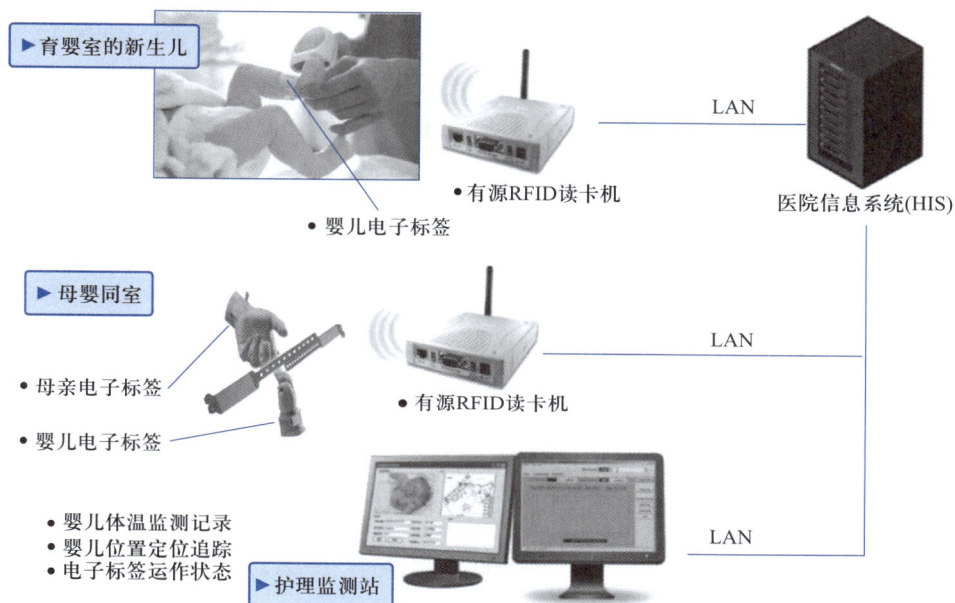

图 2-23　RFID 系统的新生儿安全管理

② 病患者动向追踪：对于老年失智或有疑似传染病的病患者，需要随时照看并掌握其行踪，可将阅读器设置在病房、大楼出入口与医院大门附近，一旦病患者脱离活动范围，身上所佩戴的电子标签便会发出警示信号，主动通知护理监测站。

3. RFID 系统在防伪技术上的应用

二代身份证读卡器是一种能够判断身份证是否伪造的设备，像验钞机一样，能对身份证的真伪进行有效识别。二代身份证内含有 RFID 芯片，此芯片无法复制，且存储容量大，写入的信息可划分安全等级，分区存储。通过二代身份证读卡器，二代身份证芯片内所存储的信息，包括姓名、地址、照片等将一一显示。配合二代身份证读卡器，假身份证将无处藏身。

4. RFID 系统在工业生产中的应用

在工业生产的流水生产线上，产品在流水线上移动，到达工位后由工人取下进行零配件组装，完成后再放回流水线，直到完成所有工序。RFID 系统在流水生产线中的应用如图 2-24 所示，系统主要包括两个或多个固定的 RFID 阅读器，每个产品都带有 RFID 电子标签。当带有 RFID 电子标签的产品以先后顺序经过固定的 RFID 阅读器时，RFID 阅读器将读取产品上的电子标签信息，并将相关数据上传到系统上位机，进而判断产品的完成情况及各个工位的运转情况。德国宝马公司就在其装配流水线上配有RFID系统，射频卡上带有详尽的汽车装配要求，每个工作点都有阅读器，这样可以保证工人在各个流水线位置处都能毫不出错地完成装配任务。

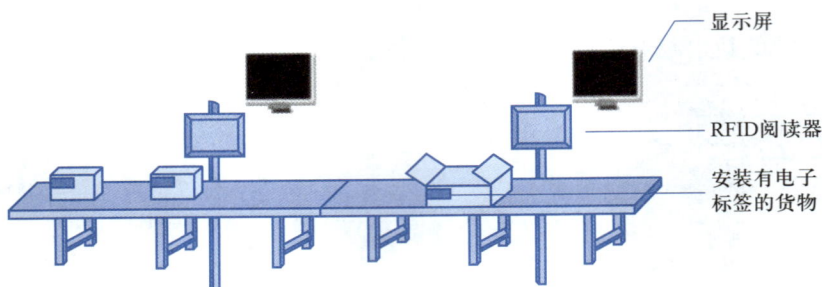

图2-24　RFID系统在流水生产线中的应用

任务实施

一、智能产线供料单元中的RFID系统

1. RF210R型IO-Link阅读器

本任务采用西门子公司的RF210R型IO-Link阅读器，其外形结构如图2-25所示，参数指标如表2-10所示。

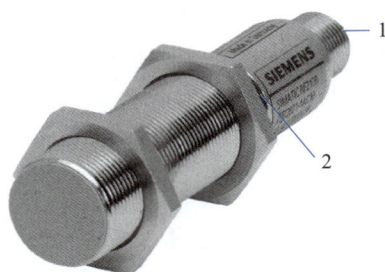

1—IO-Link接口；2—LED运行显示

图2-25　RF210R型IO-Link阅读器的外形结构

表2-10　RF210R型IO-Link阅读器的参数指标

工作频率	13.56 MHz
电源电压	DC 24 V（DC 20.4~28.8 V）
无线传输协议	ISO15693
最大数据传输速率（无线传输）	26.6 kbit/s

读速率	最大 1.5 KB/s
写速率	最大 0.5 KB/s
与 MDS D460 型电子标签的读/写距离	阅读器传输窗口直径 L：8 mm 阅读器与标签之间的工作距离 S_a：< 9 mm 限制距离 S_g：9 mm
通信接口	IO-Link
电气连接器	M12，4 针
工作环境温度	−20~+70 ℃
防护等级符合 EN60529	IP67
安装类型	2 个 M18，厚度为 4 mm，紧固力矩 ≤ 20 N·m
阅读器安装在金属上	阅读面与金属之间的距离 ≥ 12 mm
LED 运行显示灯	3 色 LED（绿色：工作电压；黄色：存在性；红色：错误）

IO-Link 阅读器具有以下特性：

- 点对点通信，无须设置 IO-Link 设备的地址。
- 仅支持 IO-Link 主站。
- IO-Link 传输速率达 230.4 kBaud。
- 过程映像中的过程数据：32 字节输入和 32 字节输出。

- 过程映像中的用户数据：28 字节输入和 28 字节输出。
- 服务数据与过程数据并行传送。
- 支持面向设备更换的参数上传/下载功能（参数服务器）。
- 支持 SIO（标准 I/O）模式[阅读器指示数据线上存在发送应答器（C/Q）]。
- 拥有用于支持参数分配、诊断和数据访问的 IODD（I/O 设备描述）文件。
- 使用 Port Configuration Tool（PCT）进行系统集成（STEP 7 Professional、TIA 博途）。
- 防护等级 IP67。
- RFID 13.56 MHz，符合 ISO15693。

2. MDS D460 型电子标签

本任务中采用西门子公司的 MDS D460 型电子标签，其外形结构如图 2-26 所示，参数指标如表 2-11 所示。

图 2-26　MDS D460 型电子标签的外形结构

表 2-11　MDS D460 型电子标签的参数指标

电源	无源型，不带电池
尺寸	直径 16 mm，厚度 3 mm
存储器大小	2 000 字节 FRAM 用户存储器
安装在金属上	是，使用垫片安装，电子标签与金属之间的距离 ≥ 10 mm
工作环境温度	–25~85 ℃
无线传输协议	ISO15693
安装类型	粘贴；使用垫片
防护等级	IP67/IPx9K

二、RFID 系统的安装与接线

当电子标签进入阅读器的工作距离后，阅读器即可读取电子标签内的零件物料信息，也可以对电子标签内的零件物料信息进行修改、写入操作。本任务采用 PLC 作为数据处理单元，在阅读器和电子标签之间实现信息数据的交换。

1. RFID 系统的安装

（1）电子标签的安装

智能产线供料单元中有三种零件物料，分别是金属工件、白色塑料工件和黑色塑料工件，每个工件的侧面开有放置电子标签的凹槽。在金属工件中，电子标签通过白色垫片嵌入安装到工件的凹槽内；在塑料工件中，电子标签直接粘贴安装到工件的凹槽内。工件安装电子标签的效果如图 2-27 所示。

(a) 金属工件   (b) 白色塑料工件   (c) 黑色塑料工件

图 2-27　工件安装电子标签的效果

（2）阅读器的安装

首先将阅读器安装支架固定在主输送带侧面的铝型材上，与直线位移传感器正对，然后用阅读器自带的两个 M18 螺母将阅读器固定在安装支架上。调整阅读器前端面离安装支架的距离，确保工件在主输送带上移动到阅读器位置时，电子标签能进入阅读器的工作距离。阅读器安装位置如图 2-28 所示。

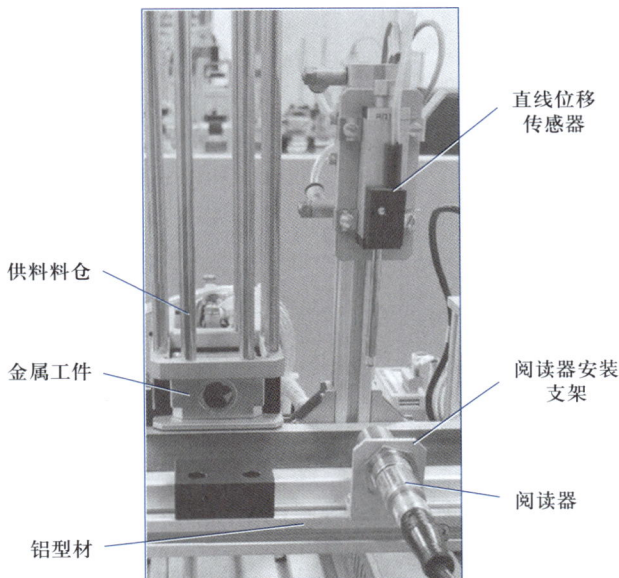

图 2-28　阅读器安装位置

2. RFID 系统的接线

本任务中 IO-Link 是传感器（RFID 系统、编码器）与用于带 CM 4xIO-Link 主站的 ET 200SP 通信的标准化 I/O 技术，无须对电缆材料提出额外要求，只需要采用常规的三线制接法即可实现强大的点对点通信。图 2-29 所示即为 IO-Link 主站和阅读器之间的单线连接方式。

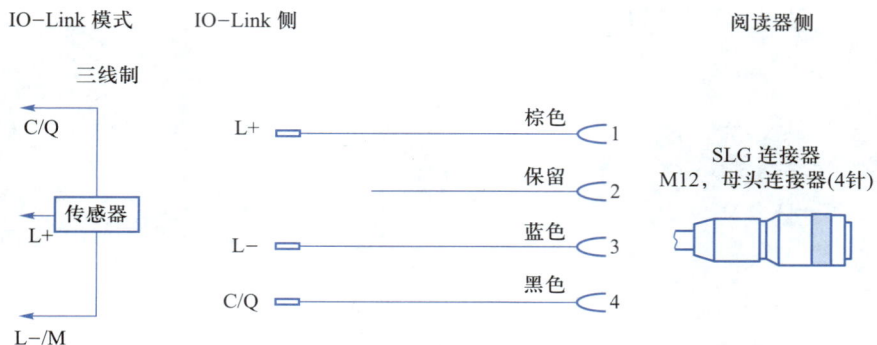

图2-29　IO-Link主站和阅读器之间的单线连接方式

智能产线的主控制器为ET 200SP，其CM 4xIO-Link电子模块的针脚分配如表2-12所示。

表2-12　ET 200SP CM 4xIO-Link 电子模块的针脚分配

端子	分配	端子	分配	说明	彩色标签板
1	C/Q 1	2	C/Q 2		
3	C/Q 3	4	C/Q 4		
5	RES	6	RES	• C/Q：通信信号	
7	RES	8	RES	• RES：保留，不得使用	
9	L+ 1	10	L+ 2		
11	L+ 3	12	L+ 4	• L+：供电电压（正极）	
13	M	14	M		
15	M	16	M	• M：接地	
L+	DC 24 V	M	接地		CC04 6ES7193-6CP04-2MA0

RF210R型IO-Link阅读器与CM 4xIO-Link主站的连接示例如图2-30所示，图中连接的是CM 4xIO-Link电子模块的C/Q 2端子，也可以连接至其他三个端子。

图2-30　RF210R型IO-Link阅读器与CM 4xIO-Link主站的连接示例

三、RFID 系统的数据读写

1. IO-Link 工作模式

根据工作模式是 SIO 模式还是 IO-Link 模式，需要为 IO-Link 主站分配合适的参数。

（1）SIO 模式

要以 SIO 模式操作阅读器，需要将阅读器连接到按 SIO 模式组态的主站端口或连接到一个 24 V 标准 I/O 模块。主站端口通过 S7 PCT（port configuration tool）组态。

（2）IO-Link 模式

要以 IO-Link 模式操作阅读器，需要将阅读器连接到按 IO-Link 模式组态的主站端口。主站端口通过 S7 PCT 组态。借助 STEP 7 还可指定过程映像的大小和位置。使用工程工具（如 STEP 7 Professional/TIA 博途）时，必须创建一个新项目或打开一个要连接到 IO-Link 主站的现有项目。

2. IO-Link 硬件组态

下面所描述的配置是通过 STEP 7 Professional（TIA 博途）创建的。还可以使用 STEP 7 Classic（HW Config）创建组态。IO-Link 组态工具为 PCT。

演示视频
IO-Link 硬件
组态

组态步骤示例如下：

（1）硬件组态

借助 TIA 博途软件，从硬件目录中将订货号为 6ES7 137-6BD00-0BA0 的 IO-Link 主站拖到设备视图中，如图 2-31 所示。

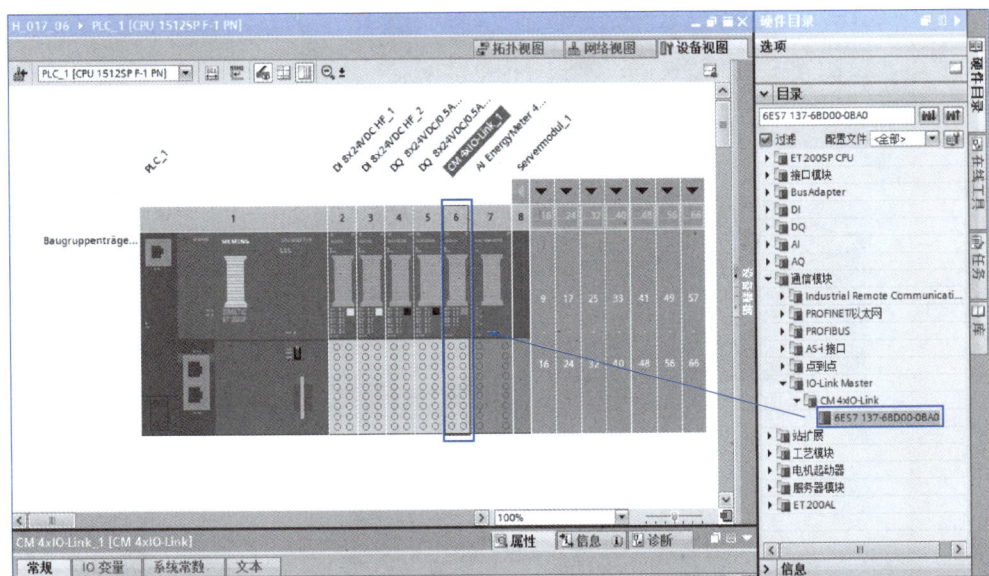

图 2-31　组态 CM 4xIO-Link 主站

设置 IO-Link 模块的 I/O 地址，起始地址为 10，输入/输出长度均为 32 字节，如图 2-32 所示。

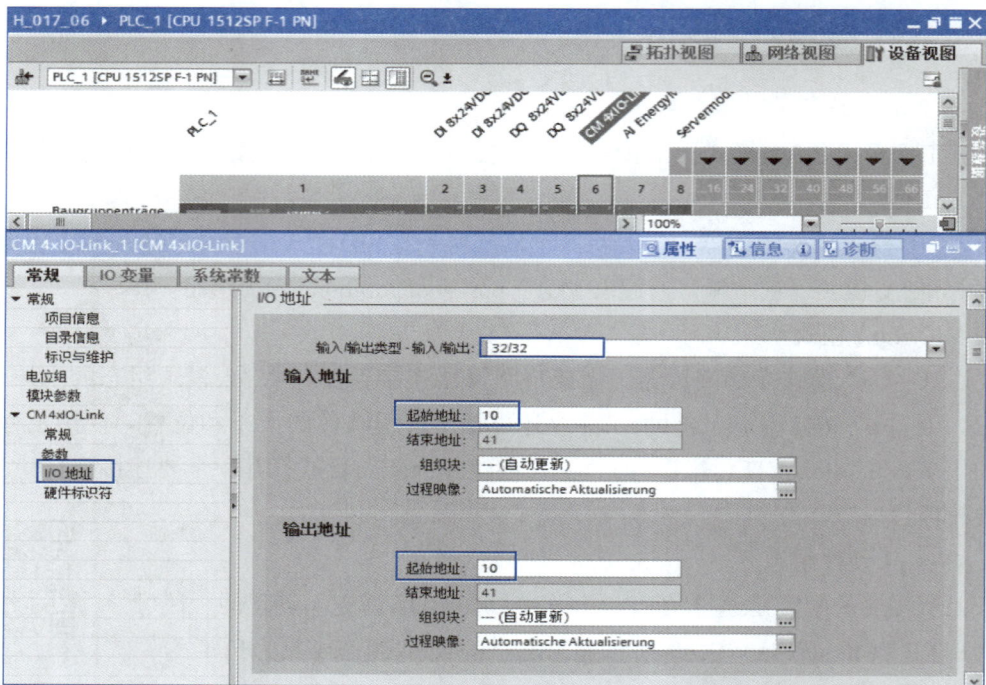

图2-32　CM 4xIO-Link模块I/O地址参数设置

（2）打开PCT软件，创建IO-Link主站端口

① 启动PCT。可直接从TIA博途软件中启动PCT。为此，在设备视图中右击 IO-Link 设备，在弹出的快捷菜单中选择"启动设备工具"命令，如图2-33所示。

注：对于TIA博途V14版，PCT软件需单独安装，可从西门子官网下载。

图2-33　启动设备工具

② 创建IO-Link主站端口。在"端口"（Ports）选项卡中，将本任务使用到的SIMATIC RF210R IO-Link阅读器从硬件目录拖至"端口信息"（Port Info）区域内的对应端口下（和硬件接线端口相一致，硬件接线端口为C/Q 1）。然后对IO-Link主站的端口进行组态，选择"模式"（Mode）为IO-Link，如图2-34所示。

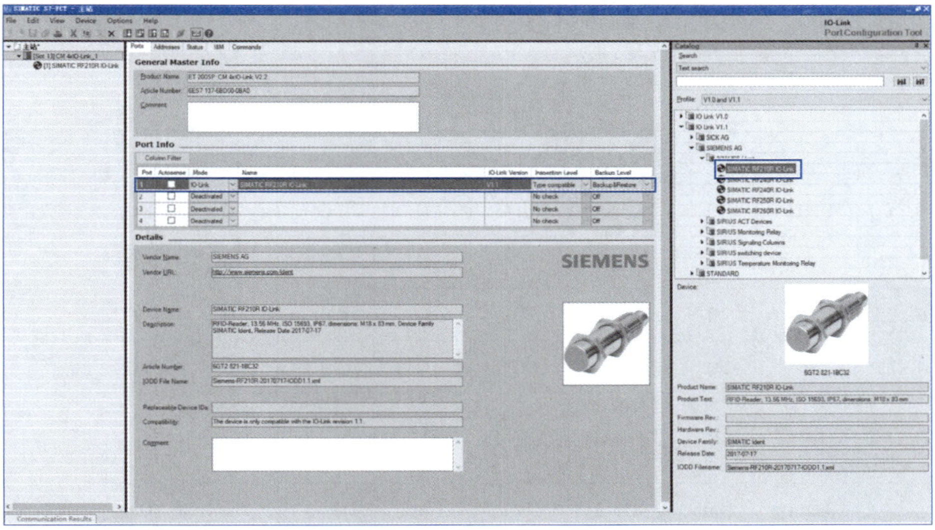

图2-34　创建IO-Link主站端口

切换到"地址"（Addresses）选项卡，选中Show PLC addresses复选框，系统会自动显示I/O地址，起始地址为IB 10/QB 10，数据长度为32字节，与PLC中IO-Link模块的地址设置相对应，如图2-35所示。

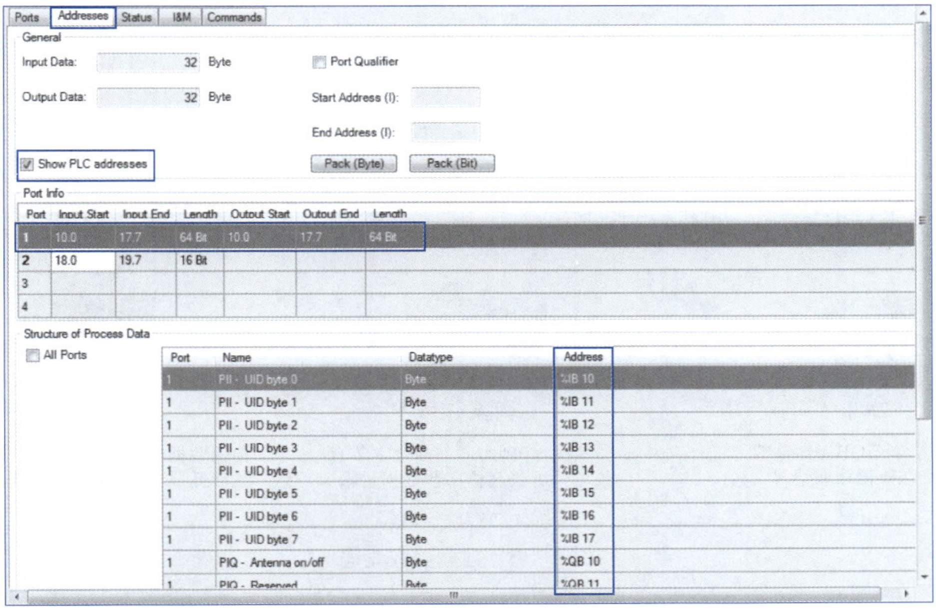

图2-35　IO-Link主站端口地址

3. RFID系统的读写程序编程

（1）数据读写功能块详解

进行IO-Link通信时，将传送32字节的输入过程映像（process image of the inputs，PII）和32字节的输出过程映像（process image of the outputs，PIQ）。可以使用命令或输入地址来决定通过输出过程映像读取/写入的具体数据（28字节用户数据）。过程映像的指令数据表如表2-13所示。

表2-13　过程映像的指令数据表

地址		值								说明
PII	0...7	0x02	0	Adr-H	Adr-L	0	0	0	0	读取
	8...15	0	0	0	0	0	0	0	0	
	16...23	0	0	0	0	0	0	0	0	
	24...31	0	0	0	0	0	0	0	0	
PIQ	0...7	0x01	0	Adr-H	Adr-L	Data（1）	Data（2）	Data（3）	Data（4）	写入
	8...15	Data（5）	Data（6）	Data（7）	Data（8）	Data（9）	Data（10）	Data（11）	Data（12）	
	6...23	Data（13）	Data（14）	Data（15）	Data（16）	Data（17）	Data（18）	Data（19）	Data（20）	
	24...31	Data（21）	Data（22）	Data（23）	Data（24）	Data（25）	Data（26）	Data（27）	Data（28）	

注意：表2-13非常重要，是数据读写的关键，需要仔细阅读理解。其中第一个字节为数据读/写控制位，通过传送数据1或者2来控制写和读，传输数据1到第一个字节，则往电子标签中写入数据；传输数据2到第一个字节，则从电子标签中读取数据。Adr-H代表传输数据的高位字节有效位，Adr-L代表传输数据的低位字节有效位。

① 数据读取编程，如图2-36所示。

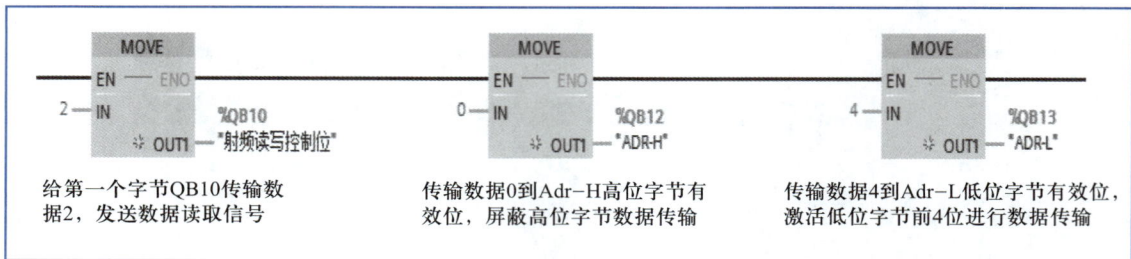

给第一个字节QB10传输数据2，发送数据读取信号

传输数据0到Adr-H高位字节有效位，屏蔽高位字节数据传输

传输数据4到Adr-L低位字节有效位，激活低位字节前4位进行数据传输

图2-36　数据读取编程

② 数据写入编程，如图2-37所示。

给第一个字节QB10传输数据1，发送数据写入信号

传输数据0到Adr-H高位字节有效位，屏蔽高位字节数据传输

传输数据4到Adr-L低位字节有效位，激活低位字节前4位进行数据传输

图2-37　数据写入编程

（2）RFID标准块读写编程

TIA博途软件中的RFID标准块如图2-38所示。

① RFID读取编程。在RFID标准块中直接调用"读取"函数块，然后根据图2-39对该"读取"函数块的参数进行配置。

② RFID写入编程。在RFID标准块中直接调用"写入"函数块，然后根据图2-40对该"写入"函数块的参数进行配置。

4. 触摸屏上的RFID手动读写调试

为了方便验证RFID的读写功能，在触摸屏上编程设计如图2-41所示的RFID读写调试界面，然后对其中元素与PLC中的相关变量进行关联，通过触摸屏来手动实现对不同物料上电子标签的读取/写入数据操作。

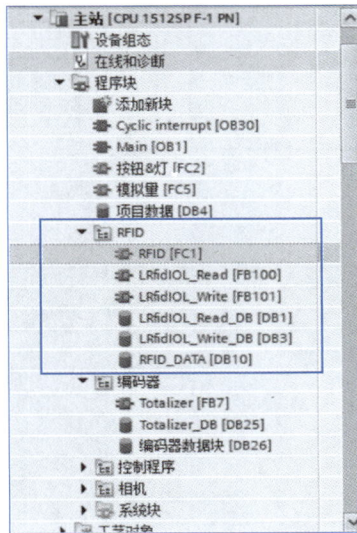

图2-38　TIA博途软件中的RFID标准块

源代码
RFID读写函数块

演示视频
RFID读取编程

演示视频
触摸屏手动读写电子标签

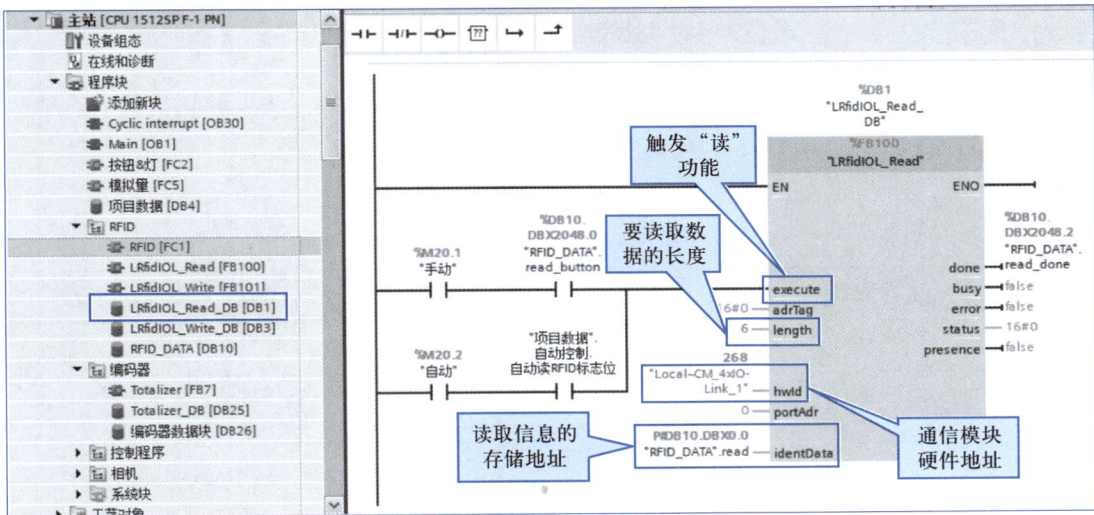

图2-39　"读取"函数块的参数配置编程

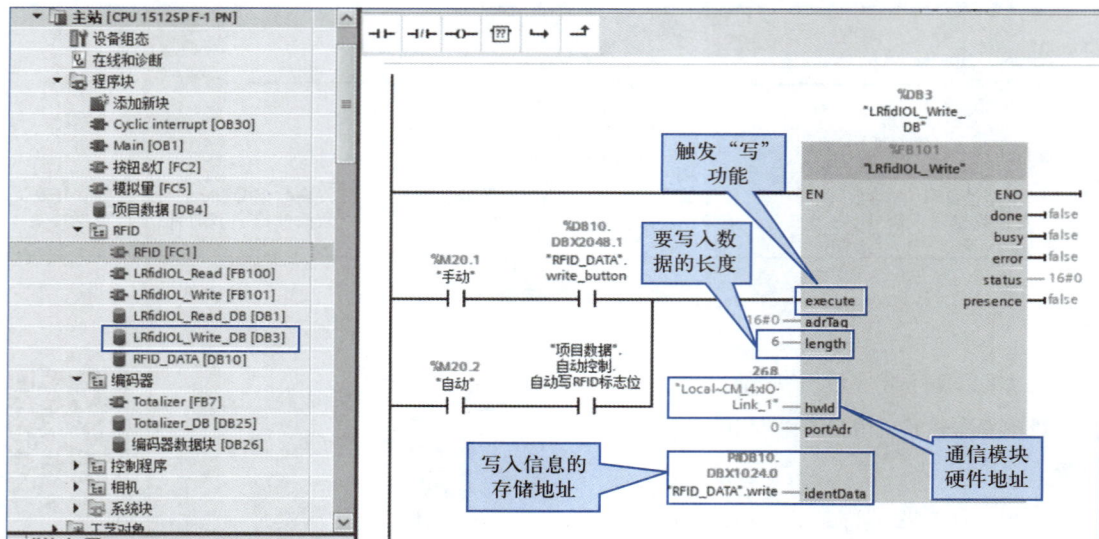

图2-40 "写入"函数块的参数配置编程

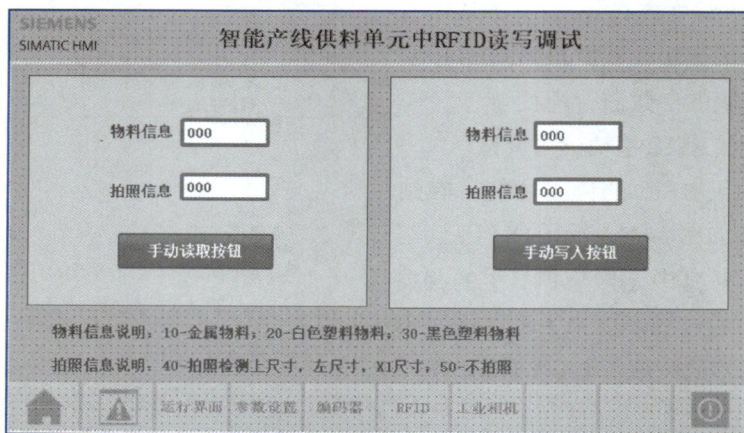

图2-41 触摸屏上的RFID读写调试界面

四、任务检查与总结（表2-14）

表2-14 任务检查与总结

序号	工件类型	写入	读取	实际情况
1				
2				
3				
4				

序号	工件类型	写入	读取	实际情况
5				
6				
7				
8				
9				
10				

任务总结（复述工作过程及注意事项）：

任务评价（表2-15）

表2-15　任务评价表

任务	训练内容与分值	训练要求	学生自评	教师评分
RFID 系统的安装与应用	RFID 系统安装与接线，35分	1. 正确完成RFID系统的安装； 2. 正确完成RFID系统与CM 4xIO-Link主站的电气接线； 3.安装和接线符合相应操作规范		
	RFID 系统组态、读写程序编程与调试，35分	1. 掌握IO-Link硬件组态； 2. 正确完成RFID系统的数据读/写编程； 3. 利用触摸屏完成对RFID系统手动读/写功能的调试		
	职业素养与创新思维，30分	1. 积极思考，举一反三； 2. 分组讨论，独立操作； 3. 遵守纪律，遵守实训室管理制度		
	学生：　　　　　教师：　　　　　日期：			

磁性开关的安装与应用

📋 任务描述

在智能产线设备中，磁性开关用于各类气缸的位置检测。本项目的智能产线供料单元中，推料气缸活塞位置检测如图2-42所示，采用两个磁性开关来检测智能产线供料单元中推料气缸活塞杆伸出和缩回到位的位置。

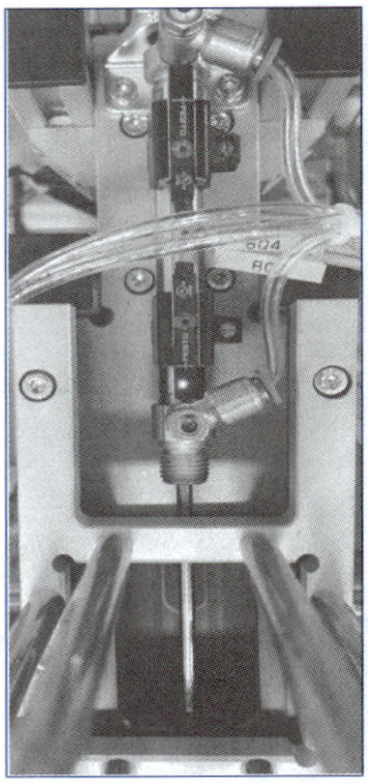

(a) 气缸活塞杆伸出到位    (b) 气缸活塞杆缩回到位

图2-42　智能产线供料单元中的推料气缸活塞位置检测

📊 任务分析（表2-16）

表2-16　知识点与技能点

知识点	技能点
磁性开关的工作原理	认识磁性开关
磁性开关的类型、结构与特点	磁性开关的安装与电气接线
磁性开关的应用场合	使用磁性开关检测气缸内活塞的位置

一、磁性开关的类型及工作原理

磁性式接近开关（简称磁性开关）是一种非接触式位置检测开关，用于检测磁性物质的存在，这种非接触式位置检测不会磨损和损伤检测对象，响应速度快。磁性开关可分为有触点式磁性开关和无触点式磁性开关。磁性开关的外形如图2-43所示。

1. 有触点式磁性开关

有触点式磁性开关的主要部件为干簧管。干簧管是干式舌簧管的简称，是一种有触点的开关元件，具有结构简单、体积小、便于控制等优点。干簧管与永磁体配合可制成磁控开关，用于报警装置及电子玩具中；与线圈配合可制成干簧继电器，用在机电设备中，起迅速切换作用。

干簧管的外形如图2-44所示，内部结构如图2-45所示。干簧管由一对磁性材料制成的弹性磁簧组成，磁簧密封于充有惰性气体的玻璃管中，磁簧端面互叠，留有一条细间隙。磁簧另一端面触点镀有一层贵重金属（如金、铑、钌等），使干簧管特性稳定，并延长使用寿命。

图2-43　磁性开关的外形　　　　　　图2-44　干簧管的外形

干簧管的工作原理如图2-46所示。恒磁铁或线圈产生的磁场施加于干簧管开关上，使干簧管的两个磁簧磁化，两个磁簧分别在两触点位置生成N、S极。若生成的磁场吸引力克服了磁簧弹性所产生的阻力，磁簧将被吸引力作用接触导通。一旦磁场力消失，两磁簧就会断开。

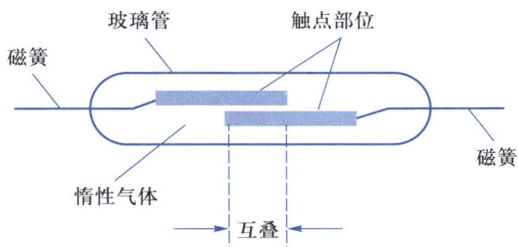

图2-45　干簧管的内部结构　　　　　　图2-46　干簧管的工作原理

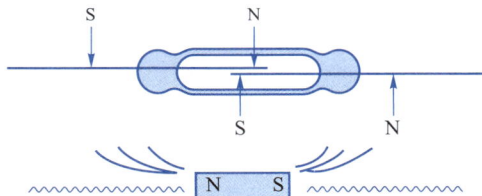

有触点式磁性开关中除了干簧管，还有动作指示灯、保护电路、开关外壳和导线。图2-47所示为有触点式磁性开关的动作原理。有触点式磁性开关安装在活塞带有磁环的气缸上，当随活塞移动的磁环靠近磁性开关时，磁性开关的两个磁簧被磁化而使触点闭合，电路中产生电信号；当磁环离开磁性开关后，磁簧失磁，触点断开，电信号消失。这样便可以检测到气缸的活塞位置，从而控制相应的电磁阀动作。

有触点式磁性开关一般为二线制，交直流电源通用，其外部接线如图2-48所示。

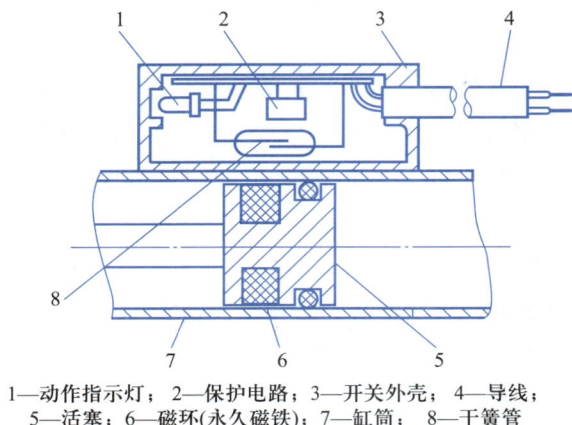

1—动作指示灯；2—保护电路；3—开关外壳；4—导线；
5—活塞；6—磁环(永久磁铁)；7—缸筒；8—干簧管

图2-47　有触点式磁性开关的动作原理

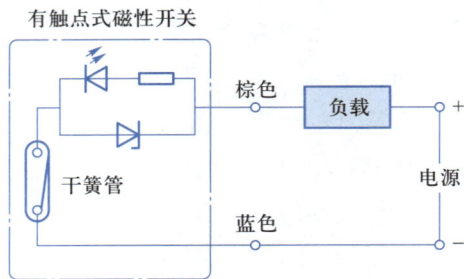

图2-48　有触点式磁性开关的外部接线

2. 无触点式磁性开关

无触点式磁性开关从结构和工作原理上与有触点式磁性开关都有本质的区别。无触点式磁性开关内有一磁敏电阻作为磁电转换元件。磁敏电阻是由对温度变化不敏感、对磁场变化相当敏感的强磁性合金薄膜制成的。当磁性开关进入磁环的磁场内时，磁敏电阻输出信号，此信号经放大器处理，使得内部三极管导通，转换成磁性开关的电信号；当磁环离开磁性开关后，三极管关断，电信号消失。无触点式磁性开关的动作原理如图2-49所示。

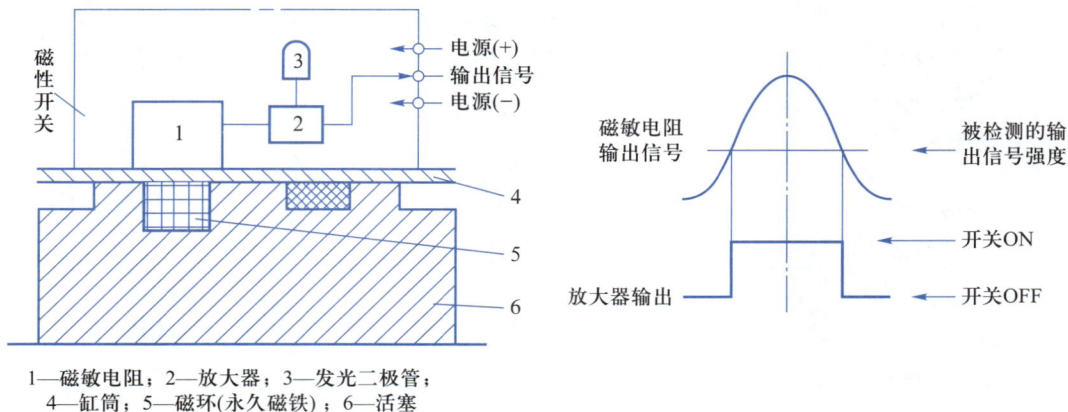

1—磁敏电阻；2—放大器；3—发光二极管；
4—缸筒；5—磁环(永久磁铁)；6—活塞

图2-49　无触点式磁性开关的动作原理

无触点式磁性开关多为三线制，只能用于直流电源，其外部接线如图2-50所示。

(a) 无触点NPN型　　　　　　　(b) 无触点PNP型

图2-50　无触点式磁性开关的外部接线

二、磁性开关的应用

图2-51所示为活塞上带有磁环的气缸，将磁性开关安装在缸体槽内，用以检测活塞的位置。图2-52所示的升降机构中利用气缸活塞杆的伸出缩回带动平台的升降，气缸上安装有磁性开关，用来判断平台是否升降到位。图2-53所示为利用气缸和电动机组成的简易机械手，该机械手利用两组磁性开关检测两个气缸内活塞杆的位置，其中一组磁性开关的输出信号用于判断手爪的夹紧和松开，通过PLC控制手爪动作。

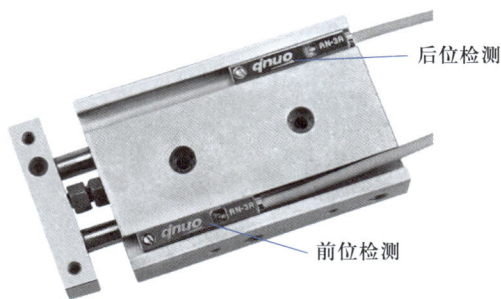

图2-51　活塞上带有磁环的气缸

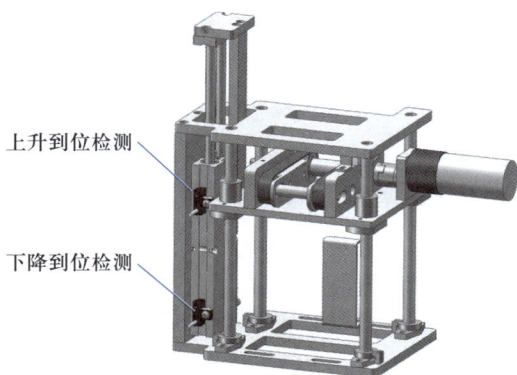

图2-52　升降机构中的磁性开关

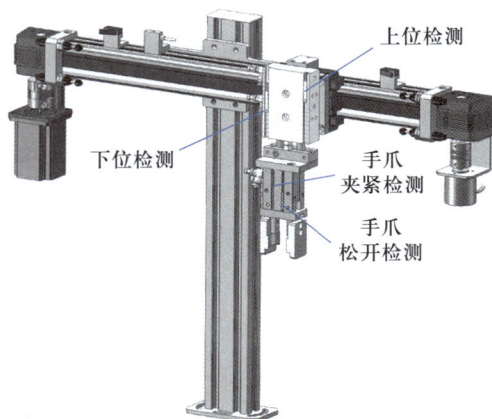

图2-53　简易机械手中的磁性开关

一、磁性开关的选用

选择磁性开关时，要注意以下几点：

① 气缸的型号。

② 负载电压（DC 24 V、AC 110 V、AC 220 V、AC 24 V）。

③ 线制（二线制、三线制）。

④ 适合负载（继电器、PLC、IC回路）。

⑤ 安装形式（直接安装、轨道安装、环带安装、拉杆安装）。

智能产线中采用费斯托公司的三线制无触点式磁性开关，如图2-54所示。

图2-54　智能产线中的磁性开关

二、磁性开关的安装与接线

1. 磁性开关安装注意事项

安装磁性开关时要注意以下事项：

① 安装时不得让开关受过大的冲击力。

② 不能让磁性开关处于水或冷却液中。

③ 绝对不能用于有爆炸性、可燃性气体的环境中。

④ 周围有强磁场、大电流（如电焊机等）的环境中，应选用耐强磁场的磁性开关。

⑤ 不要把连接导线和动力线、高压线并在一起。

⑥ 磁性开关的配线不能直接接到电源上，必须串接负载。

⑦ 对于直流电，棕色线接正极，蓝色线接负极，若带指示灯，当开关吸合时，指示灯亮，若接反，开关动作，但指示灯不亮。

⑧ 在使用三线制的无触点式磁性开关时，一定要使用直流电源，并注意NPN型和PNP型接线方式的不同。

⑨ 活塞接近磁性开关时的速度不得大于磁性开关能检测的最大速度。

⑩ 多个磁性开关使用时尽量并接。

2. 智能产线中磁性开关的安装与接线

智能产线中利用磁性开关输出的信号来判断气缸的运动状态或所处的位置，以确定工件是否被推出或气缸是否返回。

（1）磁性开关在气缸上的安装与调整

在气缸上安装磁性开关时，先把磁性开关的安装组件固定在气缸两侧，然后将磁性开关插入安装组件导槽内，磁性开关的安装位置根据控制对象的要求调整，调整方法很简单，只要把磁性开关安装在指定的合适位置，用内六角扳手旋紧磁性开关上的固定螺钉即可，如图2-55所示。

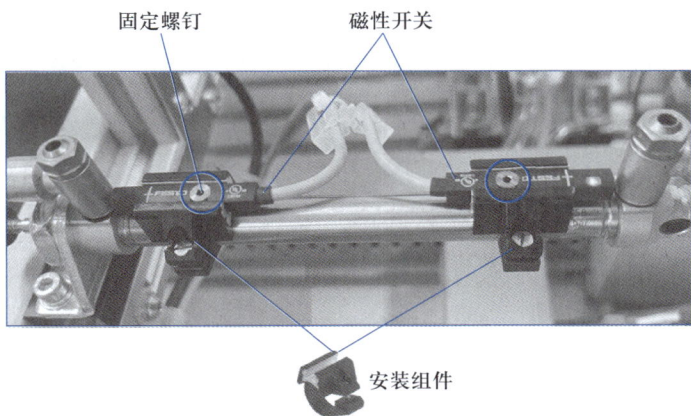

图2-55　磁性开关的安装调整

（2）电气接线与检查

按照图2-56所示的接线方式将磁性开关接入PLC输入端口。磁性开关上设有LED指示灯，用于显示传感器的信号状态，供调试与运行检测时观察。当气缸活塞靠近时，磁性开关输出动作，输出"1"信号，LED灯亮；当没有活塞靠近时，磁性开关输出不动作，输出"0"信号，LED灯不亮。

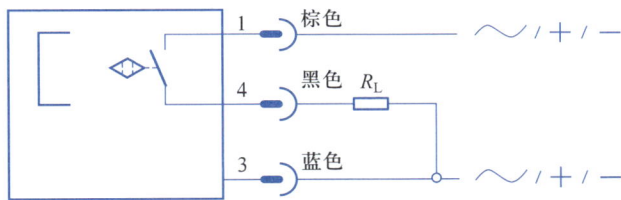

图2-56　磁性开关的接线方式

三、触摸屏上的气缸活塞位置检测

为了方便观察气缸活塞位置，在触摸屏各气缸两端极限位置添加圆对象，然后将添加的圆对象与PLC中的磁性开关信号变量进行关联。触摸屏上的气缸活塞位置检测界面如图2-57所示，通过观察触摸屏上圆对象的颜色变化，可判断气缸活塞所处位置。

演示视频
触摸屏上的气缸
活塞位置检测

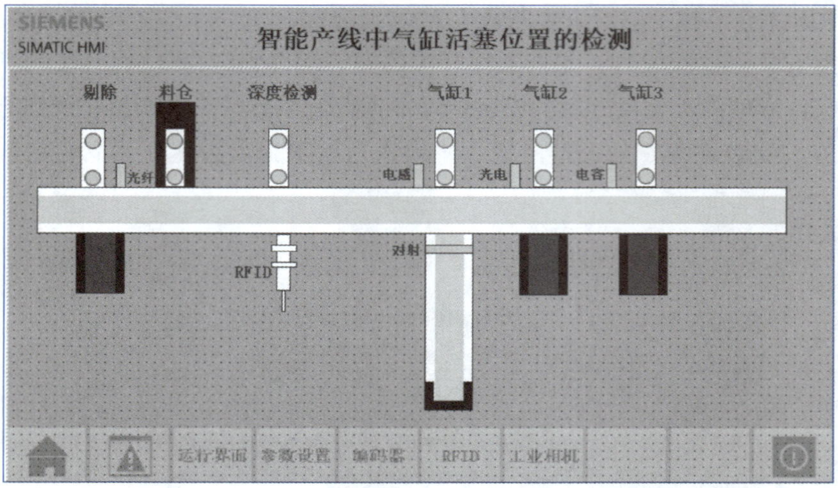

图2-57　触摸屏上的气缸活塞位置检测界面

四、任务检查与总结（表2-17）

表2-17　任务检查与总结

序号	功能检查	信号检测	气缸动作	指示灯
1				
2				
3				
4				
5				
6				
7				
8				
9				
10				
任务总结（复述工作过程及注意事项）：				

表2-18　任务评价表

任务	训练内容与分值	训练要求	学生自评	教师评分
磁性开关的安装与应用	磁性开关安装与接线，35分	1. 正确完成磁性开关的安装； 2. 正确完成磁性开关与设备的电气接线； 3. 安装和接线符合相应操作规范		
	磁性开关信号调试，35分	1. 调整磁性开关，准确响应气缸活塞位置； 2. 总结磁性开关输出信号的特点； 3. 利用触摸屏完成磁性开关信号输出显示		
	职业素养与创新思维，30分	1. 积极思考，举一反三； 2. 分组讨论，独立操作； 3. 遵守纪律，遵守实训室管理制度		
学生：　　　　　　教师：　　　　　　日期：				

任务四

光纤传感器的安装与应用

任务描述

本项目的智能产线供料单元中，主输送带末端安装有一个光纤传感器，如图2-58所示。光纤传感器用于输出物料检测信号，当有物料到达主输送带末端时，光纤传感器输出"1"信号，光纤放大器的指示灯点亮；当没有物料到达主输送带末端时，光纤传感器输出"0"信号，光纤放大器的指示灯不亮。

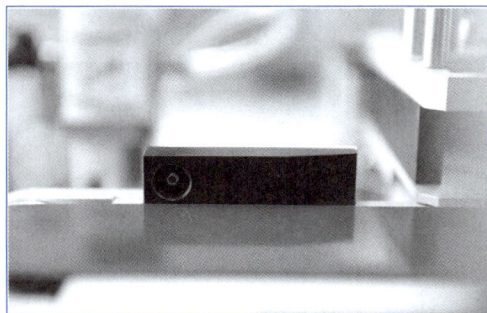

图2-58　光纤传感器

表 2-19　知识点与技能点

知识点	技能点
光纤传感器的工作原理	认识光纤传感器
光纤传感器的应用场合	根据工况选择光纤传感器
光纤传感器的使用	光纤传感器与系统设备的连接
	使用光纤传感器检测物料

知识链接

一、光纤传感器的工作原理

光纤传感器的主要制作材料是光导纤维（简称光纤），而光纤是由比头发丝更细的石英玻璃制成的。每根光纤由一组圆柱形内芯和包层组成，内芯的折射率比包层的折射率略大。

在均匀介质中光是沿直线传播的，然而发射到光纤中的光可以被限制在光纤中，随着光纤的弯曲而走弯曲的路径，并传输到很远的地方。当光纤的直径远大于光的波长时，光在光纤中的传播可以用几何光学的方法来描述。当光从光密集介质发射到光稀疏介质，并且入射角度大于临界角度 α 时，光将产生全反射，即光将不再离开光密集介质。光纤圆柱形内芯的折射率 n_1 大于包层的折射率 n_2。光纤中光的传输特性如图 2-59 所示，在角度为 2θ 之间的入射光除了在玻璃中吸收和散射外，大多数在界面上产生多次反射，在光纤中以锯齿形线路传播，并以与入射角度相等的出射角从光纤末端射出。

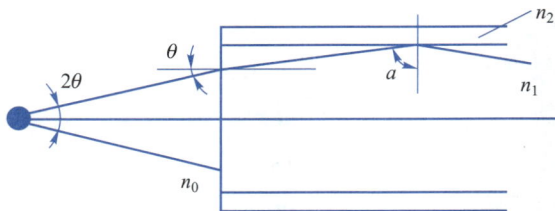

图 2-59　光纤中光的传输特性

光纤的主要参数如下：

① 数值孔径（NA）。数值孔径反映内芯吸收光量的多少，是反映光纤接收性能的重要指标。其意义是无论光源发射功率有多大，只有 2θ 角度之内的光功率能被光纤接收。2θ 与内芯和包层材料的折射率有关，故将 θ 的正弦函数定义为光纤的数值孔径，有

$$NA = \sin\theta = \sqrt{n_1^2 - n_2^2} \tag{2-6}$$

一般希望数值孔径较大，有利于提高耦合效率。但数值孔径越大，光信号畸变就越严重，所以数值孔径选择要适当。

② 光纤模式。光纤模式是指光波沿光纤传播的方式。光纤中存在多种光信号传播模式，不利于信息的传播。因为同一光信号使用多种传播模式，会将同一光信号分成多个小信号，这些小信号在不同时间到达接收端，最终导致合成信号失真，因此希望光纤模式越少越好。在阶跃型的圆筒波导光纤中，传播模式数量可以简单地表示为

$$V = \frac{\pi d \sqrt{n_1^2 - n_2^2}}{\lambda_0} \tag{2-7}$$

式中，d 为内芯直径；λ_0 为真空中入射光的波长。希望 V 小，则 d 不能太大，一般取为几微米；另外，n_1 和 n_2 的差要很小，不应超过1%。

③ 传播损耗。由于光纤内芯材料的吸收、散射以及光纤弯曲处的辐射损耗，光纤中的光信号传输不可避免地会有损耗。假设一个光脉冲从光纤内芯的左端输入，其峰值强度（光功率）为 I_0，当它穿过光纤时，其强度通常呈指数下降，即光纤中任意一点的光强度为

$$I(L) = I_0 e^{-\alpha L} \tag{2-8}$$

式中，I_0 为光进入内芯始端的初始光强度；L 为光沿光纤的纵向长度；α 为强度衰减系数。

根据折射率的变化，光纤可分为阶跃型和渐变型。阶跃型光纤的内芯和包层之间的折射率是突变的。渐变型光纤在横截面中心的折射率 n_1 最大，从中心向外折射率逐渐减小，到达内芯边界时变为包层折射率 n_2。渐变型光纤的折射率通常以抛物线的形式变化，即在中心轴附近有更陡的折射率梯度，而在边缘附近折射率下降非常缓慢，以确保透射光束集中在光纤轴附近。这种光纤由于具有聚焦功能，也被称为自聚焦光纤。

光纤根据其传输方式可分为单模光纤和多模光纤。单模光纤通常指阶跃光纤中内芯的尺寸较小，因此光纤的传播模式非常少，原则上只能传输一种光纤模式。这种光纤具有良好的传输性能和宽频带，制成的光纤传感器具有更好的线性、灵敏度和动态范围，但由于内芯直径太小，制造较为困难。多模光纤通常是指具有多种传输模式的光纤，其内芯尺寸较大。这种光纤性能较差，带宽窄，但制造工艺相对简单。

二、光纤传感器的分类及特点

1. 光纤传感器的分类

光纤传感器根据其结构类型可分为两类：一类是功能型（传感型）光纤传感器；另一类是非功能性（传光型）光纤传感器。

（1）功能型光纤传感器

功能型光纤传感器使用对外部信息具有感知能力和检测能力的光纤（或特殊光纤）作为传感元件，对光纤中传输的光进行调制，以改变传输光的强度、相位、频率或偏振状态，然后对调制信号进行解调，以获得测量信号，如图2-60所示。光纤不仅是光导介质，也是敏感元件，多模光纤被广泛使用。

优点：结构紧凑，灵敏度高。

缺点：需要特殊光纤，成本较高。

典型应用案例：光纤陀螺仪、光纤水听器等。

（2）非功能型光纤传感器

非功能型光纤传感器使用其他敏感元件来感知被测量的变化。光纤仅用作信息的传输介质，通常使用单模光纤。光纤只起到导光的作用，光照在光纤敏感元件上，从而被测量和调制，如图2-61所示。

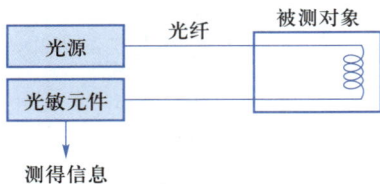

图2-60 功能型光纤传感器的工作原理　　图2-61 非功能型光纤传感器的工作原理

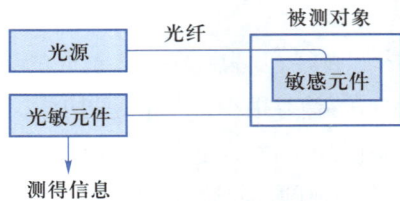

优点：无需特殊光纤和其他特殊技术，易于实施，成本较低。

缺点：灵敏度较低。

根据调制光波的不同性质参数，这两种类型的光纤传感器可进一步分为强度调制光纤传感器、相位调制光纤传感器、频率调制光纤传感器、偏振调制光纤传感器以及波长调制光纤传感器。本项目的智能产线供料单元中采用的就是非功能型光纤传感器，光纤仅作为被调制光的传播线路使用。

2. 光纤传感器的特点

光纤传感器的传感部分没有电路连接，不产生热量，只使用少量光能。这些特性使得光纤传感器成为危险环境中的理想选择。光纤传感器还可用于关键生产设备的长期、可靠和稳定监测。与传统传感器相比，光纤传感器具有以下优点：高灵敏度和准确度、良好的固有安全性、抗电磁干扰、高绝缘强度、耐腐蚀性、传感和传输集于一体，以及与数字通信系统的兼容性。总结如下：

① 高灵敏度。

② 轻便、精细、柔韧，易于安装和埋设。

③ 电气绝缘、化学稳定性高。光纤本身是一种绝缘性高、化学性能稳定的材料，适用于电力系统和化工系统中高压隔离、易燃易爆等恶劣环境。

④ 安全性好。光纤传感器是一种电无源敏感元件，用于测量时不存在漏电、触电等安全隐患。

⑤ 抗电磁干扰。通常光波的频率高于电磁辐射的频率，因此光在光纤中的传播不会受到电磁噪声的影响。

⑥ 分布式测量。单个光纤可以实现远距离连续测量和控制，可以精确测量任意点的应变、损伤、振动、温度等信息，从而形成范围大的监测区域，提高环境检测水平。

⑦ 使用寿命长。光纤的主要材料是石英玻璃，它被聚合物材料包裹，这使得它比金属

传感器更耐用。

⑧ 传输容量大。以光纤为总线，可代替笨重的多芯水下电缆，使用大容量光纤收集和接收每个传感点的信息，并通过复用技术对分布式光纤传感器进行监控。

三、光纤传感器的应用

1. 温度检测

光纤温度传感器使用聚合物温度敏感材料，该材料与光纤的折射率相匹配，并涂覆在两个熔接光纤的外侧，使得光能从一个光纤输入反射表面并从另一个光纤输出。由于这种新型温度敏感材料受温度影响，随温度变化其折射率也会发生变化，因此输出光功率是温度的函数。其物理本质是光纤中传输的光波的特性参数（如振幅、相位、偏振、波长和模式）对外部环境因素（如温度、压力、辐射等）具有敏感性。利用光纤温度传感器进行温度检测属于非接触式温度测量。

2. 压力检测

光纤压力传感器主要有三种类型：强度调制型、相位调制型和偏振调制型。强度调制型光纤传感器是一种高精度传感器，可用于测量位移、温度、压力、气体浓度和其他物理量。它们大多基于弹性部件在压力下的机械变形，通过将压力信号转换为位移信号实现检测。

3. 液位、流量、流速检测

在化工、机械、水利、石油、医疗、污染检测等领域，经常会遇到在恶劣环境中测量液位、流量、流速等物理量的问题。光纤传感器可以在这些应用中发挥独特的作用。将光纤用高温火焰软化并对折，末端烧结成球状。光从一端被引入，一部分光在球形折叠端被透射，另一部分被反射回来，光纤的另一端被导向检测器。这就构成了球形光纤液位检测器。光纤电流表可以进行非接触式测量，不会影响被测物体（可以是液体或气体）的流动状态。

本任务所采用的 WLL180T 型光纤传感器由光纤检测头和光纤放大器两个分离的部分组成。来自光源的光经过光纤放大器调制，成为被调制的信号光，再经过光纤送入光纤探测头，当检测物体靠近时，信号光发生反射，通过另一根光纤传回光纤放大器，从而实现对物体的检测，如图 2-62 所示。

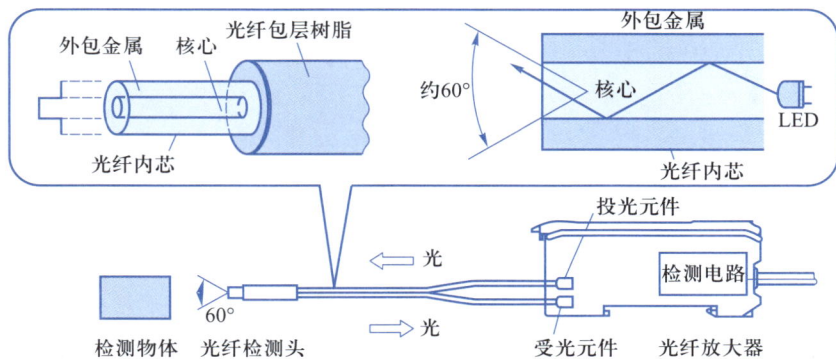

图 2-62　WLL180T 型光纤传感器的工作原理

任务实施

一、光纤传感器的安装

本任务采用西克公司的WLL180T型光纤传感器，如图2-63所示。图中，1是发射LED发射光纤安装口，安装光纤体LL3；2是接收器接收光纤安装口，安装光纤体LL3；3是保护罩，可在约180°范围内翻开；4是信号接口。WLL180T型光纤传感器安装示意图如图2-64所示。

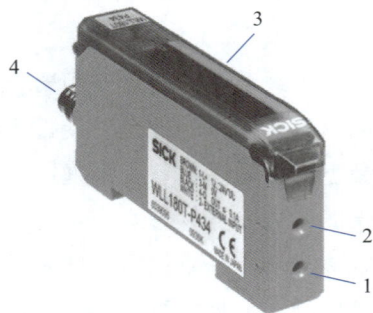

图2-63　WLL180T型光纤传感器

(a) 光纤检测头　　　　　　　　　(b) 光纤放大器

图2-64　WLL180T型光纤传感器安装示意图

二、光纤传感器的接线

本任务中WLL180T型光纤传感器与PLC的电气连接如图2-65所示，其输出类型为PNP型开关量（见表2-20），引脚1和引脚2分别与PLC的24 V供电正负端相连接，引脚3接到PLC对应的数字量输入端口。

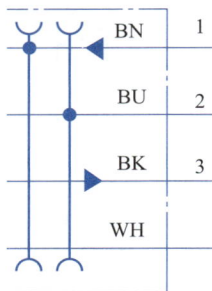

BN	1	
BU	2	
BK	3	
WH		

图2-65　WLL180T型光纤传感器与PLC的电气连接

表 2-20　WLL180T 型光纤传感器接口参数

开关量输出端	
供电电压	DC 12~24 V
电流消耗	50 mA
开关量输出	PNP 型
开关类型	明/暗切换

三、光纤传感器的调试

本任务采用西门子 S7-1500 PLC 对 WLL180T 型光纤传感器进行功能调试。

① 光纤放大器调整。光纤放大器的结构如图 2-66 所示，图中，1 为光纤体锁定装置；2 为橙色 LED 指示灯，当开关量输出信号激活时点亮；3 为 2×4 位数字式显示屏，绿色显示值为检测阈值，表示运行模式，红色显示值为当前接收值，表示示教/功能参数；4、5 为检测阈值及功能参数设置按钮，用于设置光纤传感器检测阈值（即显示屏上的绿色显示值），推荐设置为 500；6 为模式/回车键（程序键）；7 为示教键。

演示视频
光纤传感器的
调试

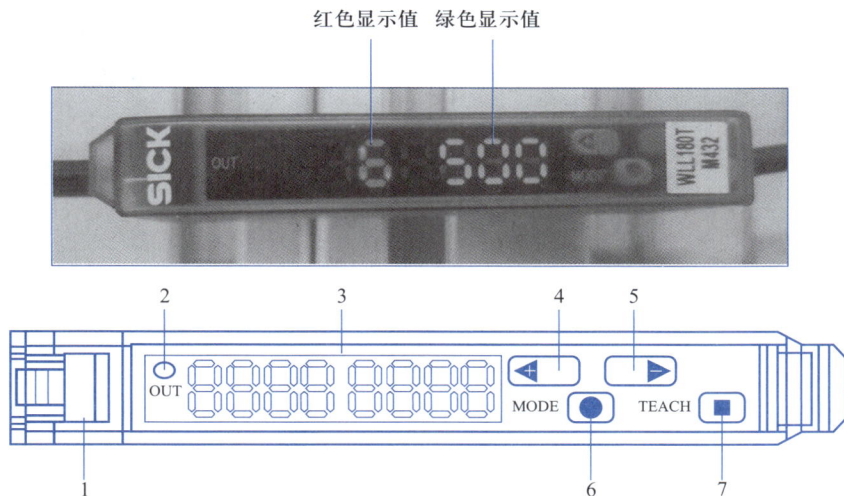

红色显示值　绿色显示值

图 2-66　光纤放大器的结构

② 通过 TIA 博途软件对 PLC 进行组态配置，选用 6ES7131-6BF00-0CA0 开关量输入扩展模块 A5，按图 2-67 所示进行配置，选择开关量输入通道 DI3.4。

③ 将物料放置在主输送带上靠近光纤检测头的位置，当光纤放大器的橙色 LED 指示灯点亮时，开关量输出信号激活，说明光纤传感器检测到物料，打开 TIA 博途软件监视器，可观察到光纤传感器输入变量 DI3.4 的状态为 "TRUE"，如图 2-68 所示；将物料从光纤检测头位置移开，此时光纤放大器的橙色 LED 指示灯熄灭，开关量输出信号取消激活，说明光纤

传感器未检测到物料，打开TIA博途软件监视器，可观察到光纤传感器输入变量DI3.4的状态为"FALSE"。

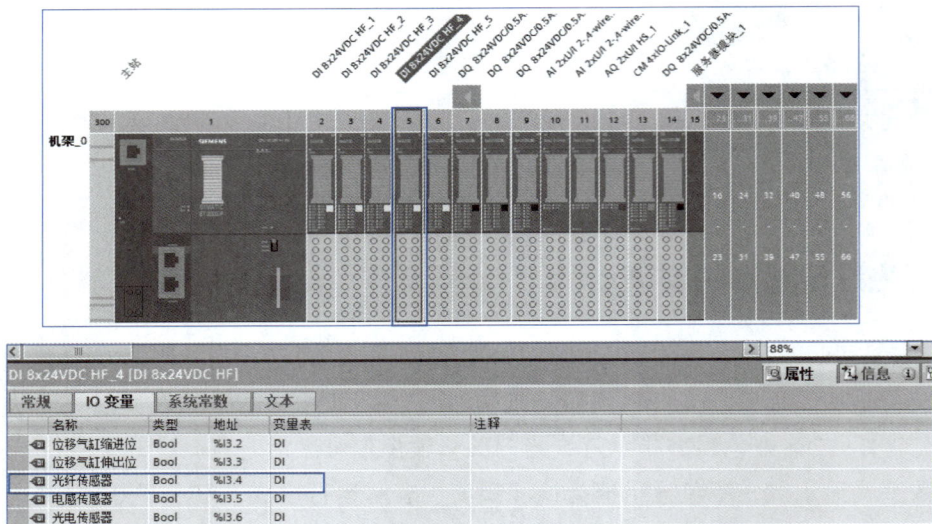

图2-67　PLC组态配置

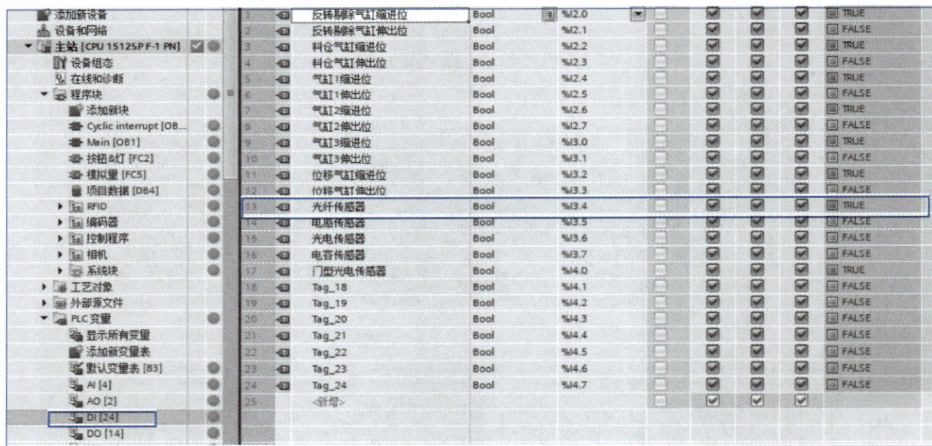

图2-68　开关量读取测试

四、任务检查与总结（表2-21）

表2-21　任务检查与总结

序号	功能检查	信号检测	指示灯
1			
2			

序号	功能检查	信号检测	指示灯
3			
4			
5			
6			
7			
8			
9			
10			

任务总结（复述工作过程及注意事项）：

✎ 任务评价（表2-22）

表2-22　任务评价表

任务	训练内容与分值	训练要求	学生自评	教师评分
光纤传感器的安装与应用	光纤传感器安装与接线，35分	1. 正确完成光纤传感器的安装； 2. 正确完成光纤传感器与设备的连接； 3. 安装和接线符合相应操作规范		
	光纤传感器信号调试，35分	1. 掌握光纤传感器信号的编程处理方法； 2. 能根据输出信号对光纤传感器进行调试； 3. 总结光纤传感器输出信号的特点		
	职业素养与创新思维，30分	1. 积极思考，举一反三； 2. 分组讨论，独立操作； 3. 遵守纪律，遵守实训室管理制度		
学生：　　　　　教师：　　　　　日期：				

📝 项目小结

通过项目二的学习，应当了解和认识超声波传感器、RFID系统、磁性开关以及光纤传感器的工作原理及其各自特点。请读者进行本项目各任务的操作，为后续学习打下基础。

☁ 思考与练习

1. 思考题

（1）在料仓内上下移动物料，观察超声波传感器数据有什么变化规律。

（2）描述RFID系统在工业生产中的实际用途。

2. 操作题

（1）采用超声波传感器进行料仓物料检测并正确配置PLC程序。

（2）采用RFID系统识别物料信息并正确配置PLC程序。

（3）采用光纤传感器进行物料检测并正确配置PLC程序。

传感器在智能产线分拣单元的应用

在需求、技术（大数据、人工智能）以及资本等多方促进下，我国的无人仓技术迅速发展，而以无人仓为代表的智慧物流也越来越成为物流变革的重要驱动力。

2018年5月24日，京东"亚洲一号"无人仓首次向媒体开放参观，并首次公开无人仓的建设标准。"全流程"和"智慧化"是京东"亚洲一号"无人仓的两大关键词。"亚洲一号"无人仓位于上海市嘉定区，于2014年10月正式投入使用，总面积达40 000 m²，仓库内各种机器多达上千台。无人仓中，操控全局的智能控制系统是京东自主研发的"智慧"大脑，仓库管理、控制、分拣和配送信息系统等均由京东开发并拥有自主知识产权，整个系统由京东总集成。根据京东物流公布的无人仓相关数据，其"智慧"大脑能够在0.2 s内计算出300多个机器人运行的680亿条可行路径，智能控制系统的反应速度是人的6倍，分拣"小红人"的速度达3 m/s，运营效率是传统仓库的10倍。

在这个被称为"目前世界上各项最前沿技术应用的综合体"的京东无人仓中，关键的自动分拣系统用到了大量的检测识别类传感器，包括电感式传感器、光电式传感器、电容式传感器、视觉传感器、超声波传感器以及各类编码器等，正是它们保证了整个无人仓的正常运行。

某公司考虑配备一台智能分拣设备，将物料分拣工作由人工操作改为输送线自动操作。公司出于成本和使用功能的考虑，要求分拣单元要尽量简化机械结构，还需要集成物流有序输送、调整物料间距、视觉检测、跟踪、物料分拣和漏检物料剔除等功能。在这当中，几种在自动化产线中常用的检测识别类传感器起到了重要作用。在本项目中，分拣单元的具体功能要求如下：

① 当料仓检测到存在物料时（参考项目二），推料气缸将物料推送到横向输送带上，输送带开始带动物料运行。

② 当物料运行到电感式传感器位置时，若传感器检测到信号，则气缸1延时动作（延时时间根据输送带实际运转速度设置），把物料推出到纵向输送带位置，此时设置于纵向输送带入口处的门型光电式传感器检测到物料，则纵向输送带运行一段时间后停止（延时时间根据输送带实际运转速度设置）。

③ 当物料运行到光电式传感器位置时，若传感器检测到信号，则气缸2延时动作（延时时间根据输送带实际运转速度设置），推出到位后缩回，将物料推送到白色塑料工件料位盒。

④ 当物料运行到电容式传感器位置时，若传感器检测到信号，则气缸3延时动作（延时时间根据输送带实际运转速度设置），推出到位后缩回，将物料推送到黑色塑料工件料位盒。

图3-1所示为物料经过不同传感器识别分拣后，分别推出到不同料位盒的结果，涉及物

料包括金属工件、白色塑料工件以及黑色塑料工件。

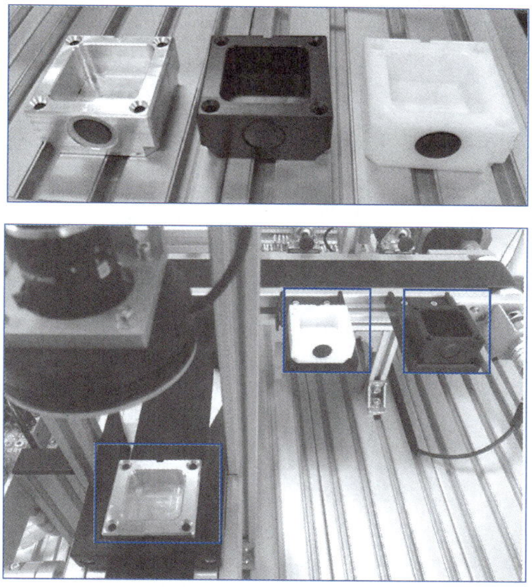

图3-1　传感器在智能产线分拣单元的应用

项目目标

➤ **知识目标**

1. 熟悉常见的电感式传感器、光电式传感器、电容式传感器以及编码器的工作原理。
2. 熟悉上述几种传感器的特点与主要参数指标。
3. 掌握上述几种传感器的选型与应用。

➤ **能力目标**

1. 能够看懂传感器产品说明书或从网络中获取并看懂传感器相关资料。
2. 能够分析工艺标准，完成相关传感器的安装与调试。
3. 能够利用学过的知识，解决工作过程中出现的问题。

➤ **素养目标**

1. 善于从不同的角度思考问题，并积极探索解决问题的方法。
2. 能对所学内容进行较为全面的分析、比较、总结和概括，学会举一反三。
3. 善于借鉴他人经验，发挥团队协作精神，具有团队意识。

项目分析

本项目实现过程中，首先要测试不同传感器对应检测的不同物料（金属工件、白色塑料工件、黑色塑料工件）是否正确（是否存在误判情况），若不正确需要手动调节传感器信号。本项目的前三个任务（任务一到任务三）将按照控制工艺要求进行设备参数设置，由于传感器安装位置与气缸位置之间存在距离，因此需要注意传感器检测到物料后，物料到达气缸的时间。任务四将通过安装在输送带轴上的绝对值编码器，计算运行距离，确定气缸的推出动作。

1. 物料类型分析

对待分拣物料的类型进行分析，形成物料分拣类型表，如表3-1所示。

表3-1　物料分拣类型表

序号	待分拣物料名称
1	金属工件
2	白色塑料工件
3	黑色塑料工件

2. 信号类型分析

对传感器的输出信号进行分析，形成信号类型分类表，如表3-2所示。

表3-2　信号类型分类表

序号	传感器输出信号类型	本项目使用的传感器
1	数字量	编码器
2	模拟量	无
3	开关量	电感式传感器、光电式传感器、电容式传感器

任务一
电感式传感器的安装与应用

任务描述

为了将待分拣物料中的金属工件输送到相应工位，在主输送带顶部安装一个电感式传感器（为电感式接近传感器），如图3-2所示。当物料运行到电感式传感器的位置时，若检测到信号，则推料气缸1延时动作（延时时间根据输送带实际运转速度设置），把物料推出到纵向输送带位置。

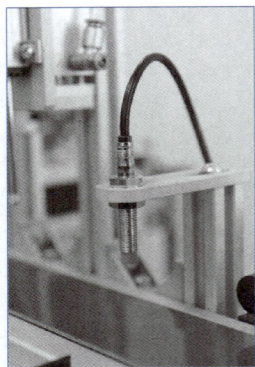

图3-2　电感式传感器

表 3-3　知识点与技能点

知识点	技能点
电感式传感器的工作原理	认识电感式传感器
电感式传感器的类型、特点与参数指标	根据工况选择电感式传感器
电感式传感器的应用场合	电感式传感器与系统设备的连接
	使用电感式传感器判断物料类别

知识链接

一、电感式传感器概述

电感式传感器以电磁感应为基础，把被测量转换为电感量变化。电感是闭合回路的一种属性。当线圈通过电流后，线圈中形成感应磁场，感应磁场又会产生感应电流来抵制通过线圈的电流。这种电流与线圈相互作用的关系称为电的感抗，也就是电感，电感的单位是亨利（H）。

按照转换方式的不同，电感式传感器常分为自感式（包括可变磁阻式与电涡流式）传感器和互感式（差动变压器式）传感器等。

1. 可变磁阻式传感器

当线圈中的电流 i 变化时，该电流产生的磁通 Φ 也随之变化，因而在线圈本身产生感应电动势 e，这种现象称为自感，产生的感应电动势称为自感电动势。可变磁阻式传感器的结构如图3-3所示，它由线圈、铁芯和衔铁三部分组成。铁芯和衔铁由导磁材料如硅钢片或坡莫合金制成，在铁芯和衔铁之间有气隙，气隙厚度为 δ，传感器的运动部分与衔铁相连。当衔铁移动时，气隙厚度 δ 发生改变，引起磁路中磁阻变化，从而导致电感线圈电感量变化。因此，只要能测量出这种电感量的变化，就能确定衔铁位移量的大小和方向。

特点：可变磁阻式传感器具有很高的灵敏度，对待测信号的放大倍数要求较低。但是受气隙厚度 δ 的影响，该类传感器的测量范围很小。

设传感器的初始气隙厚度为 δ_0，初始电感量为 L_0，衔铁位移引起的气隙变化量为 $\Delta\delta$，则传感器的输出特性曲线如图3-4所示，可知 L 与 δ 之间是非线性关系。

拓展阅读
电感式传感器
的诞生

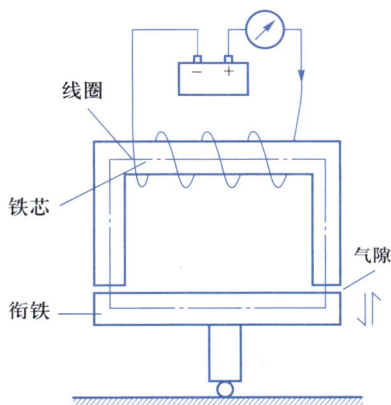

线圈
铁芯
气隙
衔铁

图 3-3　可变磁阻式传感器的结构

任务一　电感式传感器的安装与应用

2. 电涡流式传感器

电涡流式传感器的基本工作原理是电涡流效应。根据法拉第电磁感应定律，当金属导体置于变化的磁场中时，导体表面会产生感应电流。电流在金属导体内自行闭合，这种由电磁感应原理产生的漩涡状感应电流称为电涡流，这种现象称为电涡流效应。

电涡流式传感器由电涡流线圈和被测金属导体组成，其工作原理如图3-5所示。对靠近金属导体附近的电涡流线圈施加一个高频（200 kHz）电压信号，激磁电流 I_1 将产生高频磁场 H_1，被测金属导体置于该交变磁场范围之内，就产生了与交变磁场相交链的电涡流 I_2。根据电磁学定律，电涡流 I_2 也将产生一个与原磁场方向相反的新的交变磁场 H_2。这两个磁场相互作用，将使通电线圈 L_1 的等效阻抗 Z 发生变化。电涡流式传感器就是利用电涡流效应将被测量转换为传感器线圈阻抗 Z 变化的一种装置。

特点：与可变磁阻式传感器类似，电涡流式传感器具有很高的灵敏度，但是传感器的输出特性是非线性的。

图3-4　输出特性曲线

图3-5　电涡流式传感器的工作原理

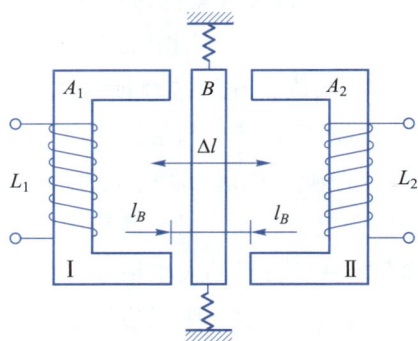

3. 差动变压器式传感器

为了扩大示值范围和减小非线性误差，可采用差动结构组成差动变压器式传感器，如图3-6所示。差动变压器式传感器由两个相同的电感线圈Ⅰ、Ⅱ和磁路组成，测量时，衔铁通过导杆与被检测物相连，当被检测物上下移动时，导杆带动衔铁也以相同的位移上下移动，使两个磁回路中的磁阻发生大小相等、方向相反的变化，导致一个线圈的电感量增加，另一个线圈的电感量减小，构成差动结构。差动式传感器比单线圈式传感器的灵敏度高一倍，线性度得到明显改善。为了获得良好的输出特性，构成差动结构的两个电感线圈组件在结构尺寸、材料、电气参数等方面均应完全一致。

图3-6　差动变压器式传感器的工作原理

特点：差动变压器式传感器的测量精度优于可变磁阻式传感器，可以直接用于位移测量，也可以测量与位移有关的机械量，如振动、加速度、应变、比重、张力和厚度等。

差动变压器式传感器的理想输出特性曲线如图3-7所示，在线性范围内，差动输出电动

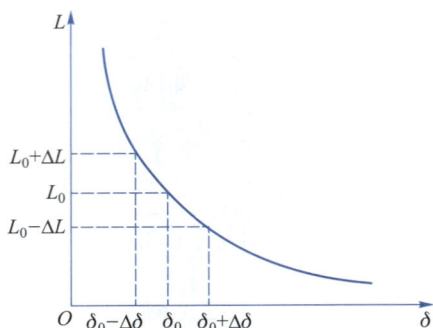

势（见图中虚线）随衔铁的正、负位移而线性增大。

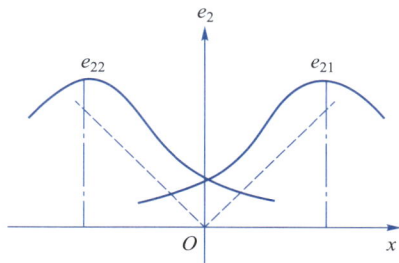

图3-7　差动变压器式传感器的理想输出特性曲线

二、电感式传感器的应用

电感式传感器作为一种位置反馈元件，目前已经广泛应用于几乎所有工业自动化控制的领域之中，对检测和自动控制系统的可靠运行具有关键性的作用。除了本项目中作为接近开关的应用之外，电感式传感器由于具有结构简单、灵敏度高、线性范围大、频率响应范围宽、抗干扰能力强、能进行非接触式测量等优点，还广泛应用于位移测量、振动测量、转速测量和材料探伤等领域。

1. 位移测量

一些高速旋转的机械对轴向位移的要求很高，如当汽轮机运行时，叶片在高压蒸汽推动下高速旋转，它的主轴要承受巨大的轴向推力。当主轴的位移超过规定值时，叶片有可能与其他部件碰撞而断裂。采用电感式传感器可以对旋转机械主轴的轴向位移进行非接触式测量。

2. 振动测量

一般来说，凡是可以转换成位移量的参数，都可以用电感式传感器测量。例如在汽轮机或空气压缩机中常用电涡流式传感器来监控主轴的径向振动。在研究轴的振动时，需要了解轴的振动形式，绘制出轴振动图。为此，可将多个电涡流式传感器探头并列安装在轴的侧面附近，用多通道指示仪输出并记录，以获得主轴各个部位的瞬时振幅及轴振动图。

3. 转速测量

如果被测旋转体上有一条或数条槽，或做成齿状，利用电感式传感器可测量出该旋转体的转速，如图3-8所示。当转轴转动时，传感器与旋转体表面之间的距离会发生周期性的改变，于是其输出电压也周期性地发生变化，此脉冲电压信号经放大、变换后，可以用频率计指示出频率值 f，从而测出转轴的转速。被检测物转速 n、频率 f 和槽齿数 Z 的关系为

$$n = 60 \frac{f}{Z} \qquad\qquad (3-1)$$

| (a) 带有凹槽的转轴 | (b) 带有凸槽的转轴 | (c) 实测图 |

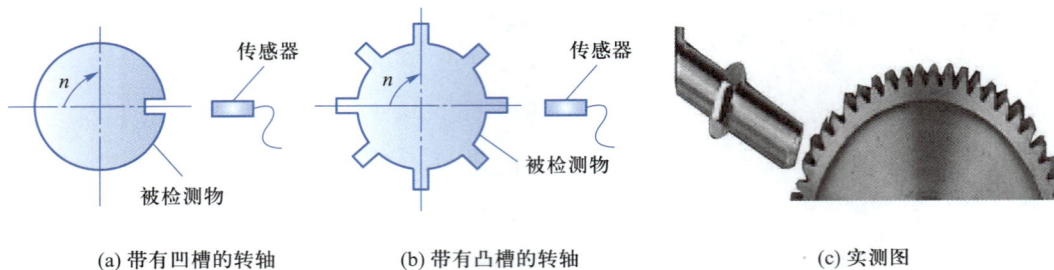

图3-8 转速测量

4. 材料探伤

电涡流式传感器可用于检查金属材料的表面裂纹、热处理裂纹以及焊接部位的探伤，如图3-9所示。进行涡流探伤时，传感器探头与被检测物距离保持不变，如有裂纹出现，将引起金属的电阻率、磁导率的变化。这些综合参数的变化将引起传感器参数的变化，从而达到探伤的目的。

图3-9 材料探伤

任务实施

一、电感式传感器的选用

检测生产线上的金属被检测物，可选用电感式接近传感器，又称为电感式接近开关。电感式接近开关所检测的物体必须是金属导体，与普通机电式行程开关相比，电感式接近开关具有重复定位精度高、动作频率高、使用寿命长、安装调整方便和对恶劣环境的适应能力强等显著优势，广泛应用于工业生产、科研等诸多领域。

本任务使用电感式接近开关来检测被检测物的材质是否为金属。无论是哪一种接近开关，在使用时都必须注意被检测物的材料、形状、尺寸和运动速度等因素，如图3-10所示。

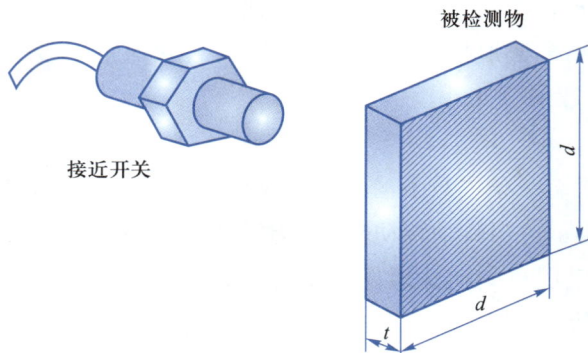

图3-10 接近开关与被检测物

在电感式传感器的安装与选用中，必须认真考虑检测距离、设定距离，以保证生产线上的传感器可靠动作。安装距离说明如图3-11所示。

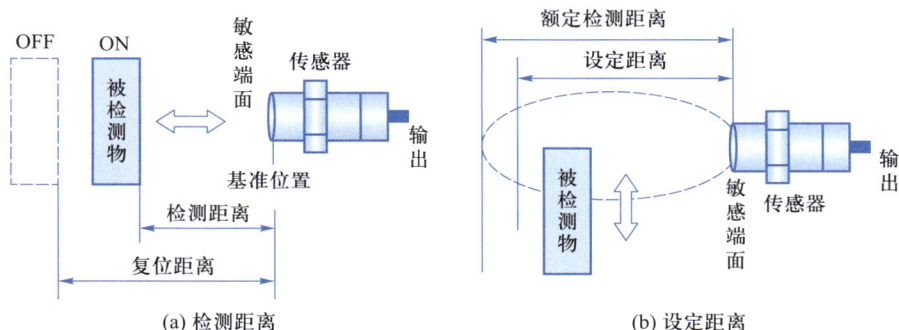

图3-11 安装距离说明

① 被检测物为平面物体时，探头的敏感端面应与被测表面平行；被检测物为圆柱体时，探头轴线与被测圆柱体的轴线应垂直相交；被检测物为球体时，探头轴线应过球心。安装传感器时，传感器之间的安装距离不能太近，以免产生相邻干扰。

② 安装传感器时，应考虑传感器的线性检测范围和被测间隙的变化量，尤其是当被测间隙总的变化量与传感器的线性工作范围接近时。一般在选型时应使所选传感器的线性检测范围大于被测间隙的15%。通常，测量振动时，应将安装间隙设在传感器的线性中点；测量位移时，要根据位移往哪个方向变化或往哪个方向的变化量较大来决定其安装间隙的设定，当位移向远离探头端部的方向变化时，安装间隙应设在线性近端，反之则应设在远端。

③ 不属于被检测物的任何一种金属靠近传感器的线圈，都会干扰磁场，从而产生线圈的附加损失，导致灵敏度的降低和线性范围的缩小，所以不属于被检测物的金属与线圈之间至少要相距一个线圈直径D。安装传感器时，探头的头部宜完全露出安装面，否则应将安装面加工成平底孔或倒角，以保证探头的头部与安装面之间不小于一定的距离。

二、电感式传感器的接线

本任务用到的电感式传感器采用PNP型开关量输出，电感式传感器的电气接线如图3-12所示。

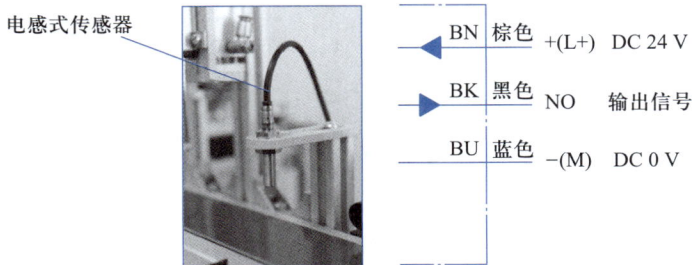

图3-12 电感式传感器的电气接线

三、电感式传感器的调试

在电感式传感器的使用中，必须考虑被检测物的材料、几何形状和尺寸等对测量的影响。

① 被检测物材料对测量的影响。一般来说，被检测物的电导率越高，则灵敏度越高，但当被检测物为磁性物体时，磁导率效果与涡流损耗效果呈相反作用，与非磁性物体相比，磁性物体的灵敏度低。因此，对被检测物在加工过程中遗留的剩磁，需要进行消磁处理。

② 被检测物几何形状和尺寸对测量的影响。为了充分有效地利用电涡流效应，被检测物的半径应大于传感器线圈半径，否则将导致灵敏度降低。一般电涡流式传感器的涡流影响范围约为传感器线圈直径的3倍。当被检测物为圆盘状物体的平面时，其直径应为传感器线圈直径的2倍以上，否则灵敏度会降低；当被检测物为圆柱体时，其直径必须为传感器线圈直径的3.5倍以上才不会影响测量结果。被检测物的厚度也不能太薄，一般情况下，厚度只要超过0.2 mm，测量就不受影响。

某型号电感式传感器的测量参数如表3-4所示。

表 3-4　某型号电感式传感器的测量参数

探头直径/mm	线性量程/mm	非线性误差	最小被测面直径/mm
5	1	−1%~1%	15
8	2	−1%~1%	25
11	4	−1%~1%	35
25	12	−1.5%~1.5%	50
50	25	−2%~2%	100

源代码
项目三任务一~
任务三程序

在开始调试前，首先要将本任务所需源代码文件从PC端下载到所在设备，然后启动设备，确认程序正确下载到设备，并将设备设置为手动模式，如图3-13所示。

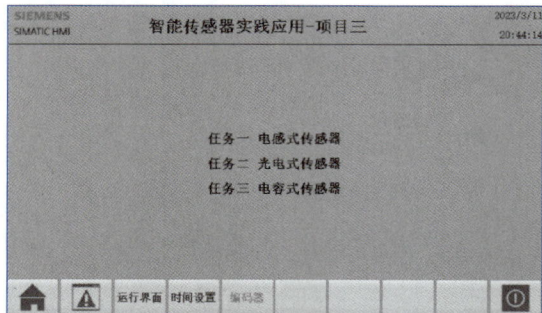

(a) 启动界面

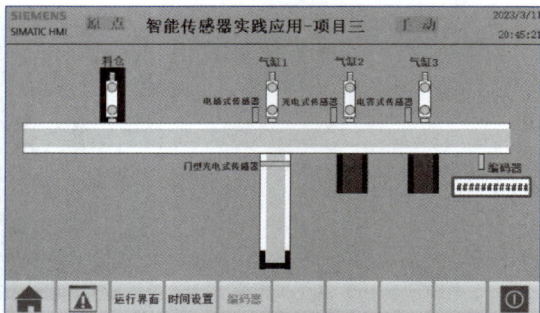

(b) 运行界面

图3-13　任务一~三界面

将金属工件放在电感式传感器下方，调整传感器感应端与待测金属工件顶面之间的距离到合适位置。如图3-14所示，电感式传感器感应到金属工件后，尾部黄灯亮起，而对塑料工件则无反应，尾灯不亮。

图3-14　电感式传感器的调试

图片
电感式传感器
的调试

演示视频
项目三任务一~
任务三操作演示

四、任务检查与总结（表3-5）

表3-5　任务检查与总结

序号	功能检查	信号检测	气缸动作	指示灯
1				
2				
3				
4				
5				
6				
7				
8				
9				
10				
任务总结（复述工作过程及注意事项）：				

表3-6　任务评价表

任务	训练内容与分值	训练要求	学生自评	教师评分
电感式传感器的安装与应用	电感式传感器安装与接线，35分	1. 正确选择电感式传感器； 2. 正确安装电感式传感器； 3. 正确完成电感式传感器与设备的连接		
	电感式传感器信号调试，35分	1. 正确使用不同物料检测电感式传感器输出信号； 2. 调整电感式传感器输出信号，准确响应物料类型； 3. 总结电感式传感器输出信号的特点		
	职业素养与创新思维，30分	1. 积极思考，举一反三； 2. 分组讨论，独立操作； 3. 遵守纪律，遵守实训室管理制度		
		学生：　　　　　教师：　　　　　日期：		

任务二

光电式传感器的安装与应用

任务描述

在主输送带的一侧安装有一个光电式传感器（为色差光电式传感器），如图3-15所示，用于检测物料的颜色。通过不同物料的光反射率不同，正确调节光电式传感器，能够很方便地检测出黑色与白色塑料工件。

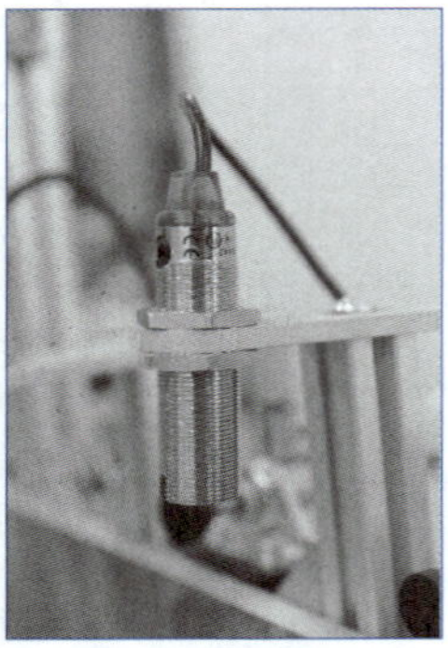

图3-15　光电式传感器

任务分析（表3-7）

表3-7　知识点与技能点

知识点	技能点
光电式传感器的工作原理	认识光电式传感器
光电式传感器的类型、特点与参数指标	根据工况选择光电式传感器

知识点	技能点
光电式传感器的应用场合	光电式传感器与系统设备的连接
	使用光电式传感器判断物料类别

🔗 **知识链接**

一、光电式传感器概述

1. 光电效应

光电效应通常分为外光电效应和内光电效应两大类。外光电效应是指在光的照射下，电子逸出物体表面的外发射现象，也称为光电发射效应，基于这种效应的光电器件有光电管、光电倍增管等。内光电效应是指入射的光强改变物质导电率的物理现象，也称为光电导效应，大多数光电控制应用的传感器，如光敏电阻、光敏二极管、光敏三极管、硅光电池等都属于内光电效应类传感器。

2. 工作原理

光电式传感器是通过把光强度的变化转换成电信号的变化来实现控制的。一般情况下，光电式传感器由发射器、接收器和检测电路三部分构成，如图3-16所示。发射器对准目标发射光束，发射的光束一般来源于半导体光源，如发光二极管（LED）、激光二极管及红外发射二极管等。接收器由光敏二极管、光敏三极管、光电池组成。接收器的前面装有光学元件，如透镜和光圈等；后面是检测电路，能滤出有效信号并加以应用。

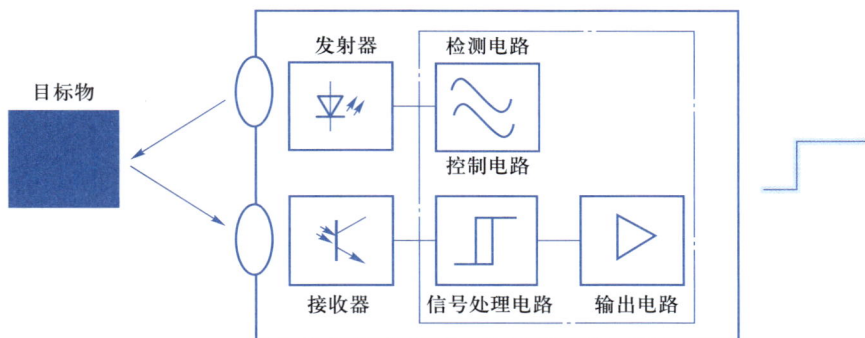

图3-16　光电式传感器的基本工作原理

二、光电式传感器的分类及性能参数

1. 光电式传感器的分类

光电式传感器（又称为光电开关）可以分为以下几类：

① 漫反射式光电开关。它是集发射器和接收器于一体的传感器。当有被检测物经过时，被检测物将发射器发射的足够量的光线反射到接收器，于是光电开关就产生了开关信号。当被检测物的表面光亮或其反射率极高时，漫反射式光电开关是首选的检测装置。

漫反射式光电开关的安装最为方便，只要不是全黑的物体均能产生漫反射。由于漫反射式光电开关发出的光线需要经过被检测物表面才能反射回接收器，所以检测距离和被检测物表面反射率及粗糙程度将决定接收器接收到的光强度，而且被检测物表面应尽量垂直于光电开关的发射光线。

在本项目的智能产线分拣单元中，输送带上方用于检测黑色与白色塑料工件的就是漫反射式光电开关。在工作时，发射器始终发射检测光，若光电开关前方一定距离内没有物体，则没有光被反射到接收器，光电开关处于常态而不动作；反之，若光电开关前方一定距离内出现物体，只要反射回来的光强度足够，则接收器接收到足够的漫射光就会使光电开关动作而改变输出状态。图3-17所示为漫射式光电开关的工作原理。

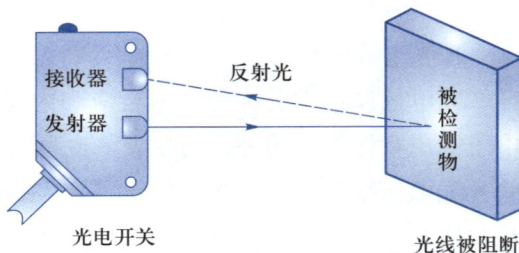

图3-17　漫射式光电开关的工作原理

② 镜反射式光电开关。它也集发射器和接收器于一体，发射器发出的光线经过反射镜反射回接收器，当被检测物经过且完全阻断光线时，光电开关就会产生开关信号。

③ 对射式光电开关。它包含了在结构上相互分离且光轴相对放置的发射器和接收器，发射器发出的光线直接进入接收器，当被检测物经过发射器和接收器之间且阻断光线时，光电开关就会产生开关信号。当被检测物不透明时，对射式光电开关是最可靠的检测装置。

④ 槽式光电开关。它通常采用标准的U形结构，发射器和接收器分别位于U形槽的两边，并形成一个光轴，当被检测物经过U形槽且阻断光轴时，光电开关就会产生开关信号。槽式光电开关比较适合检测高速运动的物体，并且能分辨透明与半透明物体，使用安全可靠。

2. 光电式传感器的性能参数

在使用光电式传感器进行物料检测时，需要了解传感器的以下几个性能参数（见图3-18）：

① 检测距离：被检测物按一定方式移动，光电式传感器动作时测得的基准位置（传感器的感应表面）到检测面的空间距离。额定检测距离是光电式传感器检测距离的标称值。

② 回差距离：动作位置与复位位置之间的距离绝对值。

③ 响应频率：在规定的1 s时间间隔内，允许光电式传感器动作循环的次数。

④ 输出状态：分为常开和常闭。当无被检测物时，常开型光电式传感器所接通的负载由于传感器内部输出晶体管的截止而不工作；当检测到被检测物时，晶体管导通，负载得电工作。常闭型光电式传感器的工作情况与此相反。

⑤ 检测方式：根据光电式传感器在检测物体时发射器所发出的光线被折回到接收器的途径的不同，可分为漫反射式、镜反射式、对射式等。

⑥ 输出形式：分为NPN二线、NPN三线、NPN四线、PNP二线、PNP三线、PNP四线、AC二线、AC五线（自带继电器）及直流NPN/PNP/常开/常闭多功能等。

⑦ 指向角：即图3-18中的θ。

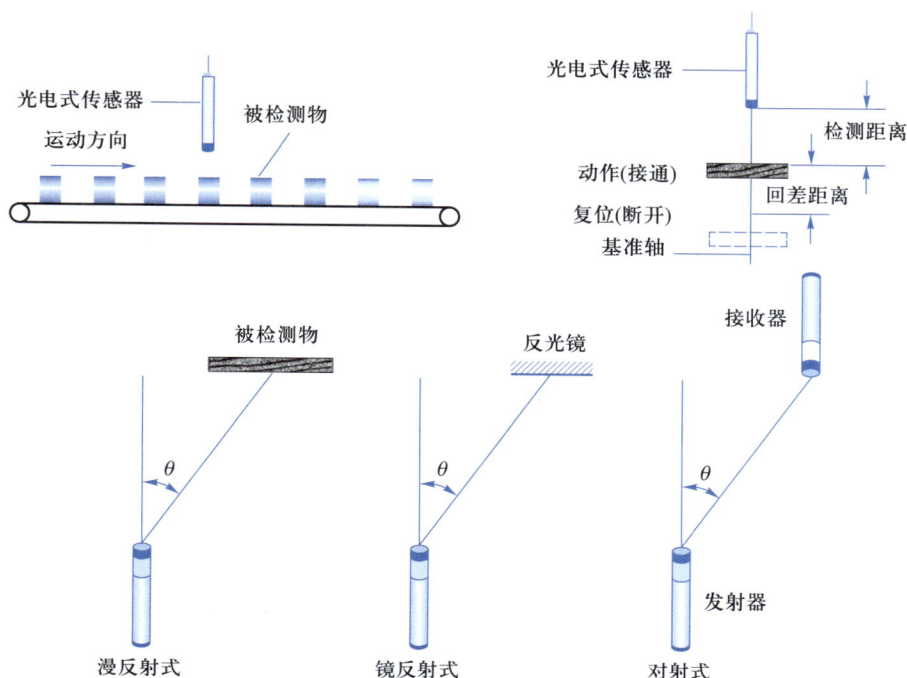

图3-18　光电式传感器常见术语示意图

⑧ 表面反射率：被检测物的表面反射率会决定接收器接收到的光强度。常用材料的反射率如表3-8所示。

表3-8　常用材料的反射率

材料	反射率/%	材料	反射率/%
白画纸	90	不透明黑色塑料	14
报纸	55	黑色橡胶	4
餐巾纸	47	黑色布料	3
包装箱硬纸板	68	未抛光的白色金属表面	130
洁净松木	70	光泽的浅色金属表面	150
干净粗木板	20	不锈钢	200
透明塑料杯	40	木塞	35
半透明塑料杯	62	啤酒泡沫	70
不透明白色塑料	87	人的手掌心	75

⑨ 环境特性：光电式传感器的应用环境会影响其长期工作的可靠性。当传感器工作时，光学透镜会被环境中的污物粘住，甚至会被一些强酸性物质腐蚀，导致其可靠性降低。

三、光电式传感器的应用

拓展阅读
光电式传感器
检修的创新

光电式传感器利用被检测物对光束的遮挡或反射，来检测物体有无等状态，所有能反射光线的物体均可被检测。光电式传感器通常用于环境条件比较好、无粉尘污染的场合，工作时对被检测对象几乎无任何影响，因此在要求较高的生产线上广泛应用。图3-19所示为光电式传感器在流水线上检测产品个数的应用。

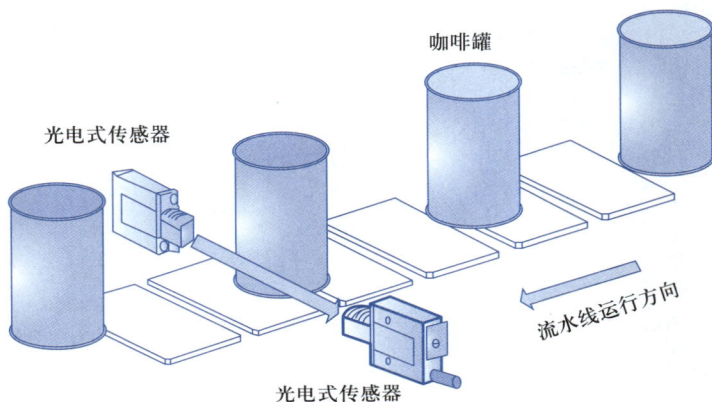

图3-19　光电式传感器的应用

近年来，随着生产自动化、机电一体化的发展，光电式传感器已发展成系列产品，其品种规格日益增多。用户可根据生产需要，选用适当规格的产品，而不必自行设计电路和光路。部分光电式传感器的外观如图3-20所示。

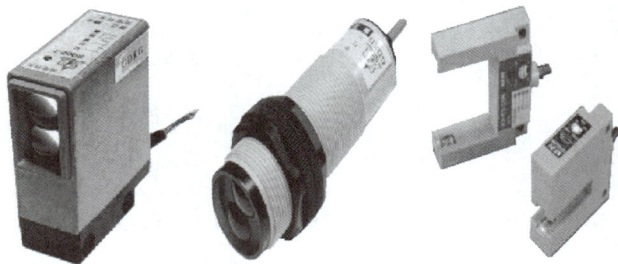

图3-20　部分光电式传感器的外观

除此之外，光电式传感器由于具有精度高、反应快、结构简单、形式灵活多样、支持非接触式检测等优点，广泛应用于生活中的各个方面。

① 条形码扫描笔用于根据反射光的状态区分条形码信息。当扫描笔头在条形码上移动时，若遇到黑色线条，发光二极管发出的光线将被黑线吸收，光敏三极管接收不到反射光，

呈高阻抗，处于截止状态；若遇到白色间隔，发光二极管发出的光线将被反射到光敏三极管的基极，光敏三极管产生光电流，处于导通状态。整个条形码被扫描过之后，光敏三极管将条形码变成一个个电脉冲信号，该信号经放大、整形后形成脉冲序列，再经计算机处理，即可完成对条形码信息的识别。

② 光敏电阻可用于进行光的测量和控制，测量方面主要用于测量光强，控制方面最常见的就是路灯控制和楼道感应灯控制。在电路接通的状态下，路灯的亮度会随着周围光强的变化而变化，楼道中的感应灯白天不亮晚上亮，都利用了光敏电阻对光的感应特点。光敏电阻还被应用于海上导航，如海上的浮标就利用光敏电阻作为航道灯的开关，晚上光敏电阻阻值变小，接通控制电路，航道灯打开；白天光敏电阻阻值增大，断开控制电路，航道灯关闭。

③ 色选机是能够根据物料光学特性的差异，利用光电技术将物料中的异色物料自动分拣出来的设备。进行产品包装前，先由色选机检测产品色质，若颜色有偏差，则会输出比较电压差，接通电磁阀，由压缩空气将异色产品吹出。

④ 光电式传感器还可用于监控烟尘污染，其输出信号的强弱可反映出烟道浊度的大小。

📖 任务实施

一、光电式传感器的选型与接线

本任务采用漫反射式色差光电式传感器，在一个外壳内包含有发射器与接收器。发射器发射的光由被检测物反射回接收器，并由接收器对接收光强大小进行评估。当光强大小超过开关阈值时，开关功能触发。传感器的检测距离由目标物的颜色决定。目标物若为黑色或者细小物体，检测距离会减小。

本任务中的光电式传感器采用PNP型开关量输出，带有感应灵敏度调节旋钮，4芯电缆连接，如图3-21所示。

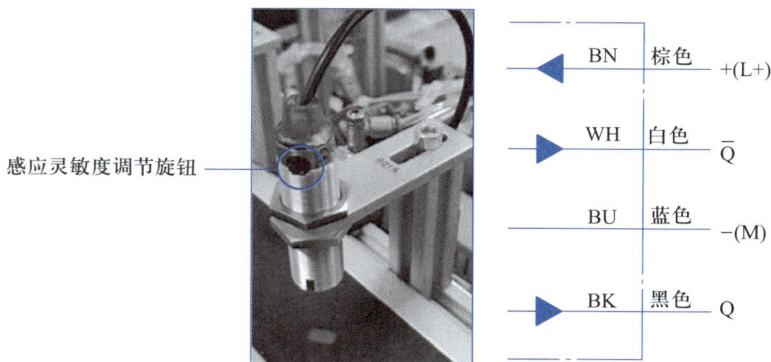

BN	棕色	+(L+)
WH	白色	$\overline{Q}$
BU	蓝色	-(M)
BK	黑色	Q

感应灵敏度调节旋钮

图3-21 光电式传感器的电气接线

光电式传感器工作时，当有白色塑料工件经过传感器时，传感器输出动作，输出信号

"1"，传感器尾部黄色指示灯点亮；当有黑色塑料工件经过传感器时，传感器无输出动作，输出信号"0"，黄色指示灯不亮。

二、光电式传感器的调试

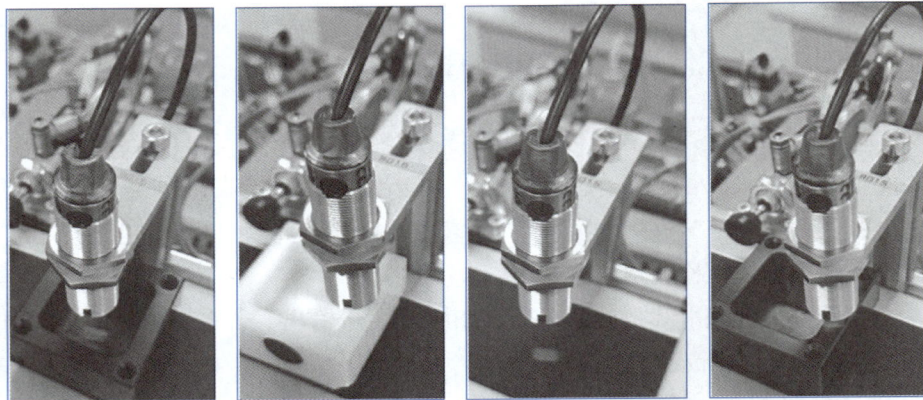

进行光电式传感器调试前的准备工作参考本项目任务一。本任务中，光电式传感器需要对白色塑料工件进行识别，而对黑色塑料工件无反应。其调试过程如图3-22所示。

图3-22（a）中，光电式传感器位置调整不到位，对物料反应不敏感，动作灯指示不正确或闪烁，此时可以调整光电式传感器到物料的距离或调节感应灵敏度调节旋钮。

图3-22（b）中，光电式传感器位置调整合适，对白色塑料工件反应敏感，动作灯稳定亮起，没有闪烁。

图3-22（c）、（d）中，没有物料或有黑色塑料工件靠近光电式传感器，传感器没有输出。

演示视频
项目三任务一～
任务三操作演示

图片
光电式传感器的
调试

(a) 检测错误　　(b) 检测到白色塑料工件　　(c) 没有检测到物料　　(d) 检测不到黑色塑料工件

图3-22　光电式传感器的调试

三、光电式传感器使用的注意事项

在光电式传感器的安装过程中，必须保证传感器到被检测物的距离在检测距离范围内，同时要考虑被检测物的形状、大小、表面粗糙度及移动速度等因素，在传感器布线过程中要注意防电磁干扰，不要在水中、降雨时及室外使用传感器。光电式传感器安装在以下场所时，会引起误动作和故障，请尽量避免：① 尘埃多的场所；② 阳光直接照射的场所；③ 产生腐蚀性气体的场所；④ 直接接触到有机溶剂等的场所；⑤ 有振动或冲击的场所；⑥ 直接接触到水、油、药品的场所；⑦ 湿度高，可能会结露的场所。

四、任务检查与总结（表3-9）

表3-9 任务检查与总结

序号	功能检查	信号检测	气缸动作	指示灯
1				
2				
3				
4				
5				
6				
7				
8				
9				
10				
任务总结（复述工作过程及注意事项）:				

任务评价（表3-10）

表3-10 任务评价表

任务	训练内容与分值	训练要求	学生自评	教师评分
光电式传感器的安装与应用	光电式传感器安装与接线，35分	1. 正确选择光电式传感器； 2. 正确安装光电式传感器； 3. 正确完成光电式传感器与设备的连接		
	光电式传感器信号调试，35分	1. 正确使用不同物料测试光电式传感器输出信号； 2. 调整光电式传感器输出信号，准确响应物料类型； 3. 总结光电式传感器输出信号的特点		

续表

任务	训练内容与分值	训练要求	学生自评	教师评分
光电式传感器的安装与应用	职业素养与创新思维，30分	1. 积极思考，举一反三； 2. 分组讨论，独立操作； 3. 遵守纪律，遵守实训室管理制度		
		学生：　　　　教师：　　　　日期：		

任务三
电容式传感器的安装与应用

任务描述

在主输送带的一侧安装有一个电容式传感器（为电容式接近开关），如图3-23所示，用于对输送带是否输送物料进行检测。

任务分析（表3-11）

图3-23　电容式传感器

表3-11　知识点与技能点

知识点	技能点
电容式传感器的工作原理	认识电容式传感器
电容式传感器的类型、特点与参数指标	根据工况选择电容式传感器
电容式传感器的应用场合	电容式传感器的安装与接线
	使用电容式传感器进行物位检测

知识链接

一、电容式传感器概述

电容式传感器是将被测非电量的变化转换为电容量变化的一种传感器。它结构简单、体积小、分辨率高，可实现非接触式测量，并能在高温、辐射和强烈振动等恶劣条件下工作，广泛应用于压力、差压、液位、振动、位移、加速度、成分含量等的测量。随着电容测量技术的迅速发展，电容式传感器在非电量测量和自动检测中得到了广泛的应用。

拓展阅读
陶瓷电容——
电容式传感器
的基础

在物理学中已经知道，两个彼此绝缘而又靠得很近的导体即可组成电容器，如果不考虑边缘效应，电容量 C 等于极板所带电荷量 Q 与极板间的电压 U 之比。两平行金属极板间的电容量为

$$C = \frac{Q}{U} = \frac{\varepsilon S}{4\pi kd}$$

（3-2）

式中，ε 为两极板间介质的介电常数，$\varepsilon = \varepsilon_0 \varepsilon_r$，其中 ε_0 为真空介电常数，ε_r 为极板间介质的相对介电常数；S 为两极板所覆盖的面积；d 为两极板间的距离；k 为静电力常量，约等于 $9 \times 10^9 \ N \cdot m^2/C^2$。

当被测参数变化使得式（3-2）中的 d、S 或 ε 发生变化时，电容量 C 也随之变化。如果保持其中两个参数不变，而仅改变其中一个参数，就可把该参数的变化转换为电容量的变化，通过测量电路就可转换为电量输出。因此，电容式传感器可分为变极距型、变面积型和变介质型三种类型。

1. 变极距型电容式传感器

如图3-24（a）所示，设 A 板为一固定极板，B 板为一可动极板，当 B 板随被测位移 x 移动时，两极板间距离 d 就发生变化，从而改变电容量。由图3-24（b）可知其输入/输出特性为非线性特性，但若 Δd 很小，则可以近似为线性特性，而且具有很高的灵敏度（$\Delta d/d = \Delta C/C$）。图3-24（c）所示为差动式结构，可以提高灵敏度，减小非线性。

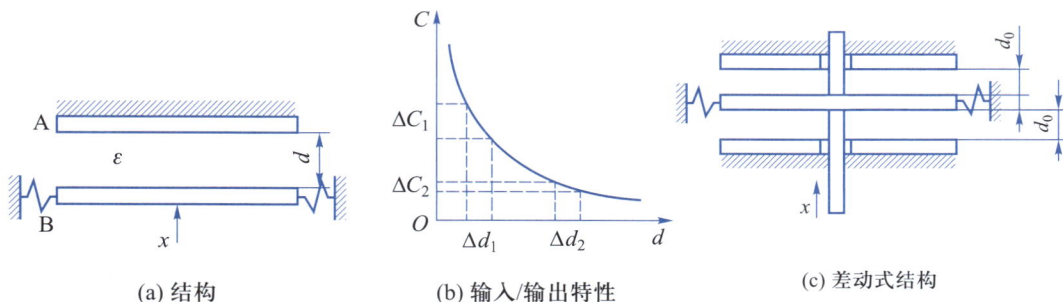

(a) 结构　　　　　(b) 输入/输出特性　　　　　(c) 差动式结构

图3-24　变极距型电容式传感器

当初始极距 d_0 较小时，同样的 Δd 变化所引起的 ΔC 较大，可以提高传感器的灵敏度。但是若 d_0 过小，则容易引起电容器击穿或短路。为此，两极板间可采用高介电常数的材料（如云母片、塑料膜等）作为介质。云母片的相对介电常数是空气的7倍，其击穿电压不小于 1 000 kV/mm，而空气的击穿电压仅为 3 kV/mm。因此加入云母片之后，两极板间的起始距离便可大大减小，同时也能使传感器输入/输出特性的线性度得到改善。

一般变极距型电容式传感器的起始电容为 20~100 pF，两极板间距离为 25~200 μm，最大位移应小于间距的 1/10，故其在微位移测量中应用最广。

2. 变面积型电容式传感器

常见的变面积型电容式传感器有平板式、扇形平板式、柱面板式和圆筒面式四种，如图3-25所示，同样也可以做成差动式结构。其中，平板式和圆筒面式用于测量直线位移，扇形平板式和柱面板式用于测量角位移。变面积型电容式传感器的输入/输出特性为线性特性，测量范围宽，但灵敏度较低。被测量通过移动动极板引起两极板有效覆盖面积S改变，从而改变电容量。

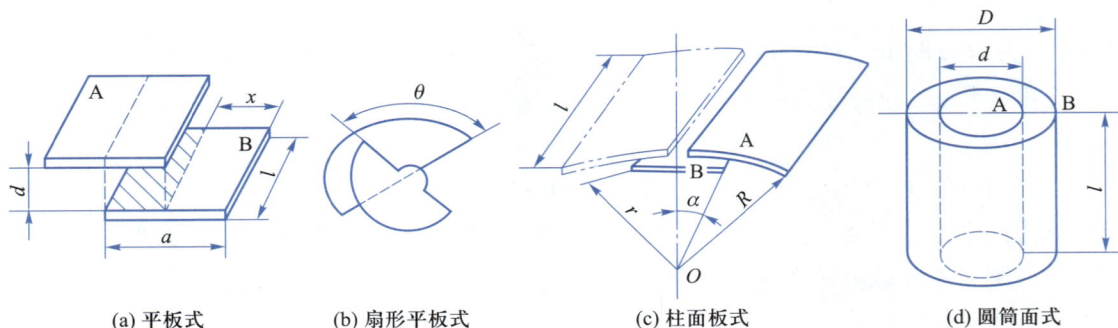

(a) 平板式　　　　(b) 扇形平板式　　　　(c) 柱面板式　　　　(d) 圆筒面式

图3-25　变面积型电容式传感器

3. 变介质型电容式传感器

图3-26所示为用于测量液位高低的变介质型电容式传感器的结构原理及输入/输出特性。

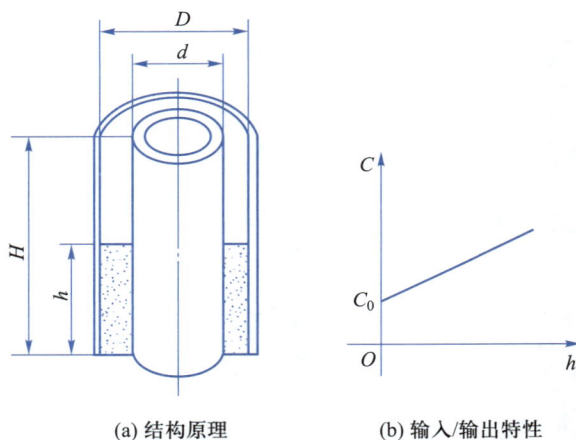

(a) 结构原理　　　　(b) 输入/输出特性

图3-26　变介质型电容式传感器

该传感器极板间的相互位置不发生任何改变，而是靠改变两极板间的介质高度来改变其电容量。设被测介质的相对介电常数为ε_{r1}，空气的相对介电常数为$\varepsilon_{r0}=1$，介质高度为h，传感器总高度为H，内筒的外径为d，外筒的内径为D，则传感器的电容量为

$$C = C_0 + \frac{K(\varepsilon_{r1} - \varepsilon_{r0})h}{\ln \dfrac{D}{d}}$$

（3-3）

式中，$C_0 = \dfrac{K\varepsilon_{r0}H}{\ln(D/d)}$为传感器的初始电容量。可见，传感器的电容增量与被测液位高度h成正比，故可以用来测量液位和料位的高度。

变介质型电容式传感器有较多的结构形式，还可以用来测量纸张、绝缘薄膜等的厚度，也可以用来测量粮食、纺织品、木材或煤等非导电固体介质的湿度。

二、电容式传感器的应用

电子技术的发展解决了电容式传感器存在的许多技术问题，使电容式传感器不但广泛应用于精确测量位移、厚度、角度、振动等物理量，还应用于测量力、压力、差压、流量、成分、液位等参数，在自动检测与控制系统中也常用来作为位置信号发生器。

1. 电容式压力传感器

图3-27所示为单只变间隙型电容式压力传感器，当被测压力或压力差作用于弹性膜片并使之产生位移时，形成的电容器的电容量增大。该电容量的变化经测量电路转换成与压力或压力差相对应的电流或电压的变化。

2. 电容式加速度传感器

图3-28所示为差动式结构的电容式加速度传感器结构。它有两个固定极板（与壳体绝缘），中间有一用弹簧片支撑的质量块，此质量块的两个端面经过磨平抛光后作为可动极板（与壳体有电连接）。当传感器壳体随被测对象在垂直方向上作直线加速运动时，质量块在惯性空间中相对静止，而两个固定极板将相对质量块在垂直方向上产生大小正比于被测加速度的位移。此位移使两极板的间隙发生变化，一个增加，一个减小，从而使C_1、C_2产生大小相等、符号相反的增量，此增量正比于被测加速度。

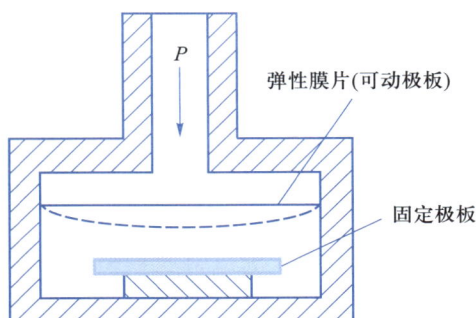

图3-27 单只变间隙型电容式压力传感器

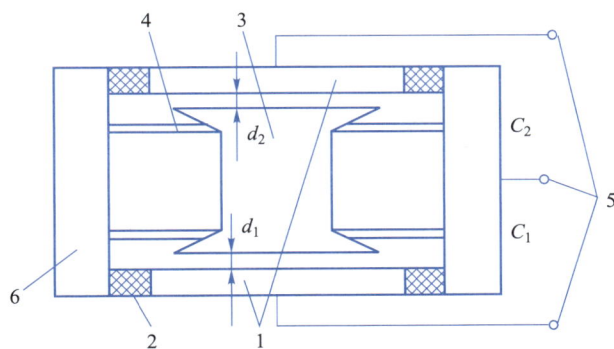

1—固定极板；2—绝缘垫；3—质量块；4—弹簧片；5—输出端；6—壳体

图3-28 差动式结构的电容式加速度传感器结构

电容式加速度传感器的主要特点是频率响应快和量程范围大，大多采用空气或其他气体作为绝缘介质。

3. 电容式称重传感器

电容式称重传感器有多种结构形式，基本原理都是利用弹性元件受压后的变形，引起电容量随外加重量的改变而改变。称重时，弹性元件受力变形，使可动极板发生位移，导致传感器电容量改变。如图3-29所示，配接信号调理电路，就会引起振荡器的振荡频率变化，频率信号经计数、编码，传输到显示部分。

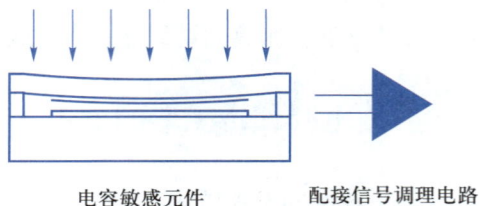

电容敏感元件   配接信号调理电路

图3-29 电容式称重传感器

在弹性钢体上相同高度处打一排孔，在孔内形成一排平行的平板电容，即得到平板电容式称重传感器，如图3-30所示。称重时，弹性钢体上端面受力，圆孔变形，每个孔中的电容极板间隙变小，其电容量相应增大。由于在电路上各电容是并联的，因而输出反映的结果是平均作用力的变化，可使测量误差大大减小，这就是误差平均效应。

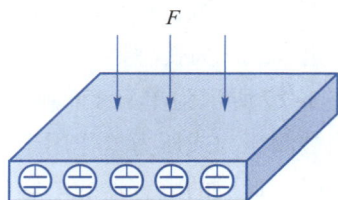

图3-30 平板电容式称重传感器

4. 电容式料位传感器

图3-31所示为电容式料位传感器结构。测定电极吊装在储罐顶部，这样在储罐壁和测定电极之间就形成了一个电容器。当储罐内放入被测物料时，由于被测物料介电常数的影响，传感器的电容量将发生变化，电容量变化的大小与被测物料在储罐内的高度有关，且成比例变化。检测出这种电容量的变化就可以测定物料在储罐内的高度。

该传感器的电容可表示为

$$C = \frac{k(\varepsilon_1 - \varepsilon_0)h}{\ln \dfrac{D}{d}} \qquad (3\text{-}4)$$

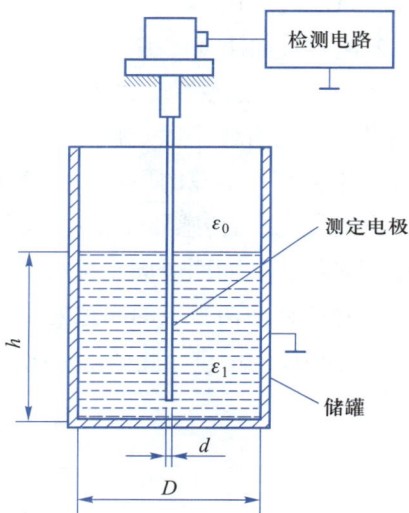

图3-31 电容式料位传感器结构

式中，k 为比例常数；D 为储罐的内径；d 为测定电极的直径；h 为被测物料的高度；ε_0 为空气的相对介电常数；ε_1 为被测物料的相对介电常数。

假定储罐内没有物料时传感器的电容为 C_0，放入物料后传感器的电容为 C_1，则两者电容差为

$$\Delta C = C_1 - C_0 \qquad (3\text{-}5)$$

可见，两种介质的介电常数差别越大，D 与 d 差别越小，传感器的灵敏度就越高。

5.电容式接近开关

电容式接近开关以电容器的极板作为检测面，检测面外部所面对的物质是电容器两极板之间的绝缘介质，若该绝缘介质发生变化，则电容器的电容量也随之变化。其工作原理如图3-32所示。

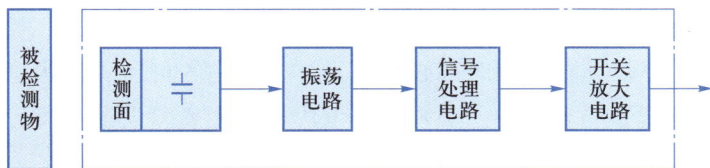

图3-32　电容式接近开关工作原理

无论被检测物是金属还是非金属，在其接近或离开电容式接近开关时，都会引起接近开关电容器的介电常数发生变化，从而使接近开关能够输出相应的开关信号。因此，电容式接近开关所检测的物体并不限于金属导体，也可以是绝缘的固体、液体或粉状物体。

电容式接近开关在大量程测量长度或直线位移方面的精度仅低于激光干涉接近开关。在圆分度和角位移连续测量方面，电容式接近开关的精度是最高的。

电容式接近开关可以应用于以下场合：

① 在气体、油污、粉尘环境下对物体进行检测。由于电容式接近开关对金属或非金属物体都能进行可靠检测，且不受检测物体的透明度、颜色、表面反光状态的影响，因此是在冶金、化工、水泥、面粉、锅炉等行业的粉尘、蒸汽、油污等恶劣环境下使用的最合适的感应元件。

② 控制开关的接通和关断。电容式接近开关属于一种具有开关量输出的位置传感器，它的测量头通常构成电容器的一个极板，而另一个极板是被检测物本身。当被检测物移向接近开关时，其和接近开关之间的介电常数 ε 发生变化，使得和测量头相连的电路状态也随之发生变化，由此便可控制开关的接通和关断。可以将接近开关串入控制电路中，实现变换运行方向、动作启动或中断、触发各种报警装置和安全措施中断供电等。

③ 液位的检测控制。对于油、水的液位控制，不需要使用浮子之类的中介体就可以实现。对于锅炉、金属缸内的水位，通过外部的分流管也可以进行检测控制。

④ 对运行物体的计数和速度控制。在生产过程中，经常要对运行物体的计数和速度进行控制，此时便可使用电容式接近开关。

📖 任务实施

一、电容式与电感式接近开关的区别

在选择电容式接近开关之前，需要了解其与电感式接近开关的区别。

① 检测对象不同：电容式接近开关的检测对象可以是金属导体，也可以是绝缘的固体、

液体或粉状物体等；电感式接近开关只能对金属导体进行检测。

② 敏感元件不同：电容式接近开关的敏感元件是电容；电感式接近开关的敏感元件是电感。

二、电容式传感器的安装与接线

无论是哪一种传感器，在使用时都必须注意被检测物的材料、形状、尺寸、运动速度等因素。在传感器的选型与安装中，必须认真考虑检测距离、设定距离，保证生产线上的传感器可靠动作。具体可以参考本项目任务一的相关部分。

本任务中的电容式传感器采用PNP型开关量输出，电容式传感器的电气接线如图3-33所示。

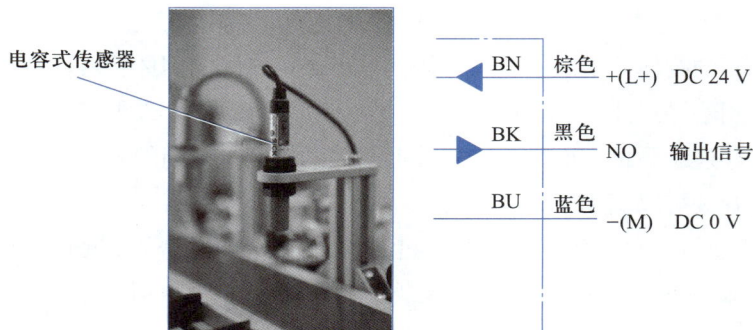

图3-33　电容式传感器的电气接线

三、电容式传感器的调试

演示视频

项目三任务一~
任务三操作演示

在电容式传感器的调试中，需要注意的地方和电感式传感器相似，具体可以参考本项目任务一的相关部分，将调试对象改为黑色塑料工件即可。

四、任务检查与总结（表3-12）

表3-12　任务检查与总结

序号	功能检查	信号检测	气缸动作	指示灯
1				
2				
3				
4				

序号	功能检查	信号检测	气缸动作	指示灯
5				
6				
7				
8				
9				
10				

任务总结（复述工作过程及注意事项）：

📝 任务评价（表3-13）

表3-13　任务评价表

任务	训练内容与分值	训练要求	学生自评	教师评分
电容式传感器的安装与应用	电容式传感器安装与接线，35分	1. 正确选择电容式传感器； 2. 正确安装电容式传感器； 3. 正确完成电容式传感器与设备的连接		
	电容式传感器信号调试，35分	1. 正确使用不同物料测试电容式传感器输出信号； 2. 调整电容式传感器输出信号，准确响应物料类型； 3. 总结电容式传感器输出信号的特点		
	职业素养与创新思维，30分	1. 积极思考，举一反三； 2. 分组讨论，独立操作； 3. 遵守纪律，遵守实训室管理制度		
	学生：　　　　　　　教师：　　　　　　　日期：			

编码器的安装与应用

📖 任务描述

在之前的任务中，传感器检测到物料后，推料气缸通过设置延时时间的方式推出，这一方法虽然简单，但是如果改变输送带设定的运行速度，则需要重新调整延时。此外，如果输送带实际运行速度有波动，也需要经常调整延时。本任务将编码器与输送带驱动电动机相连，采用IO-Link设备读取编码器的实际值，预留编码器归零点，在确定气缸与物料原点的距离后，通过编码器确定物料位置，执行气缸推出动作。

📋 任务分析（表3-14）

表3-14　知识点与技能点

知识点	技能点
编码器的分类与工作原理	绝对编码器与相对编码器的识别
编码器的常见术语	编码器信号的判断
脉冲、角度分辨率与移动位置的关系	编码器的连接、配线和接线
编码器的应用	使用编码器进行定位控制

🔗 知识链接

一、编码器概述

编码器是一种角位移（转速）传感器，它能够把机械转角变为电脉冲，如图3-34所示。编码器每经过一个单位角位移，便产生一个脉冲，配以定时器便可检测出角速度。编码器可分为光电式、接触式和电磁式三种，其中，光电编码器的应用较多，这里主要介绍光电编码器。

光电编码器是一种通过光电转换将输出轴上的机械几何位移量转换成脉冲或数字量的传感器。光电编码器由刻度盘（又称码盘）和光电检测装置（包括光敏传感器与发光管等）组成，是目前应用最多的传感器。刻度盘是在一定直径的圆盘上等分地开通若干个长方形孔构成的。由于光电编码器与电动机同轴，电动机旋转时，刻度盘与电动机同速旋转，经发光管与光敏传感器等电子元件组成的光电检测装置可输出若干脉冲信号，通过计算每秒输出脉冲信号的个数就能得到当前电动机的转速。此外，为判断旋转方向，刻度盘还可提供相位相差90°的两路脉冲信号。光电编码器的工作原理如图3-35所示。

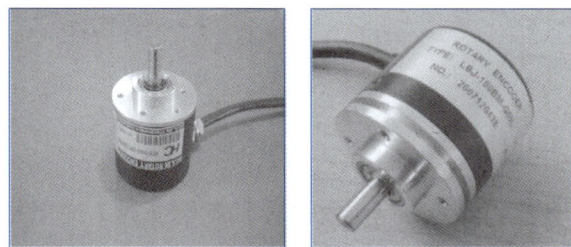

图3-34 编码器

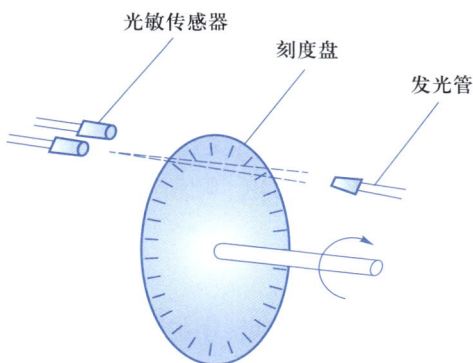

图3-35 光电编码器的工作原理

一般来说，光电编码器根据其刻度方法及信号输出形式可分为增量式、绝对式和复合式三大类，根据运动部件的运动方式可分为旋转式和直线式两类。由于直线运动可以借助机械连接转变为旋转运动，且旋转式光电编码器容易做成全封闭形式，易于实现小型化，信号传输距离长，具有较强的环境适用能力，因而在实际工业生产中得到广泛的应用。本任务主要针对旋转式光电编码器进行讲解，如不特别说明，书中提到的光电编码器均指旋转式光电编码器。

1. 增量式光电编码器

增量式光电编码器的结构原理如图3-36所示，其由光源、码盘、检测光栅、光电检测器件、转换电路构成。码盘与转轴连在一起。码盘可以用玻璃材料制作，表面镀上一层不透光的金属铬，然后在边缘刻出向心透光窄缝。透光窄缝在码盘圆周上等分分布，数量从几百条到几千条不等。这样，码盘就分成透光与不透光区域。

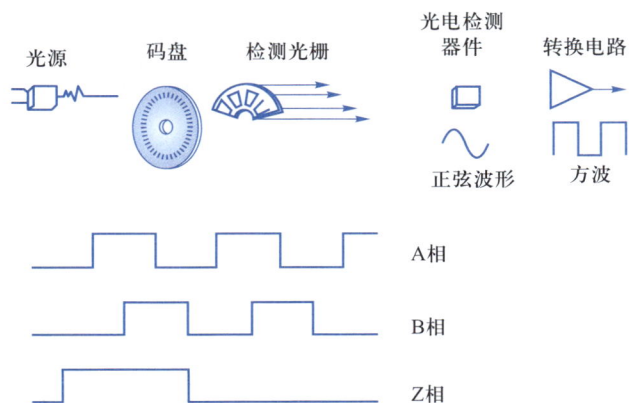

图3-36 增量式编码器的结构原理

增量式光电编码器直接利用光电转换原理输出A相、B相和Z相三组方波脉冲。其中A相、B相两组脉冲相位差90°，从而可方便地判断出旋转方向；Z相为每转一个脉冲，用于基准点定位。该编码器的优点是结构原理简单，机械平均寿命可在几万小时以上，抗干扰能力强，可靠性高，适合于长距离传输。

增量式光电编码器的测量精度取决于它所能分辨的最小角度，这与码盘圆周上的窄缝条数 n 有关，即能分辨的最小角度为

$$\alpha = \frac{360^{\circ}}{n} \tag{3-6}$$

如窄缝条数为 2 048，则角度分辨率为

$$\alpha = \frac{360^{\circ}}{2\ 048} = 0.162\ 5^{\circ}$$

为了得到码盘转动的绝对位置，还必须设置一个基准点。每当转轴旋转一周，光电检测器件产生一个 Z 相的基准脉冲信号。通常数控机床的机械原点与各转轴的增量式光电编码器发出的 Z 相脉冲的位置一致。

增量式光电编码器的特点如下：

① 编码器每转动一个预先设定的角度，就将输出一个脉冲信号，通过统计脉冲信号的数量可以计算旋转的角度，因此编码器输出的位置数据是相对的。

② 由于采用固定脉冲信号，因此旋转角度的起始位置可以任意设定。

③ 由于采用相对编码，因此掉电后旋转角度数据会丢失，需要重新复位。

在数控机床中进行位置测量时一般选用增量式光电编码器。

2. 绝对式光电编码器

绝对式光电编码器是按照角度直接进行编码的传感器，可直接把被测角用数字代码表示出来，指示其绝对位置。图 3-37 所示为绝对式光电编码器的结构原理。

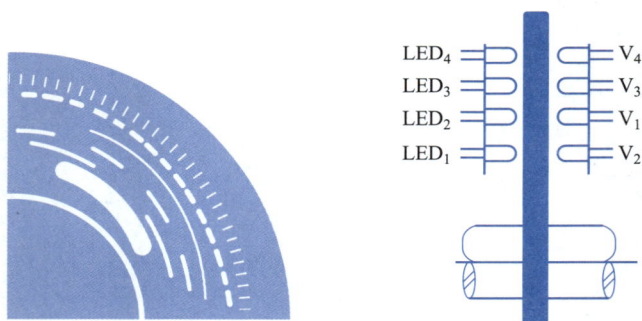

(a) 码盘的平面结构(8码道)　　(b) 码盘与光源、光电检测器件的对应关系(4码道)

图 3-37　绝对式光电编码器的结构原理

在绝对式光电编码器的圆形码盘上沿径向有若干同心码道，每条码道由透光和不透光的扇区相间组成，其中深色区域为不透光区，用"0"表示；白色区域为透光区，用"1"表示。相邻码道的扇区数目是双倍的关系，码盘上的码道数就是它的二进制数码的位数，在码盘的一侧是光源（$LED_1 \sim LED_4$），另一侧对应每一码道有一光电检测器件（$V_1 \sim V_4$）；当

码盘处于不同位置时，各光电检测器件根据受光照与否转换出相应的电平信号，形成二进制数。这种编码器不需要计数器，在转轴的任意位置都可读出一个固定的与位置相对应的数码。显然，码道越多，分辨率就越高，对于一个具有 n 位二进制分辨率的编码器，其码盘必须有 n 条码道。国内已有 16 位的绝对式光电编码器产品。

绝对式光电编码器是利用自然二进制或循环二进制（格雷码）方式进行光电转换的，如图 3-38 所示。

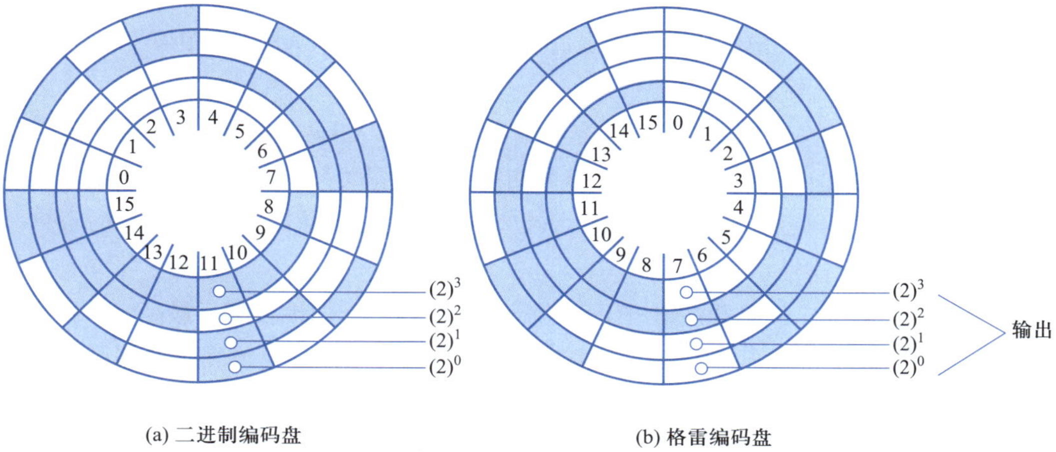

(a) 二进制编码盘　　　　　　　　　(b) 格雷编码盘

图 3-38　绝对式光电编码器码盘

由图 3-38（a）可看出，码道的圈数就是二进制的位数，且高位在里，低位在外。由此可以推断，若有 n 圈码道的码盘，就可以表示 n 位二进制编码，若将圆周均分为 2^n 个数据，且分别表示不同的位置，则其能分辨的角度 α 为

$$\alpha = \frac{360°}{2^n} \tag{3-7}$$

$$分辨率 = \frac{1}{2^n} \tag{3-8}$$

显然，码盘的码道越多，二进制编码的位数也越多，所能分辨的角度 α 越小，测量精度越高。

二进制编码盘由于相邻两扇区的计数状态相差较大，因此容易产生误差。例如，由位置 0001 向位置 1000 过渡时，由于光电检测器件安装位置不准或发光故障，可能会检测出 8~15 的任一十进制数。因此在实际中大都采用格雷编码盘，如图 3-38（b）所示。

格雷码的特点是任意相邻的两个二进制数之间只有 1 位不同，最末一个数与第一个数也是如此，这样就形成了循环，使整个循环中的相邻数之间都遵循这一规律。这样，码盘从一个计数状态转到下一个计数状态时，只有 1 位二进制数码改变，所以能把误差控制在最小单位内，提高了可靠性。

绝对式光电格雷编码器的特点如下：

① 可以直接读出角度坐标的绝对值。

② 没有累积误差。

③ 电源切除后位置信息不会丢失。

④ 其分辨率是由二进制数的位数来决定的，也就是说精度取决于位数，目前有10位、14位等产品。

3. 编码器的常见术语

① 分辨率：编码器旋转一次时输出的信号脉冲数或编码器可以分辨的角度。

② 输出相：增量式光电编码器的输出信号数，包括1相型（A相）、2相型（A相、B相）、3相型（A相、B相、Z相）。

③ 输出相位差：一般来说，增量式光电编码器输出A、B两相相位差为90°的脉冲信号（即所谓的两相正交输出信号），根据A、B两相的先后位置关系，可以方便地判断出编码器的旋转方向。另外，码盘一般还提供用作参考零位的Z相标志脉冲信号，码盘每旋转一周，会发出一个零位标志信号。

④ 最高响应频率：编码器在电气上能响应的最高频率，如果在高于最高响应频率的频率下使用（旋转速度过快），则编码器内部电路会无法响应，会导致编码器漏脉冲现象的发生。

⑤ 轴向容许力/轴向容许荷重：编码器允许施加的轴向力，受力点以轴尖中心为准，如果超过这个力，将对轴承的使用寿命产生负面影响，还有可能对编码器造成无法挽救的损害。

二、编码器的应用

编码器是一种将旋转位移转换成一串数字脉冲信号的旋转式传感器，这些脉冲能用来控制角位移。如果将编码器与齿轮或者螺旋丝杆结合在一起，也可以用于测量直线位移。编码器广泛应用于自动化领域，是数控机床、伺服电动机、电梯、自动化流水线等必不可少的关键传感器件。编码器的一些典型应用如下：

① 编码器适用于测量输送带速度，还可以结合光电式传感器检测物体长度以及物体之间的空隙，如图3-39所示。针对后者，可以定义用编码器进行监控的极限值。

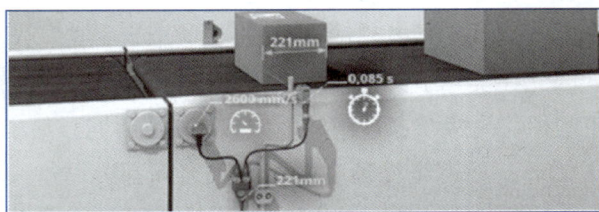

图3-39　检测物体长度以及物体之间的空隙

② 编码器与打印色标传感器相结合，可以精确测量包装薄膜的长度，如图3-40所示。

包装薄膜达到设定的长度值后，输出一个触发信号，控制后置的切割装置，以分离包装薄膜。即使在输送速度不断变化时，也可以准确且可靠地通过编码器直接测量长度。

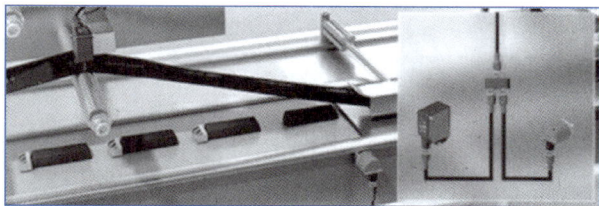

图3-40　测量包装薄膜的长度

③ 编码器与机器人的应用。近年来，编码器在机器人行业的应用越来越广泛，发挥着越来越重要的作用。编码器有助于确保在不损坏工件的情况下精确控制夹紧臂的压力和速度。机器人的抓取动作需要不同的速度和压力，借助编码器了解电动机速度和抓取器的位置，可以创建精确的运动曲线，如图3-41所示。

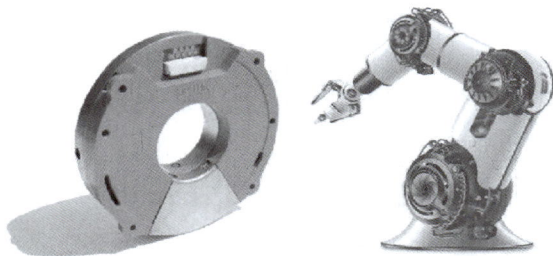

图3-41　编码器用于机器人运动控制

📖 任务实施

一、编码器的选型与安装

1. 编码器的选型

编码器选型时需要注意以下几点：

① 编码器的类型：增量式或绝对式。

② 分辨率的精确度。

③ 外形尺寸（中空轴、杆轴）。

④ 轴向容许力。

⑤ 最大允许转速。

⑥ 最高响应频率（最高响应频率=转速/60×分辨率），注意要留有余度。

⑦ 保护结构（防水、防油、防灰尘等）。

⑧ 轴的旋转启动转矩。

⑨ 输出电路方式（对于增量式编码器，需根据需要确定输出接口类型）。

本任务中选用绝对值编码器，在输送带轴上装有一个SICK AHM36B–S3QC012X12型绝对值编码器，如图3-42所示。

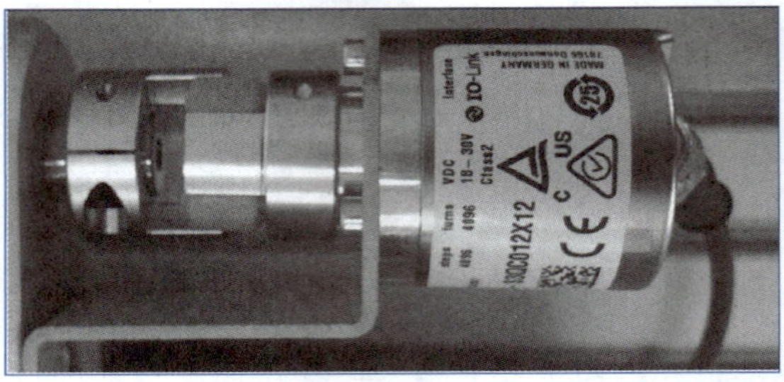

图3-42　SICK AHM36B–S3QC012X12型绝对值编码器

2. 编码器的安装

编码器在安装中应注意以下几个方面的问题：

（1）机械方面

① 由于编码器属于高精度机电一体化设备，所以编码器轴与用户端输出轴之间需要采用弹性软连接，以避免因用户端输出轴的窜动、跳动而导致编码器轴系和码盘损坏。

② 安装时注意允许的轴负载。

③ 应保证编码器轴与用户端输出轴的不同轴度小于0.20 mm，与轴线的偏角小于1.5°。

④ 安装时严禁敲击、摔打和碰撞编码器，以免损坏轴系和码盘。

⑤ 长期使用时，应定期检查固定编码器的螺钉是否松动（每季度一次）。

（2）电气方面

① 接地线应尽量粗，截面积一般应大于1.5 mm^2。

② 编码器的输出线彼此不要搭接，以免损坏输出电路。

③ 编码器的信号线不要接到直流电源或交流电源上，以免损坏输出电路。

④ 与编码器相连的电动机等设备应接地良好，不要有静电。

⑤ 编码器的输出配线应采用屏蔽电缆，如图3-43所示。屏蔽电缆外部屏蔽层应采用一点接地方式与大地连接。

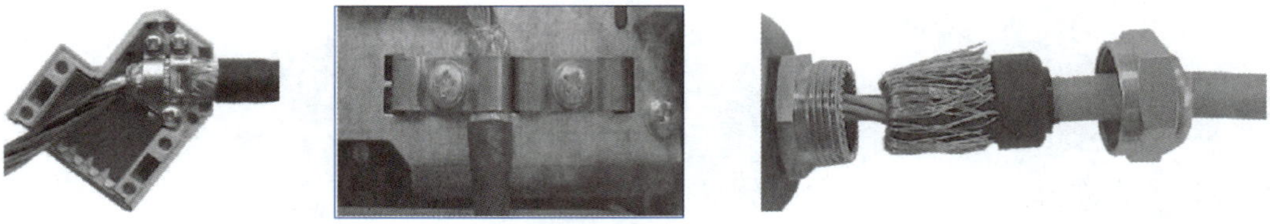

(a) 用屏蔽的D型接口　　　　(b) 在编码器中的变换器　　　　(c) 用屏蔽的PG接口连接编码器
连接编码器　　　　电路板上用线卡连接

图3-43　编码器的屏蔽电缆连接

⑥ 开机前，应仔细检查产品说明书与编码器型号是否相符，接线是否正确。

⑦ 长距离传输输出信号时，应考虑信号衰减因素，选用输出阻抗低、抗干扰能力强的编码器。

⑧ 要避免在强电磁波环境中使用编码器。

（3）环境方面

① 编码器是精密仪器，使用时要注意周围有无振源及干扰源。

② 非防漏结构的编码器不要溅上水、油等，必要时要加上防护罩。

③ 要注意环境温度、湿度是否在仪器使用要求范围之内。

二、编码器的接线与调试

1. 编码器的接线与参数

编码器的电气结构定义如表3-15所示。

表3-15　编码器的电气结构定义

示意图	针	芯线颜色	信号	功能		
				基础型	高级型	高级智能任务型
	1	褐色	L+	编码器工作电压18~30 V（+U_s）		
	2	白色	I/Q	未连接-无功能	多功能引脚（可配置为开关量输入或开关量输出）	
	3	蓝色	L–	编码器工作电压0 V（GND）		
	4	黑色	C/Q	IO-Link通信		
				—		开关量输出（SIO模式）

在进行调试前，需要确定编码器的分辨率以及外部机械结构，以确定脉冲当量等相关技术参数，如表3-16所示。

表3-16　编码器的相关技术参数

性能	最大分辨率（每圈步数×圈数）	12 bit×12 bit（4 096×4 096）
	误差极限 G	0.35°（20 ℃时）
	重复标准偏差 σ_t	0.25°（20 ℃时）
接口	通信接口	IO-Link
	通信接口详情	IO-Link V1.1/COM3（230，4 kBaud）
	智能传感器	高效通信，增强感应
	过程数据	位置、速度

		每圈步数
		圈数
		预设
	参数	计数方向
接口		用于转速计算的采样率
		用于速度值输出的单位
	状态信息	通过状态LED
	初始化时间	2 s
	周期时间	≤ 3.2 ms
	连接类型	插头，M12，4针，通用
电气参数	供电电压	18~30 V
	功耗	≤ 1.5 W
	极性反接保护	有

2. 编码器的硬件组态

由于实训设备中有两个IO-Link设备，因此需要增加输入/输出点，然后进行IO-Link的组态（使用PCT软件），如图3-44和图3-45所示。

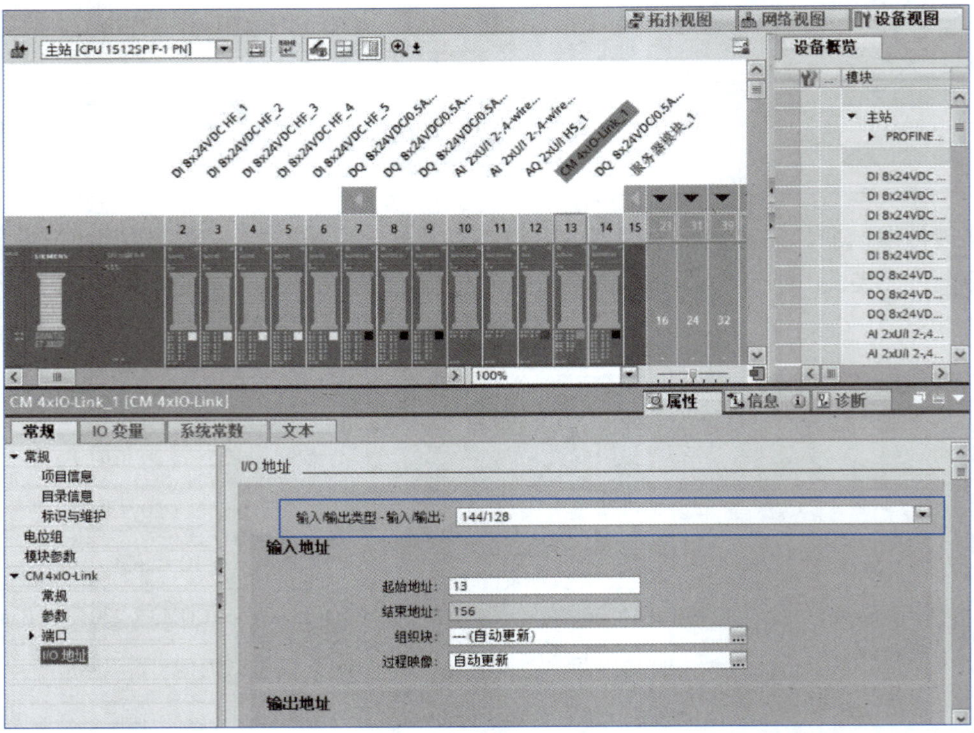

图3-44　设置编码器IO-Link的输入/输出点

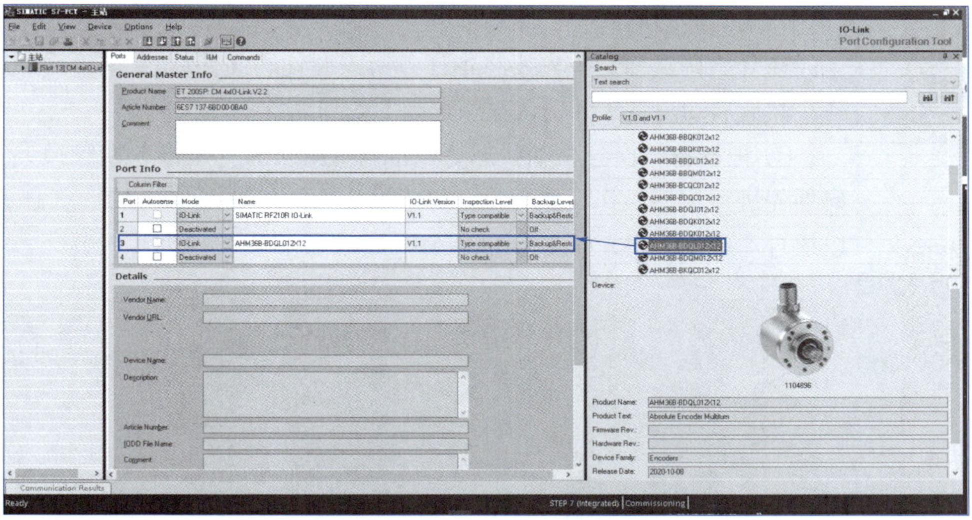

图3-45　编码器IO-link的硬件组态

3. 编码器的主要程序设定

① 编码器读取与复位的PLC程序设置如图3-46所示。

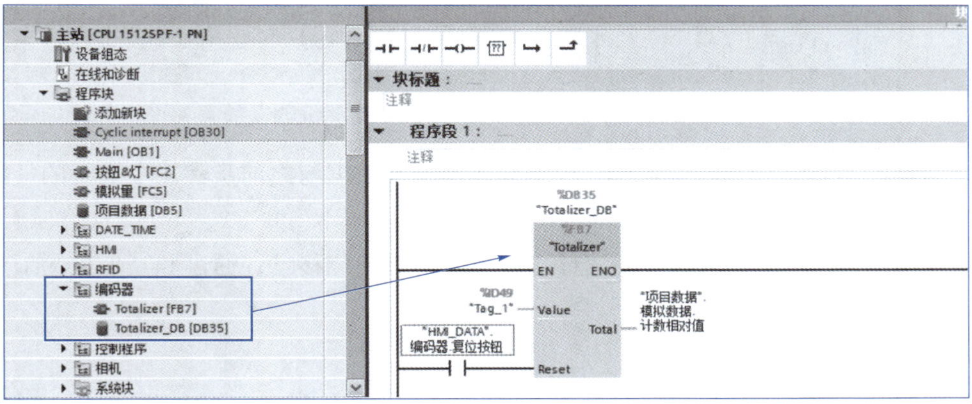

图3-46　编码器读取与复位的PLC程序设置

② 利用编码器进行气缸位置判断的PLC程序设置如图3-47所示。

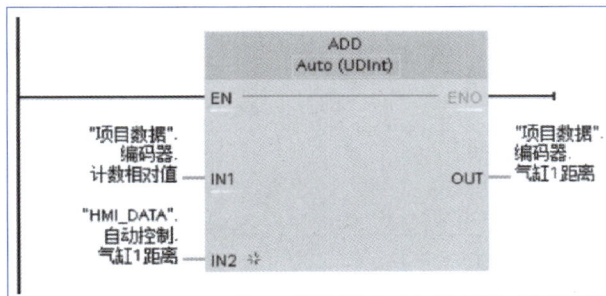

图3-47　气缸位置判断的PLC程序设置

源代码
项目三任务四
程序

演示视频
项目三任务四
操作演示

4.编码器的调试

在开始调试前，首先要将本任务所需源代码文件从PC端下载到所在设备，然后启动设备，并确认程序正确下载到设备。

① 把设备切换到手动状态，以推料气缸位置为基准，在触摸屏上将编码器先进行清零操作，然后设置编码器读取的气缸1、气缸2、气缸3距离，以便自动运行使用，如图3-48所示。

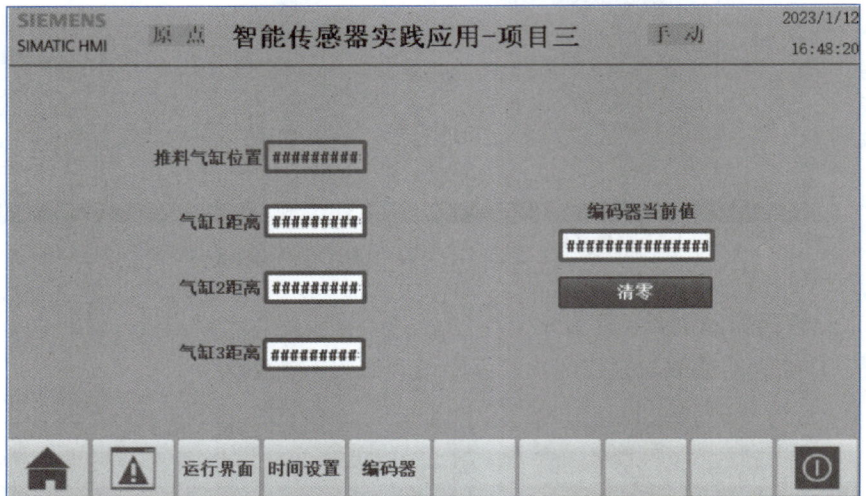

图3-48　动作气缸距离的设置

② 物料到达对应传感器位置后，根据编码器当前数据与之前步骤①中设置的气缸距离数据，用比较指令进行判断气缸推出动作。

③ 电动机运行时，PLC通过高速计数计算电动机的位移量，通过和其他检测信号的配合实现对电动机运行的控制。

三、任务检查与总结（表3-17）

表3-17　任务检查与总结

序号	功能检查	信号检测	气缸动作	指示灯
1				
2				
3				
4				
5				
6				

序号	功能检查	信号检测	气缸动作	指示灯
7				
8				
9				
10				

任务总结（复述工作过程及注意事项）：

任务评价（表3-18）

表3-18　任务评价表

任务	训练内容与分值	训练要求	学生自评	教师评分
编码器的安装与应用	编码器安装与接线，35分	1. 正确选择编码器； 2. 正确安装编码器； 3. 正确完成编码器与设备的连接		
	编码器信号采集与处理，35分	1. 正确采集编码器的输出信号； 2. 正确计算脉冲、角度分辨率与移动位置的关系； 3. 总结编码器输出信号的特点		
	职业素养与创新思维，30分	1. 积极思考，举一反三； 2. 分组讨论，独立操作； 3. 遵守纪律，遵守实训室管理制度		
		学生：　　　　教师：　　　　日期：		

项目小结

通过项目三的学习，应当了解和认识电感式、光电式和电容式传感器的工作原理及其各自特点，了解编码器的基本概念、数据采集及处理方法。请读者进行本项目各任务的操作，为后续学习打下基础。

1. 思考题

（1）简述电感式、光电式和电容式传感器的区别。

（2）在本项目中，电感式、光电式和电容式传感器分别能够识别哪些物料？

（3）简述本项目中使用的光电式传感器的感应灵敏度调节旋钮的作用。

（4）简述如何将编码器连接到PLC设备。

（5）在任务四中设定气缸距离时，为什么要在触摸屏上对编码器进行清零操作？

2. 操作题

（1）采用电感式、光电式和电容式传感器对物料进行识别分拣。

（2）采用编码器控制气缸动作，进行物料分拣控制。

项目四
机器视觉在智能产线上的应用

2021年6月17日15时54分，神舟十二号载人飞船入轨后顺利完成入轨状态设置，采用自主快速交会对接模式成功对接于中国空间站天和核心舱前向端口，与此前已对接的天舟二号货运飞船一起构成三舱（船）组合体，整个交会对接过程历时约6.5 h，创造了我国载人航天历史上最快载人对接纪录。

2022年11月30日5时42分，神舟十五号成功自主对接于中国空间站天和核心舱前向端口，整个对接过程历时约6.5 h。该舱体对接所使用的机器视觉引导技术由我国空间视觉团队历经十余年研创打造而成。此前，该技术已成功应用到2016年"遨龙一号"的空间碎片清除以及2020年"嫦娥五号"的月壤采集中。

中国空间站在一步步"搭积木"的过程中，不断走向世界航天科技的前列。智能机械臂视觉系统引导下的空间快速交会对接是中国航天科技不可或缺的关键技术，无论是设备装配、回收、补给、维修，还是航天员交换及营救，机器视觉引导技术都是实现它们的先决条件。

随着工业自动化、智能化转型的深入以及民用产品对智能化需求的不断提升，机器视觉作为工业自动化、智能化转型的核心技术，广泛应用于工业生产各个领域。机器视觉作为一种现代化检测手段，越来越受到人们的重视。

项目描述

本项目中机器视觉在智能产线上的应用如图4-1所示，机器视觉用来进行物料跟踪、物料分拣和漏检物料剔除等工作。在智能产线上，工件先由分拣系统的推料气缸推出到输送带，经输送带传递进入相机视野范围内，然后相机对工件进行图像采集和分析，识别出工件的颜色、尺寸、缺陷、数量等，最后通过触摸屏显示出具体信息。

图4-1　机器视觉在智能产线上的应用

项目目标

➤ 知识目标

1. 掌握光学元器件的组合设计方法。
2. 掌握相机、光源、镜头的相关知识。
3. 掌握机器视觉的一般算法。
4. 掌握机器视觉的一般设计过程。
5. 掌握海康威视工业视觉软件的组态应用及与西门子PLC的通信。

▷ 能力目标

1. 能制定和调整机器视觉设计方案，选择合适的相机、光源及镜头。

2. 能通过搜索引擎、网络资源和图书馆资料查阅不同品牌机器视觉相关设备的说明书。

3. 能阅读、翻译各类机器视觉的外文资料。

4. 能熟练进行工作沟通，能对相机、光源及镜头的供应商进行询价。

5. 能综合运用专业及基础知识，解决实际工程技术问题。

▷ 素养目标

1. 具有一定的形象思维能力，善于从不同的角度发现问题并积极探索解决问题的方法。

2. 养成独立思考的学习习惯，能对所学内容进行较为全面的分析、比较、总结和概括，学会举一反三，灵活应用，具有综合应用能力。

3. 善于借鉴他人经验，发挥团队协作精神，具有团队意识、组织协调能力、创新思维能力，以及尊重他人、文明礼貌的素质。

4. 具有承受挫折与迎接挑战的能力。

项目分析

本项目中，工件由分拣系统的推料气缸推出到输送带，工件推出后，输送带将工件输送到机器视觉工作范围内。机器视觉采用海康威视的机器视觉系统，在完成机器视觉的搭建后，通过海康威视的机器视觉系统管理软件Vision Master对图像进行处理，再把相应的信息进行输出显示。

任务一
机器视觉硬件设备的搭建

任务描述

随着"工业4.0"的到来，机器视觉及其应用在智能制造领域越来越重要，已经成为工业生产过程中不可或缺的部分。本任务将在图4-2所示的海康威视机器视觉系统的基础上，完成机器视觉硬件部分，如相机、光源、镜头的选型。

图4-2　海康威视机器视觉系统

表 4-1　知识点与技能点

知识点	技能点
机器视觉的基本概念	认识机器视觉
工业相机的参数及分类	根据实际需求选择工业相机
机器视觉光源的参数及分类	根据实际需求选择光源
机器视觉镜头的参数及分类	根据实际需求选择镜头

知识链接

一、机器视觉概述

人类在征服自然、改造自然和推动社会进步的过程中，为了克服自身能力、能量的局限性，发明创造了许多机器来辅助或代替人类完成一些任务。人类感知外部世界主要是通过视觉、触觉、听觉和嗅觉等感觉器官，其中视觉是人类最重要的感觉功能，据统计，人所感知的外界信息有80%以上是由视觉得到的。通过视觉，人类可以感受到物体的位置、亮度以及物体之间的相互关系等。因此，对于智能机器来说，赋予其人类的视觉功能对于它的发展是极其重要的，由此形成了一门新的学科——机器视觉。

机器视觉，就是用机器代替人眼来做测量及判断，对图像进行自动处理并报告"图像中有什么"的过程。机器视觉是通过光学装置和非接触的传感器自动地接收和处理真实物体的图像，以获得所需信息或用于控制机器人运动的装置。

1. 机器视觉系统的组成

典型的机器视觉系统一般包括光源、镜头、工业相机、图像采集卡、图像分析处理软件、通信接口等，如图4-3所示。

拓展阅读
什么是机器视觉

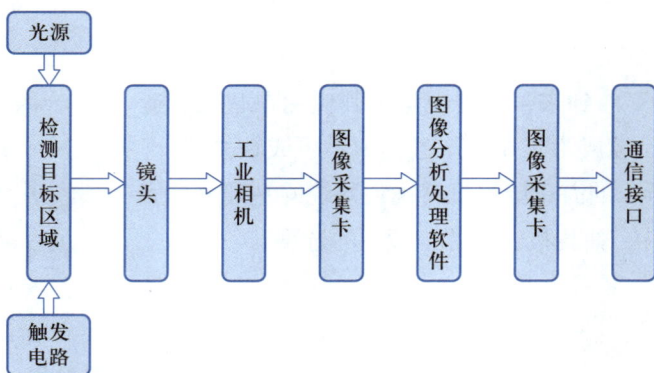

图 4-3　典型机器视觉系统的组成

① 光源：在目前的机器视觉系统中，好的光源与照明方案往往是整个系统成败的关键。光源与照明方案的配合应尽可能地突出物体特征量，在物体需要检测的部分与那些不重要的部分之间应尽可能地产生明显的区别。LED光源凭借其诸多的优点在现代机器视觉系统中得到越来越多的应用。

拓展阅读
AI伴着导弹飞

② 镜头：光学镜头相当于人眼的晶状体，在机器视觉系统中非常重要。图4-4所示为某品牌工业相机几种不同的镜头。镜头的主要性能指标有焦距、光阑系数、倍率和接口等。

③ 工业相机：工业相机是机器视觉系统获取原始信息的最主要部分，目前主要使用CMOS（互补金属氧化物半导体）相机和CCD（电荷耦合器件）相机。其中，CCD相机以其小巧、可靠、清晰度高等优点在商用与工业领域都得到了广泛的使用。

图4-4　镜头

④ 图像采集卡：在基于个人计算机（PC）的机器视觉系统中，图像采集卡是用于控制工业相机拍照，完成图像采集与数字化，协调整个系统的重要设备。

⑤ 图像分析处理软件：图像分析处理软件通过调用各种算法因子，针对目标特征，设置各种参数，解决长度测量、判断有无、颜色识别、缺陷检测、产品计数等问题。

⑥ 通信接口：在机器视觉系统中，当前工业相机的数据接口主要有GigE、USB 3.0、CoaXPress、Camera Link、HS Link、10GigE，其他还有IEEE 1394、USB 2.0、LVDS、RS-422、SDI等。

机器视觉系统集成了以上部件，构成一个智能图像采集与处理单元，内部程序存储器可存储图像处理算法，并能使用PC，利用专用组态软件编制各种算法，下载到机器视觉系统的程序存储器中。机器视觉系统将PC的灵活性、PLC的可靠性、分布式网络技术结合在一起，更容易构成智能检测系统。

2. 机器视觉的应用

机器视觉被称为自动化的眼睛，在国民经济、科学研究及国防建设等领域都有着广泛的应用。机器视觉的最大优点是与被观测的对象无接触，因此对观测者与被观测者都不会产生任何损伤，十分安全可靠。另外，机器视觉方式所能检测的对象十分广泛。理论上，人眼观察不到的范围，机器视觉也可以观察到。例如对于红外线、微波、超声波等，机器视觉可以利用相关敏感器件形成红外线、微波、超声波等图像。另外，人眼无法长时间地观察对象，而机器视觉则不知疲劳，可以始终如一地进行观测，所以机器视觉广泛应用于现代制造业自动化生产中，涉及各种各样的检查、测量和零件识别应用。

拓展阅读
"十四五"高质量发展阶段，机器视觉规模化产业发展空间广阔

机器视觉的特点是自动化、客观、非接触和高精度，与一般意义上的图像处理系统相比，机器视觉强调的是精度和速度，以及工业现场环境下的可靠性。机器视觉极适用于大批量生产过程中的测量、检查和辨识。线阵CCD在在线测量中非常具有优势，如面积测量、位置/角度测量、零件识别、特性/字符识别、连续流动流体测量、在线食用油品油质监测

等，不仅得到的结果准确，而且实时、快捷。

随着图像处理和模式识别理论研究的进展，采用二维图像的机器视觉系统得到了成功应用。如指纹、掌纹、虹膜和人脸等生物特征识别的机器视觉系统，已经在机场及车站安检、办公考勤、门禁认证、海关通关等场合使用。货物运输过程中也在逐步考虑使用更加先进的机器视觉系统，如采用计算机断层扫描技术实现货物安检和成分识别。

在医学诊疗过程中，病症的识别离不开机器视觉系统的使用。如超声波检测仪、CT磁共振设备、基于CCD的内窥镜等装备在大、中型医院已经获得普遍推广。

二、工业相机

工业相机是机器视觉系统中的一个关键组件，如图4-5所示。工业相机通过机器视觉将被摄取目标转换成图像信号，传送给专用的图像处理系统，并根据像素分布和亮度、颜色等信息，将其转变成数字化信号；图像处理系统对这些信号进行各种运算来抽取目标的特征，如面积、数量、位置和长度等，再根据预设的允许度和其他条件输出结果，如角度、合格/不合格、有/无等，进而根据判别的结果来控制现场的设备动作。

图4-5 工业相机

1. 工业相机的主要参数

① 分辨率（resolution）：即相机每次采集图像的像素点数（pixels）。对于数字相机，分辨率一般是直接与光电传感器的像元数对应的；对于模拟相机，分辨率取决于视频制式，PAL制式为 768×576，NTSC制式为 640×480。目前模拟相机已经逐步被数字相机代替，且分辨率已经达到 $6\,576 \times 4\,384$。

② 像素深度（pixel depth）：即每个像素数据的位数。常用的像素深度为 8 bit，对于数字相机一般还有 10 bit、12 bit 和 14 bit 等。

③ 最大帧率（frame rate）/行频（line rate）：即相机采集传输图像的速率。对于面阵相机，一般为每秒采集的帧数；对于线阵相机，一般为每秒采集的行数。

④ 曝光方式（exposure）和快门速度（shutter）：线阵相机均为逐行曝光，可以选择固定行频和外触发同步的采集方式，曝光时间可以与行周期一致，也可以设定一个固定的时间；面阵相机有帧曝光、场曝光和滚动行曝光等常见方式，数字相机一般都提供外触发拍照的功能。快门速度一般可到 10 μs，高速相机的快门速度更快。

⑤ 像元尺寸（pixel size）：像元尺寸和像元数（分辨率）共同决定了相机靶面的大小。数字相机的像元尺寸为 3~10 μm，一般像元尺寸越小，制造难度越大，图像质量也越不容易提高。

⑥ 光谱响应特性（spectral range）：即像元传感器对不同光波的敏感特性，响应范围一般为 350~1 000 nm。有些相机在靶面前加了一个滤镜，用于滤除红外光线，如果系统需要对

红外感光，可去掉该滤镜。

⑦ 接口类型：工业相机的接口类型有Camera Link接口（见图4-6）、以太网接口、IEEE 1394接口、USB接口，CoaXPress接口等。

2. 工业相机的分类

（1）按照图像传感器的类型分

图像传感器是工业相机的核心感光器件。按照图像传感器的类型，工业相机可以分为CCD相机和CMOS相机。

CMOS传感器（见图4-7）是一种典型的固体成像传感器，与CCD传感器的研究起步时间相差不远。CMOS传感器主要由像素单元阵列、行列驱动器、A/D转换模块、数据总线、控制接口等组成。与CCD传感器相比，其具有体积小、功耗低等优点，并且易于集成。

图4-6　Camera Link接口

图4-7　CMOS传感器

（2）按照图像传感器的结构特点分

按照图像传感器的结构特点，工业相机可以分为线阵相机和面阵相机。

线阵相机（见图4-8）是采用线阵图像传感器的相机。线阵图像传感器主要是CCD传感器，也有一些线阵CMOS传感器。线阵图像传感器分为单色和彩色两种，因此线阵相机也分为单色和彩色两种。

图4-8　线阵相机

线阵相机的典型应用领域是检测连续运动的材料，例如金属、塑料、纸和纤维等。被检测的物体通常做匀速运动，利用一台或多台相机对其逐行连续扫描，以达到对其整个表面的均匀检测。与面阵相机相比，线阵相机的优势如下：① 线阵相机具有更高的采集频率；② 线阵相机具有更高的精度；③ 线阵相机的使用使得机械机构更加简单；④ 线阵相机的成本大大低于同等面积、同等分辨率的面阵相机。

面阵相机（见图4-5）是一款成像工具，主要用来进行图像采集，可以一次性地获取图像，更加直观。其主要用于物体形状、尺寸等的测量。

（3）按照扫描方式分

按照扫描方式，工业相机可以分为隔行扫描相机和逐行扫描相机。

隔行扫描相机：从一帧图像的顶部开始，分为两场，相机在第一个半帧时间里读所有的奇数线（1，3，5，…，479）（奇数场），然后在第二个半帧时间里读所有的偶数线（0，2，4，…，478）（偶数场）。隔行扫描用于机器视觉、图像检测分析时可能会产生麻烦，因为相邻的线是在不同时间曝光扫描的，因此移动物体在奇数线和偶数线的位置可能会不同，从而影响成像质量。

逐行扫描相机：从一帧图像的顶部至底部，以自然次序（0，1，2…，479）进行逐行扫描。在机器视觉、图像检测分析等应用中，逐行扫描相机的应用越来越多。一些线性逐行扫描相机具有附加的电路，可把连续采集的数据转换成2∶1的隔行扫描格式的数据。

（4）按照分辨率大小分

按照分辨率大小，工业相机可以分为普通分辨率相机和高分辨率相机。

分辨率是屏幕图像的精密度，指显示器所能显示的像素数量。屏幕上的点、线和面都是由像素组成的，显示器可显示的像素越多，画面就越精细。同样，在工业相机的概念里，分辨率的大小也是由像素数来表示的。在相同的视场下，分辨率越高，就意味着显示的信息越多，能识别的精度越高，也就越能看清图像的细节，所以分辨率是一个非常重要的性能指标。

（5）按照输出方式分

按照输出方式，工业相机可以分为模拟相机和数字相机。

从外观来看，模拟相机和数字相机最大的区别在于接口不同。模拟相机常用的接口有BNC、莲花头、S-Video等，其中最常见的是BNC接口，几种接口之间也可以相互转换。另外还有一些高清的模拟相机会采用VGA、HDMI或其他的接口类型。数字相机最常用的接口一般有USB、IEEE 1394、GigE、Camera Link等。

模拟相机输出模拟信号，可连接监视器或显示器使用。如果需要对图像进行抓取或处理，则必须接图像采集卡，图像采集卡的作用是将模拟信号转化为数字信号，便于PC采集和处理图像。数字相机内部有A/D转换器，数据以数字形式传输，能够直接显示在PC或电视屏幕上，因而可以避免传输过程中的图像衰减或噪声。数字相机图像质量好，分辨率可选择范围大，帧速高，是图像处理和视觉检测应用的优质之选。

另外，工业相机按照输出色彩可以分为单色（黑白）相机和彩色相机，按照输出信号的速度可以分为普通速度相机和高速相机，按照响应频率范围可以分为可见光（普通）相机、红外相机和紫外相机等。

三、机器视觉光源

1. 光源的作用

通过适当的光源设计，使图像中的目标信息与背景信息得到最佳分离，可以大大降低图像处理算法分割、识别的难度，同时提高系统的定位、测量精度，使系统的可靠性和综合性能得到提高。反之，如果光源设计不当，会导致图像处理算法设计和成像系统设计事倍功半。因此，光源及光学系统设计的成败是决定系统成败的首要因素。在机器视觉系统中，光源的作用至少有以下几种：① 照亮目标，提高亮度；② 形成有利于图像处理的效果；③ 克服环境光干扰，保证图像稳定；④ 用作测量的工具或参照物。

2. 光源的分类

光源是指能够产生光辐射的辐射源，一般分为天然光源和人造光源。天然光源是自然界中存在的辐射源，如太阳、天空、恒星等。人造光源是人为将各种形式的能量（热能、电能、化学能）转化成光辐射能的器件，其中利用电能产生光辐射的器件称为电光源。按照发光机理，人造光源的分类如表4-2所示。

表4-2　人造光源的分类

人造光源	热辐射光源	白炽灯、卤钨灯
		黑体辐射器
	气体放电光源	汞灯
		荧光灯
		钠灯
		金属卤化物灯
		氙灯
		空心阴极灯
	固体反光光源	场致发光二极管
		发光二极管
	激光器	气体激光器
		固体激光器
		燃料激光器
		半导体激光器

3. 光源的基本参数

① 辐射效率和发光效率。在给定的波长范围内，某一光源发出的辐射通量与产生这些辐射通量所需的电功率之比，称为该光源在规定光谱范围内的辐射效率。在机器视觉系统设计中，在光源的光谱分布满足要求的前提下，应尽可能选用辐射效率较高的光源。某一光源所发射的光通量与产生这些光通量所需的电功率之比，称为该光源的发光效率。在照明领域或者光度测量系统中，一般应选用发光效率较高的光源。

② 光谱功率分布。自然光源和人造光源大都是由单色光组成的复色光。不同光源在不同光谱上辐射出不同的光谱功率，常用光谱功率分布来描述。若令其最大值为1，将光谱功率分布进行归一化，那么经过归一化后的光谱功率分布称为相对光谱功率分布。

③ 空间光强分布。对于各向异性光源，其发光强度在空间各方向上不同。若在空间某

一截面上，自原点向各径向取矢量，矢量的长度与该方向的发光强度成正比，将各矢量的端点连起来，就得到光源在该截面上的发光强度曲线，即配光曲线。

④ 色温。色温是一种温度衡量方法。色温基于一个虚构的黑色物体，在被加热到不同的温度时会发出不同颜色的光，物体呈现为不同的颜色。就像加热铁块时，铁块先变成红色，然后变成黄色，最后变成白色。对于一般光源，经常用分布温度、色温或相关色温表示。

⑤ 颜色。光源的颜色包含两方面的含义，即色表和显色性。人眼直接观察光源时所看到的颜色称为光源的色表。例如高压钠灯的色表呈黄色，荧光灯的色表呈白色。当用这种光源照射物体时，物体呈现的颜色（也就是物体反射光在人眼内产生的颜色感觉）与该物体在完全辐射体照射下所呈现的颜色的一致性，称为该光源的显色性。

⑥ 寿命。机器视觉系统多用于工业现场，系统与器件的维护是用户关心的重要问题，采用长寿命光源降低后期维护费用是用户的广泛需求。常用的集中可见光源有白炽灯、荧光灯、水银灯和钠光灯，这些光源的一个最大缺点是光不能保持长期稳定，衰减较快。以荧光灯为例，在使用的第一个 100 h 内，光能将下降15%，随着使用时间的增加，光能还将不断下降。因此，如何使光能在一定的程度上保持稳定，是实用化过程中亟待解决的问题。

4.光源对成像的影响

机器视觉的核心是图像采集及处理。所有的信息都来自图像，光源是影响机器视觉图像水平的重要因素，至少直接影响输入图像30%的应用效果。光源对成像的影响如图4-9所示。

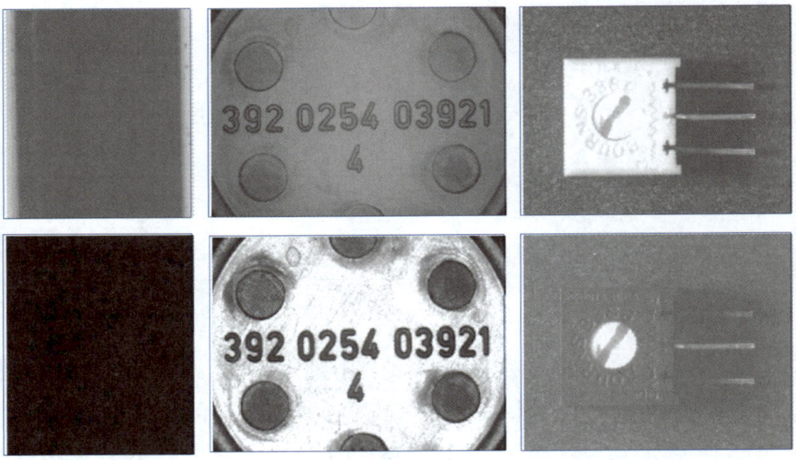

图4-9　光源对成像的影响

（1）明视野与暗视野

如图4-10所示，明视野用直射光来观察被检测物整体，散射光呈黑色，因此背景为白色，而被检测物则呈现较暗的像；暗视野用散射光来观察被检测物整体，直射光呈白色，其特点和明视野不同，不能直接观察到照明的光线，而能观察到被检测物反射或衍射的光线，因此视场成为黑暗的背景，而被检测物则呈现明亮的像。

(a) 明视野   (b) 暗视野

图 4-10   明视野与暗视野

（2）低角度无影光源照明

如图 4-11 所示，低角度无影光源是一种采用独特照射结构的光源，柔性线路板以 90°的角度固定，从 LED 发出的光均匀地扩散照射，经漫反射板折射后以低角度照射在被检测物上，对目标区域进行高效的低角度照明，以强化被检测物的表面特征。

低角度无影光源照明为暗视野照明，被检测物表面大部分反光都不进入镜头，只有高低不平之处的反光进入镜头，比如对于金属表面划痕的检测，背景呈黑色，划痕呈白色。低角度无影光源照明与普通照明的对比如图 4-12 所示，低角度无影光源照明更能凸显物体表面特征。

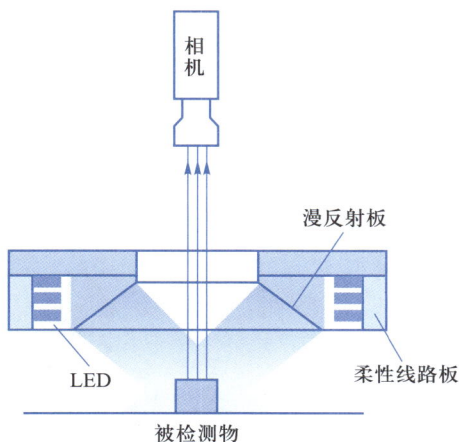

图 4-11   低角度无影光源照明

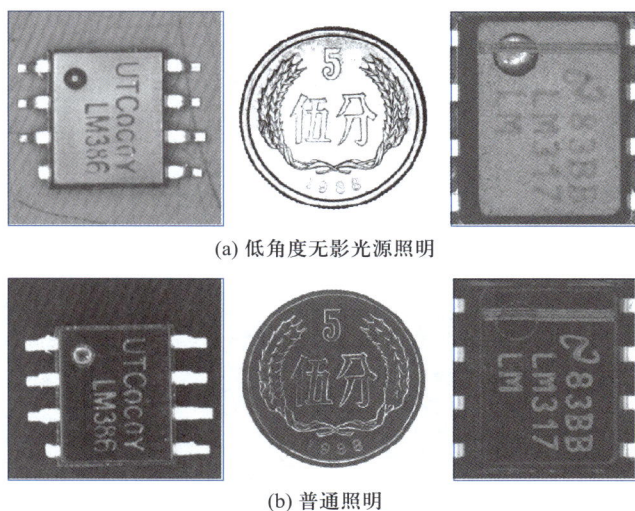

(a) 低角度无影光源照明

(b) 普通照明

图 4-12   低角度无影光源照明与普通照明的对比

（3）前向光直射照明

前向光直射照明如图4-13所示，被检测物表面大部分反光都能进入镜头，故背景呈白色，适用于对物体表面突出特征的检测。

前向光直射照明是尺寸较大的方形结构被检测物的首选光源。其颜色可根据需求搭配，自由组合；照射角度与安装随意可调。这种照明为明视野照明。前向光直射照明所拍摄的效果如图4-14所示。

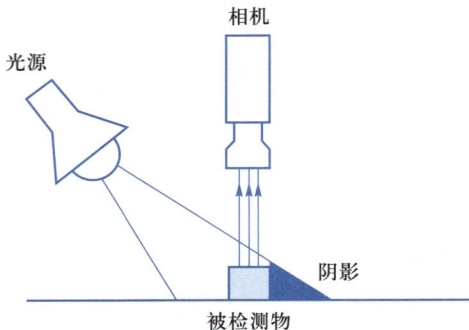

图4-13　前向光直射照明

图4-14　前向光直射照明所拍摄的效果

（4）前向光漫射照明

前向光漫射照明如图4-15所示，其具有如下特点：能提供不同照射角度、不同颜色组合，更能突出物体的三维信息；高密度LED阵列，高亮度；多种紧凑结构设计，节省安装空间；解决对角照射阴影问题；可选配漫射板导光，光线均匀扩散。

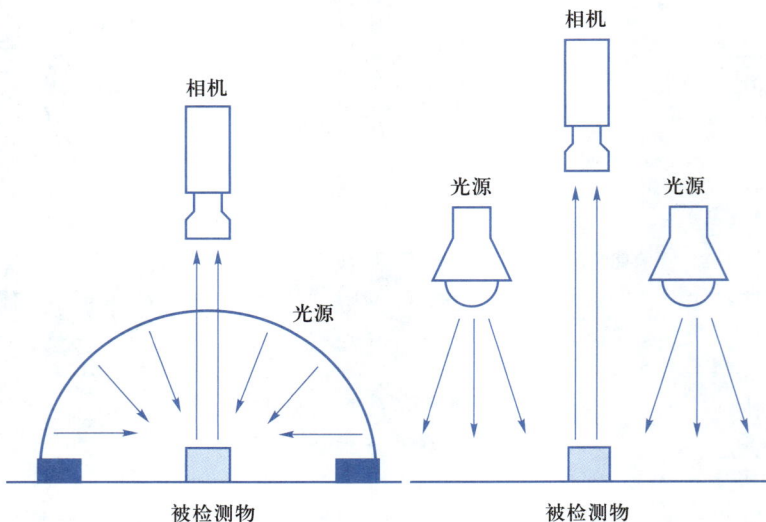

图4-15　前向光漫射照明

前向光漫射照明为明视野照明。图4-16所示为前向光漫射照明与普通照明的对比。

（5）背光照明

背光照明如图4-17所示，其用高密度LED阵列面提供高强度背光照明，能突出物体的外形轮廓特征，尤其适合作为显微镜的载物台。通过使用红白两用背光源或红蓝多用背光源，能调配出不同颜色，满足不同被检测物的要求。

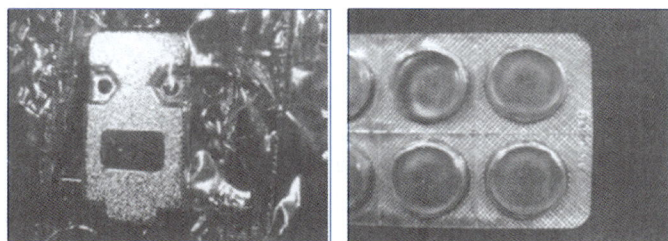

(a) 前向光漫射照明

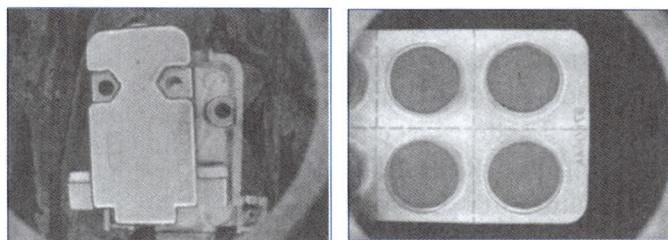

(b) 普通照明

图4-16　前向光漫射照明与普通照明的对比

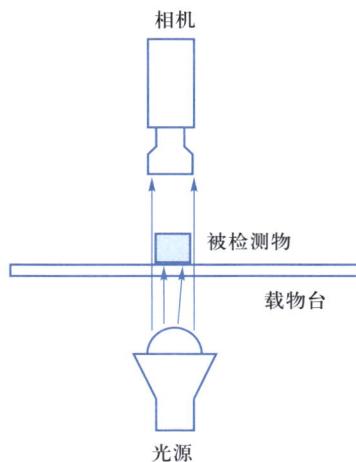

图4-17　背光照明

背光照明与环形光照明的对比如图4-18所示。

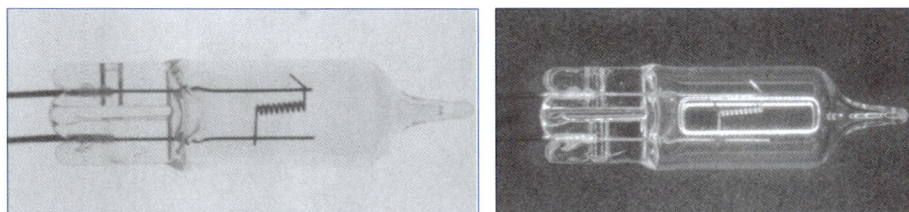

(a) 背光照明

(b) 环形光照明

图4-18　背光照明与环形光照明的对比

（6）颜色与补色

假如两种色光（单色光或复色光）以适当的比例混合能产生白色光，则称这两种颜色互为补色，如图4-19所示。补色相减（如配色时，将两种补色颜料涂在白纸的同一点上）时，就成为黑色。补色并列时，会引起强烈对比的色觉，会使人看到红色更红、绿色更绿，如将补色的饱和度减弱，即能趋向调和。

巧妙地选择照明色并运用补色的手法，可使对拍摄要求高的缺陷一次检出，或能获得更优质的图像。使用不同色光照射获得的不同效果如图4-20所示。

（7）偏光技术应用

偏光技术如图4-21所示，偏光（polarized light）又称为偏振光。可见光是横波，其振动方向垂直于传播方向。对于自然光，其振动方向在垂直于传播方向的平面内是任意的；对于偏光，其振动方向在某一瞬间被限定在特定方向上。

图4-19　颜色与互补

红色和绿色互为补色

黄色和紫色互为补色

蓝色和橙色互为补色

图片
颜色与互补

白光　　　　　红光

蓝光　　　　　绿光

图4-20　使用不同色光照射获得的不同效果

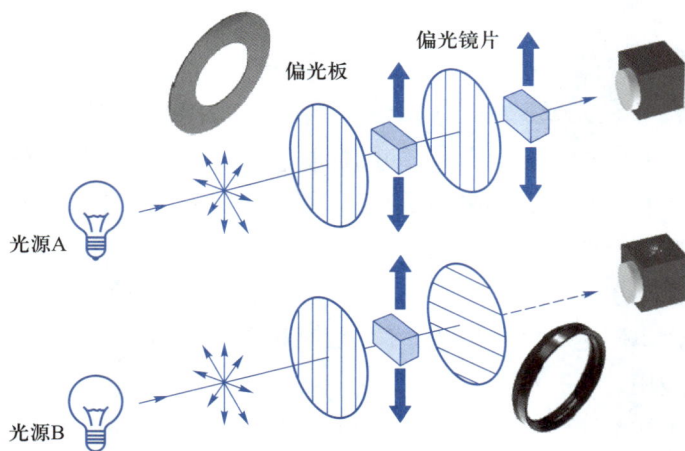

图片
使用不同色光
照射获得的不
同效果

偏光镜片

偏光板

光源A

光源B

图4-21　偏光技术

偏光可分为直线偏光、椭圆偏光和圆偏光三种。一般所谓偏光指直线偏光，又称为平面偏光。这种光波的振动沿一个特定方向固定不变，在空间的传播路线为正弦曲线，在垂直于传播方向的平面上的投影为一条直线。直线偏光的振动方向与传播方向组成的平面称为振动面，与振动方向垂直并包含传播方向的面称为偏振面。使自然光通过偏光镜片，便可以获得直线偏光，在晶体光学研究中经常使用。图4-22所示为偏光技术的应用。

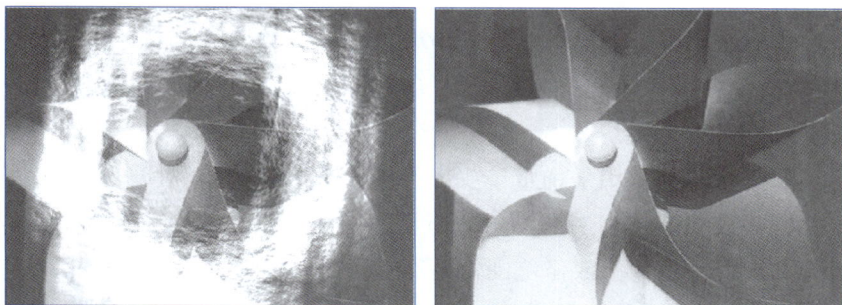

图4-22　偏光技术的应用

偏光技术的应用

四、机器视觉镜头

镜头相当于人眼的晶状体，在机器视觉系统中非常重要。一个镜头成像质量的优劣，即其对像差校正的优良与否，可通过像差大小来衡量。常见的像差有球差、彗差、像散、场曲、畸变、色差六种。对定焦镜头和变焦镜头来说，同一档次定焦镜头的像差肯定比变焦镜头的小，因为变焦镜头必须折中考虑，使各种不同焦距下的成像质量都相对较好，不允许出现某个焦距（在变焦范围内）下成像很差的情况。所以在机器视觉系统中，根据被测目标的状态应优先选用定焦镜头，此外再综合考虑图像的放大倍率、视场大小、光圈大小、焦距、视角大小等因素进行具体选择。

1. 镜头的基本构成

常见的以成像为目的的镜头，通常由透镜和光阑两部分组成。

（1）透镜

单个透镜是进行光束变换的基本单元。常见的透镜有凸透镜和凹透镜两种，凸透镜对光线具有会聚作用，也称为会聚透镜或正透镜；凹透镜对光线具有发散作用，也称为发散透镜或负透镜。镜头设计中常常将这两类镜头结合使用，校正各种像差和失真，以获得满意的成像效果。

（2）光阑

光阑的作用是约束进入镜头的光束部分，使有益的光束进入镜头成像，阻止有害的光束进入镜头。

透镜和光阑都是镜头的重要光学功能单元，透镜侧重于光束的变换（如实现一定的组合焦距、减少像差等），光阑侧重于光束的取舍约束。

2. 镜头的主要参数

（1）焦距

从概念上讲，无限远目标的轴上共轭点是镜头的（像方）焦点，而此焦点到（像方）主面的距离称为焦距（f）。焦距描述了镜头的基本成像规律：在不同物距上，目标的成像位置和成像大小由焦距决定。

（2）光圈及相对孔径

光圈及相对孔径是两个相关概念，相对孔径（D/f）是镜头入瞳直径与焦距的比值，而光圈（F）是相对孔径的倒数。

（3）视场及视场角

视场及视场角是相似概念，都是用来衡量镜头成像范围的。在远距离成像中，如望远镜、航拍镜头等场合，镜头成像范围常用视场角来衡量。视场角用成像最大范围构成的张角（2ω）表示。在近距离成像中，镜头成像范围常用实际物面的幅面表示（$V+H$），也称为镜头的视场。这两个概念的使用没有绝对的界限，都可以使用。

（4）工作距离

镜头与目标之间的距离称为镜头的工作距离。需要注意的是，一个实际镜头并不是对任何物距下的目标都能做到清晰成像（即使调焦也做不到），所以它允许的工作距离是一个有限范围。

（5）像面尺寸

一个镜头能清晰成像的范围是有限的，像面尺寸指它能支持的最大清晰成像范围（通常用其直径表示），超过这个范围，成像模糊，对比度降低。所以在给镜头选配CCD相机时，可以遵循"大的兼容小的"原则进行，即镜头的像面尺寸大于（或等于）CCD相机的尺寸。

（6）像质（MTF、畸变）

像质是指镜头的成像质量，用于评价一个镜头的成像优劣。传函（调制传递函数的简称，用MTF表示）和畸变是用于评价像质的两个重要参数。

MTF：成像过程中的对比度衰减因子。实际镜头成像时，得到的像与实物相比，成像出现"模糊化"，对比度下降，通常用MTF来衡量成像优劣。

畸变：在理想成像中，物与像应该是完全相似的，即成像没有带来局部变形。但是在实际成像中，往往有所变形。畸变的产生源于镜头的光学结构和成像特性。畸变可以看成是由像面上不同局部的放大率不一致引起的，是一种放大率像差。

（7）工作波长与透过率

镜头是成像的器件，它的工作对象是电磁波。一个实际的镜头在设计制造出来以后，只能对一定波长范围内的电磁波进行成像工作，这个波长范围通常称为工作波长。例如，常见镜头工作在可见光波段（360~780 nm），除此之外还有紫外或红外镜头等。

镜头的透过率是与工作波长相关的一项指标，用于衡量镜头对光线的透过能力。为了使更多光线到达像面，镜头中使用的透镜一般都是镀膜的，镀膜工艺、材料总的厚度和材料对光的吸收特性共同决定镜头的透过率。

（8）景深

景深是指在不做任何调节的情况下，可接受的能清晰成像的空间范围。超出景深范围的目标，成像模糊，已不能接受。

（9）接口

镜头需要与相机配合才能使用，两者之间的连接方式通常称为接口。为提高各生产厂家镜头之间的通用性和规范性，业内形成了数种常用的固定接口，如C接口、CS接口、F接口等。

3. 镜头的分类

镜头的种类繁多，已经发展成了一个庞大的体系，以适应各种场合条件下的应用。对镜头的划分也可以从不同的角度来进行。如镜头按照工作波长可分为X-Ray、紫外、可见光、近红外、红外镜头，按照变焦与否可分为定焦镜头、变焦镜头，按照工作距离可分为望远物镜（物距很大）、普通摄影镜头（物距适中）、显微镜头（物距很小）。

下面介绍线阵镜头和显微镜头。线阵镜头是配合线阵相机使用的镜头，采用扫描的工作方式，需要镜头与目标相对运动，每次曝光成像一条线，多次曝光组成一幅图像。线阵扫描成像时，CCD线阵方向的图像分辨率固定，而在目标的运动方向上，空间采样频率与运动的相对速度有关。从成像的角度来看，线阵镜头和其他类型的镜头并没有本质差异，只是对镜头的使用方式不同而已。显微镜头一般用于高分辨率的场合，用于看清目标的细节特征。显微镜头具有工作距离短、放大倍率高、视场小的特点。

📺 任务实施

一、工业相机的选用

1. 相机选型的主要考虑因素

① 精度要求。

② 色彩要求。

③ 曝光时间，如何拍摄运动的物体。

④ 帧率/数据接口。

⑤ 芯片尺寸。

⑥ 镜头接口。

⑦ 其他相关因素。

2. 相机选型举例

某智能产线上有大小为115 mm × 85 mm的被检测对象，检测速度为120个/min，要求检测精度为0.1 mm/像素，没有颜色检测要求，通信距离为12 m，现要求选择合适参数的工业相机。

选型步骤如下：

① 确定视野大小，要比检测对象略大一些，这里选择120 mm × 90 mm。

② 根据检测精度选择对应的分辨率：1 280 × 1 024的分辨率可以提供0.09 mm/像素的精度。

③ 运动中检测，需要选用全局曝光的相机。

④ 检测速度为120个/min，至少2 f/s以上的帧率才能满足要求。

⑤ 没有颜色检测要求，可选用黑白相机。

⑥ 通信距离为12 m，需要选用千兆网相机才能实现该通信距离。

根据以上说明，最终选择130万像素，分辨率为1 280×1 024，全局曝光的千兆网黑白相机，帧率大于2 f/s。查询相机厂家的样本，按照上述技术指标选择合适的相机即可。

3. 相机选型的其他影响因素

① 焦距大小的影响情况：焦距越小，景深越大；焦距越小，畸变越大；焦距越小，渐晕现象越严重，图像边缘亮度低于中心。

② 光圈大小的影响情况：光圈越大，图像亮度越高；光圈越大，景深越小；光圈越大，分辨率越高。

③ 图像中心与边缘（像高）：一般情况下图像中心比边缘分辨率高，图像中心比边缘光场照度高。

二、机器视觉光源的选用

由于没有通用的机器视觉照明设备，所以针对每个特定的应用实例，要设计相应的照明装置，以达到最佳效果，机器视觉系统光源的价值也正在于此。照明系统是机器视觉系统最为关键的部分之一，直接关系到系统的成败，其重要性无论怎样强调都不过分。好的照明设计能够使图像中的目标信息与背景信息得到最佳分离，大大降低图像处理的算法难度，同时提高系统的精度和可靠性，而不合适的照明则会引起很多问题。

1. 好图像的条件

① 对比度明显，目标与背景的边界清晰。

② 整体亮度均匀。

③ 背景尽量淡化且均匀，不干扰图像处理。

④ 与颜色有关的还需要颜色真实，亮度适中，不过度曝光。

2. 光源选型的思路

① 了解项目需求，明确要检测或者测量的目标。

② 分析目标与背景的区别，找出两者之间最可能有较大差异的光学现象。

③ 根据光源与目标之间的配合关系，初步确定光源的发光类型。

④ 使用实际光源测试，以确定满足要求的打光方式。

⑤ 根据具体情况，确定适用于机器视觉系统的光源类型。

三、机器视觉镜头的选用

1. 镜头选型思路

镜头是工业视觉系统的一个重要组成部分，正确地选择镜头是工业视觉系统设计很重要的一环。镜头选型的基本思路如下：

（1）工作波长、变焦与定焦

工业视觉系统通常的使用环境是在可见光范围内，相应的镜头是最常用的。也有一些工业视觉系统比较特殊，使用环境是在紫外或者红外波段，这时就需要选用专门的紫外或者红外镜头。

大多数工业视觉系统的工作距离和放大倍数是不变的，因此镜头焦距也是固定的，但部分系统需要在工作距离变化后保持放大倍数稳定，或者在工作距离不变的情况下获得不同的放大倍数，这时就需要选用变焦镜头。

（2）远心镜头与标准镜头

对于精密测量的系统，需要选用远心镜头，它的特点是物体在景深范围内移动，光学放大倍数不变，这就避免了测试过程中工作距离的轻微变化导致系统放大倍数的变化，保证了测量精度。对于一般的工业测量、缺陷检测或者定位等应用，由于对物体成像的放大倍率没有严格要求，因此只要选用畸变小的标准镜头就可以满足要求。

（3）靶面大小与分辨率

镜头成像面大小必须大于与之配套的CCD相机的靶面，这样CCD相机的芯片才能得到充分的利用。此外，镜头的分辨率要与相机的像元大小等匹配，这样设计的系统能充分利用CCD相机的分辨精度，还能使系统的经济性达到最佳。

（4）视场角与焦距

通过系统要求的视场角可以找到对应焦距的镜头，而通过系统提供的分辨率和相机的像元等参数，可以利用基本的几何光学原理计算出合适的系统焦距。

2. 镜头选型步骤

① 根据相机芯片大小和工作空间限制确定镜头的焦距或者放大倍数。

② 考虑是否需要选用远心镜头。

③ 确定镜头分辨率。

④ 确定畸变率能否满足要求。

⑤ 确定景深是否满足要求。

⑥ 确定镜头是否兼容相机芯片尺寸。

⑦ 确定视野是超大视野还是超小视野。

⑧ 确定是否需要考虑透过光谱。

⑨ 确定镜头是否要配合其他配件。

⑩ 确定价格是否合理等其他问题。

3. 镜头选型举例

为视觉检测系统选择镜头，已知条件是：相机靶面为2/3 in（宽×高为8.8 mm×6.6 mm，对角线长度为11 mm），像元尺寸为6.45 μm×6.45 μm，C接口（C-mount），工作距离大于200 mm，系统分辨率为0.05 mm，光源采用白色LED。

选型步骤如下：

① 因为采用白色光源，所以选用普通的可见光镜头。

② 工作距离不变，分辨率固定，所以选用定焦镜头。

③ 相机的奈奎斯特频率为 1 000/（2×6.45）Hz ≈ 77.5 Hz，所选用的镜头分辨率应该不小于77.5 lp/mm，这样才能保证系统分辨率最佳。

④ 镜头放大倍数为 M=6.45/（0.05×1 000）≈ 0.13，焦距＝工作距离 × 放大倍数 /（放大倍数+1）≈ 23mm，所以选用25 mm 焦距的镜头。

根据以上说明，最终选择2/3"，C接口（C-mount），焦距为25 mm，分辨率为80~100 lp/mm 的工业镜头。

四、任务检查与总结（表4-3）

表4-3　任务检查与总结

序号	电源、通信线路检查	相机选型与安装	光源选型与安装	镜头选型与安装
1				
2				
3				
4				
5				
6				
7				
8				
9				
10				
任务总结（复述工作过程及注意事项）：				

✎ 任务评价（表4-4）

表4-4　任务评价表

任务	训练内容与分值	训练要求	学生自评	教师评分
机器视觉硬件设备的搭建	相机选型，30分	1. 正确选择相机； 2. 正确安装相机； 3. 正确完成相机与设备的连接		

任务	训练内容与分值	训练要求	学生自评	教师评分
机器视觉硬件设备的搭建	光源选型，30分	1. 正确选择光源； 2. 正确安装光源； 3. 正确完成光源与设备的连接		
	镜头选型，30分	1. 正确选择镜头； 2. 正确安装镜头； 3. 正确完成镜头与设备的连接		
	职业素养与创新思维，10分	1. 积极思考，举一反三； 2. 分组讨论，独立操作； 3. 遵守纪律，遵守实训室管理制度		
		学生：　　　　　　教师：　　　　　　日期：		

任务二

物 料 识 别

📖 任务描述

物料识别在智能产线生产过程中起着很重要的作用，主要分为物料属性的直接识别和针对物料运载装置如托盘等上面的标志进行的间接识别两种。本任务要求通过海康威视的工业视觉软件Vision Master完成物料的直接识别，以及相机与PLC的通信。

📋 任务分析（表4-5）

表4-5　知识点与技能点

知识点	技能点
Vision Master软件的使用	为物料拍照，识别物料
相机与PLC的通信	PLC通信设置及PLC程序设计

🔗 知识链接

工业视觉软件Vision Master概述

Vision Master是海康威视推出的一款工业视觉软件，其中封装了千余种自主开发的图像处理算子，形成强大的视觉分析工具库，无须编程，通过简单灵活的配置便可快速构建机器视觉应用系统。该软件平台功能丰富，性能稳定可靠，用户操作界面友好，能够满足视觉定位、测量、检测和识别等视觉应用需求。Vision Master软件界面如图4-23所示。

图4-23　Vision Master软件界面

Vision Master流程搭建如图4-24所示。

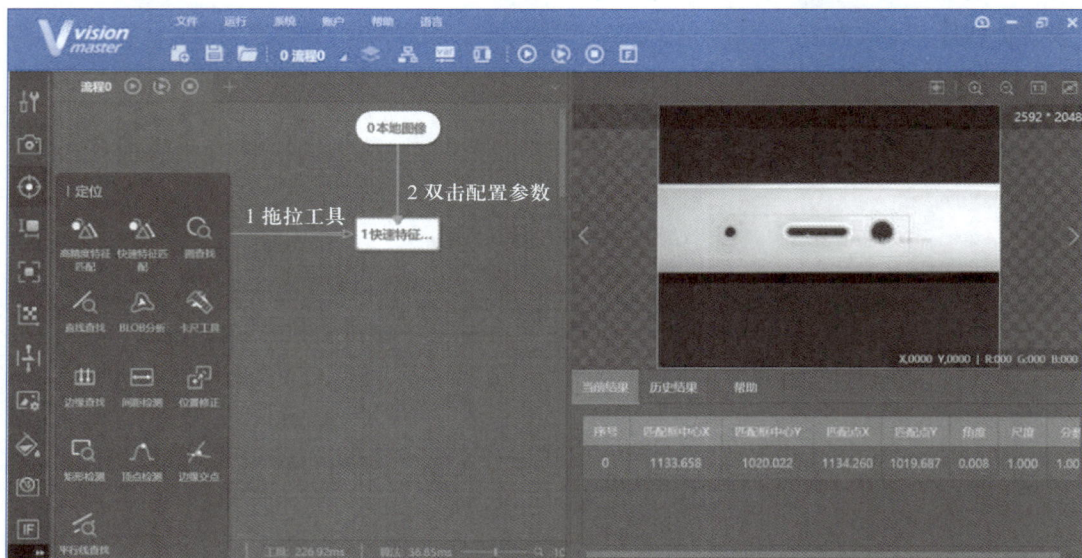

图4-24　Vision Master流程搭建

Vision Master工具配置如图4-25所示。

图 4-25　Vision Master 工具配置

Vision Master 显示配置如图 4-26 所示。

Vision Master 运行界面设计如图 4-27 所示。

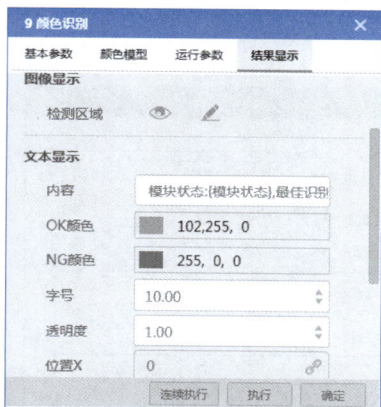

图 4-26　Vision Master 显示配置

图 4-27　Vision Master 运行界面设计

任务实施

一、机器视觉物料识别

1. 工业视觉软件设置

① 单击通信管理按钮 ▣，如图 4-28 所示。

② 系统弹出 "通信管理" 对话框，单击 ⊞ 按钮，新建客户端，如图 4-29 所示。

③ 在弹出的对话框中，设置 "目标端口" 和 "目标 IP"，与 PLC 的端口号和 IP 地址一致，单击 "创建" 按钮，如图 4-30 所示。

演示视频
建立 TCP 通信

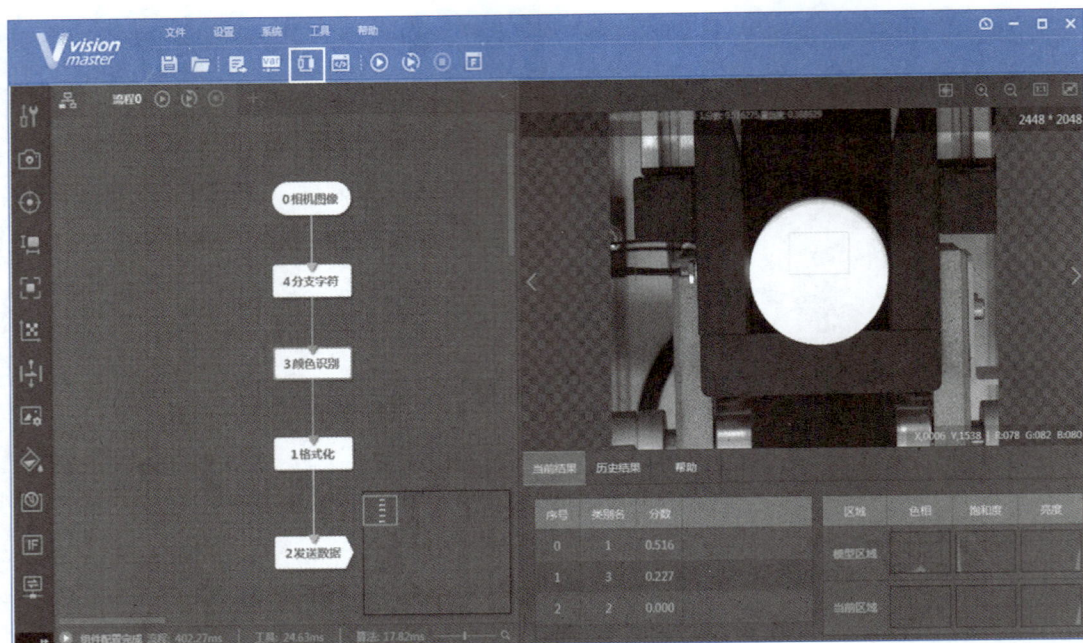

图4-28　单击通信管理按钮

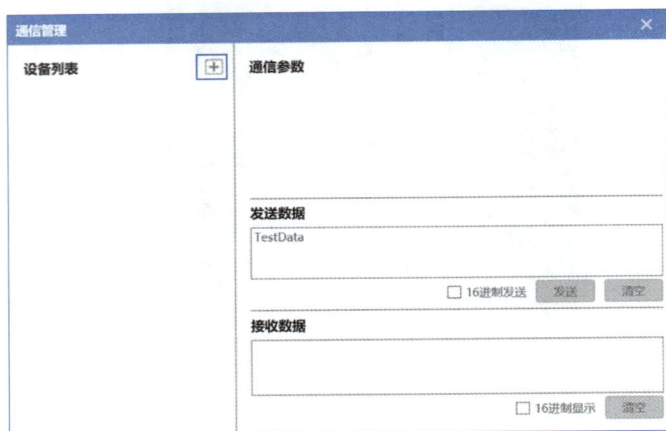

图4-29　新建客户端

图4-30　设置"目标端口"和"目标IP"

④ 在"通信管理"对话框中，打开"触发方案"（注意：使用软触发，必须打开），打开"TCP客户端2"（注意：只有打开此端口，才能和PLC进行数据通信），建立与PLC的TCP通信，如图4-31所示。

⑤ 双击程序中的相机图像，系统弹出"0 相机图像"对话框。打开"常用参数"选项卡，在"选择相机"选项中选择相机镜头，否则不能采集图像；设置"像素格式"，要区分颜色，此处必须设为彩色模式（RGB24），黑白模式（MONO8）常在定位抓取时使用，如图4-32所示。

图4-31 打开"触发方案"和"TCP客户端2"

设置"曝光时间",如图4-33所示。此参数非常重要,若设置得过大,如超过80 000 μs,则物体过亮容易产生反光;若设置得过小,则物体过暗;一般设定为50 000 μs左右,比较合适。

图4-32 设置"选择相机"和"像素格式"

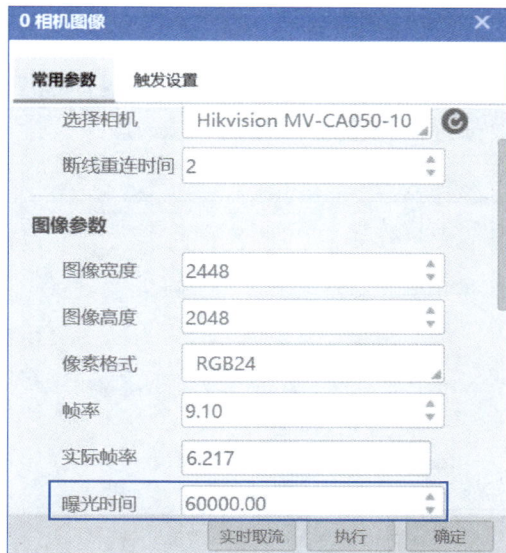

图4-33 设置"曝光时间"

⑥ 切换到"触发设置"选项卡,设置"触发源",采用SOFTWARE(软件)触发方式,如图4-34所示。

⑦ 分支字符设置(软触发用)如图4-35所示。在"输入文本"选项中选择"外部通信"下的TRIGGER_STRING(触发字符串)选项,在"条件输入值"中设置触发字符串,

如设为"123"。

图4-34 设置"触发源"

图4-35 分支字符设置

⑧ 颜色识别设置如图4-36所示。在"基本参数"选项卡中，将"输入源"设置为"0相机图像.图像数据"。

在"颜色模型"选项卡中，单击➕按钮，如图4-37所示。

图4-36 颜色识别设置

图4-37 颜色模型设置

系统弹出"模板配置"对话框，单击➕按钮，添加图像模板，如图4-38所示。

图4-38　添加图像模板

单击"标签类列表"右侧的 ⊞ 按钮，添加标签1，如图4-39所示。

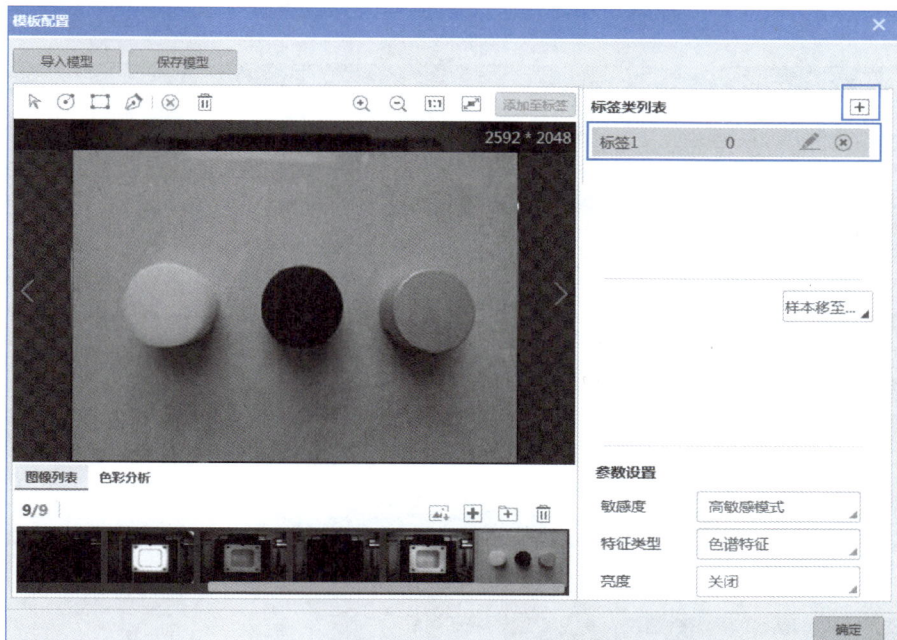

图4-39　添加标签1

单击 ▢ 按钮，截取物体图像，将当前颜色添加至标签1，如图4-40所示。

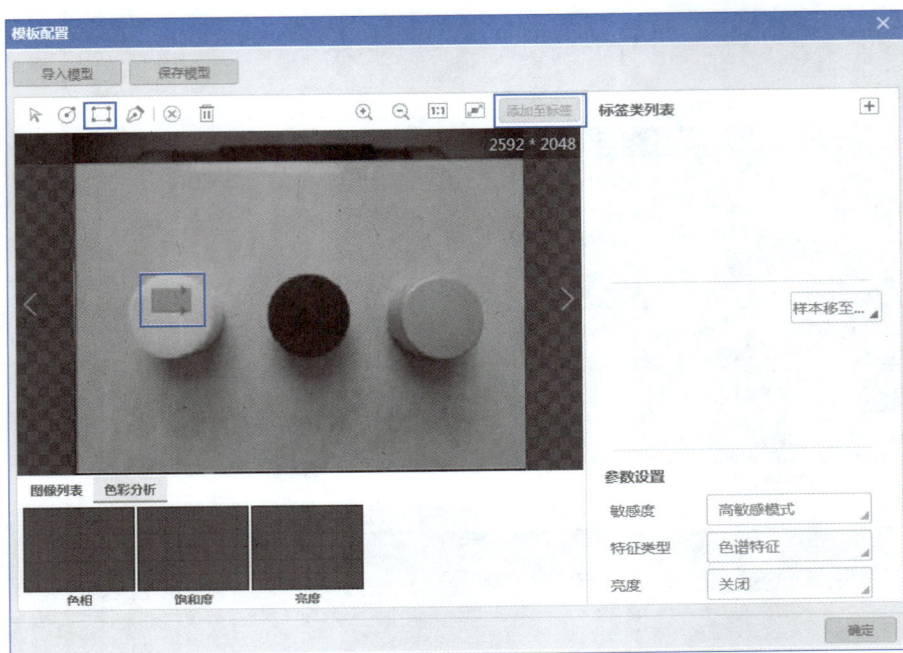

图4-40 添加当前颜色至标签1

重复上述步骤，依次添加标签 2 和标签 3，如图4-41所示，颜色模型设置结果如图4-42所示。

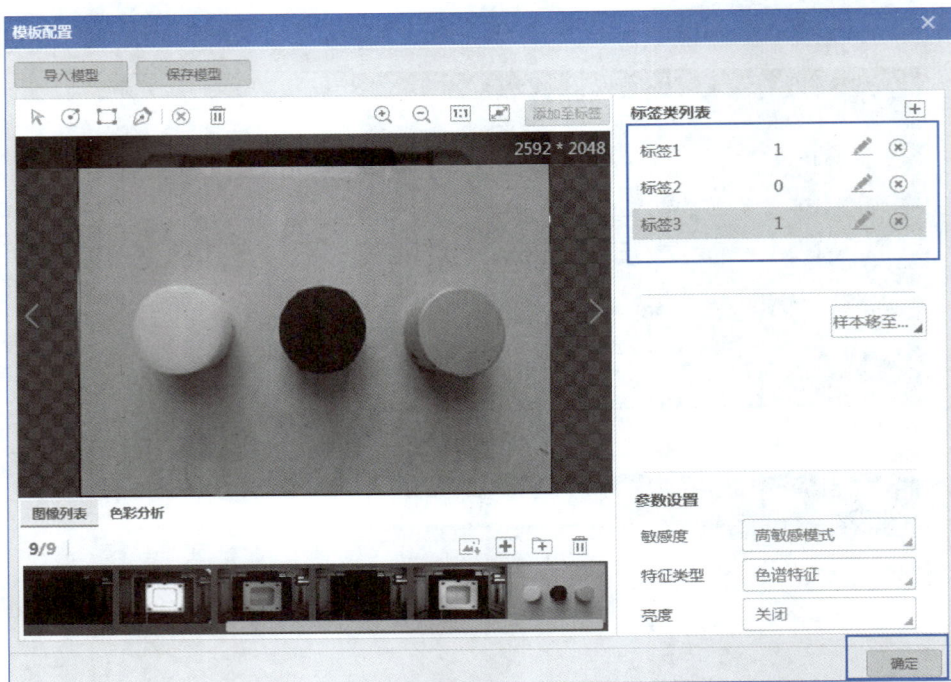

图4-41 添加标签2和标签3

⑨ 格式化参数设置如图4-43所示。在"基本参数"选项卡中，选择"颜色识别"下的"类别名"，结果如图4-44所示。

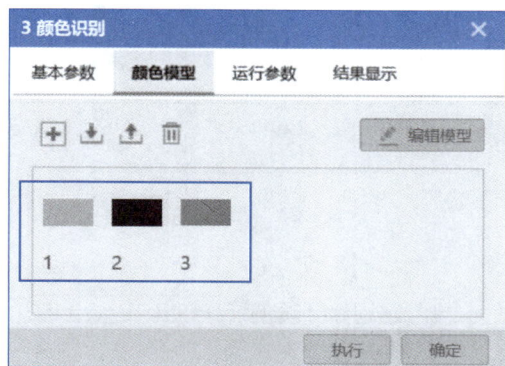

图4-42　颜色模型设置结果

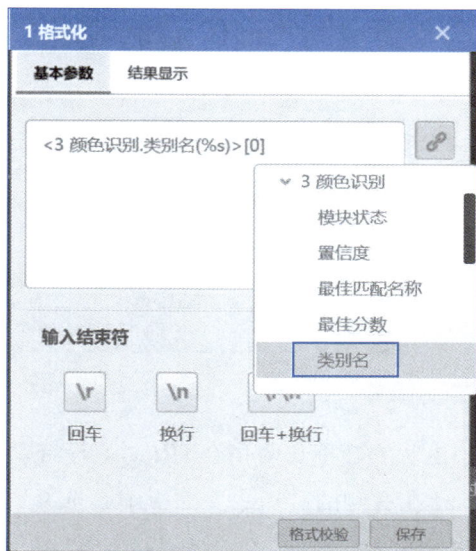

图4-43　格式化参数设置

⑩ 发送数据设置如图4-45所示。将"通信设备"设置为"TCP客户端2"，将"发送数据"设置为"1格式化.格式化结果[]"。

图4-44　格式化参数设置结果

图4-45　发送数据设置

至此，工业视觉软件设置完毕。

2. PLC 程序设计

① 建立数据存储数据块（需注意数据类型），如图4-46所示。其中，"数据接收寄存"用于接收视觉系统发送的字符串数据，一个字符占用一个字节（Byte）；"触发数组"用于给

视觉系统发送软触发信号（"拍照信号123"），Char表示字符型数据，要加单引号（''）。

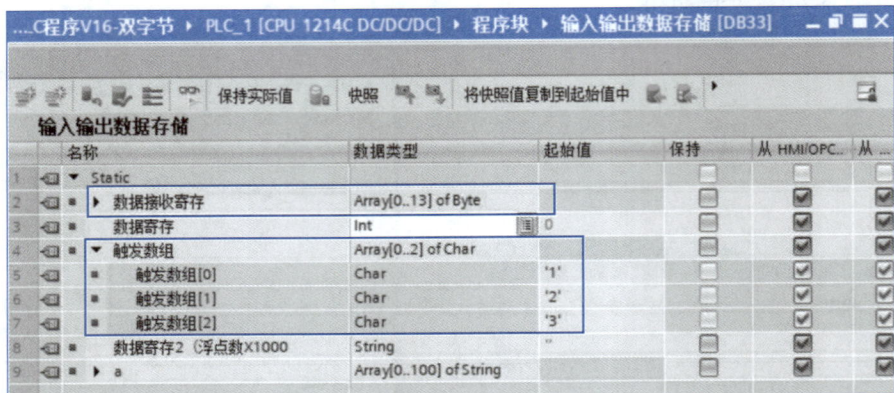

图4-46　建立数据存储数据块

② TCP数据接收指令TRCV_C设置：

a. 在右侧的"指令"面板中，选择"通信"→"开放式用户通信"→TRCV_C（TCP数据接收指令）选项，如图4-47所示。

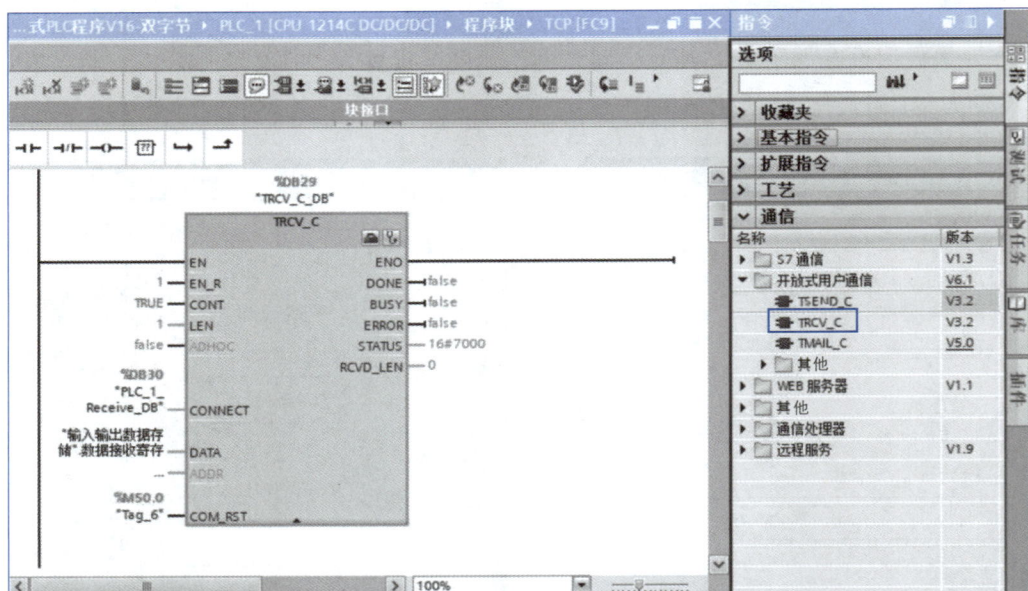

图4-47　选择TCP数据接收指令

b. TCP通信设置。

单击组态图标，下方弹出"组态"面板，如图4-48所示，在该面板中可以进行TCP通信设置。

c. 单击"伙伴"下拉列表框，选择"未指定"，如图4-49所示。

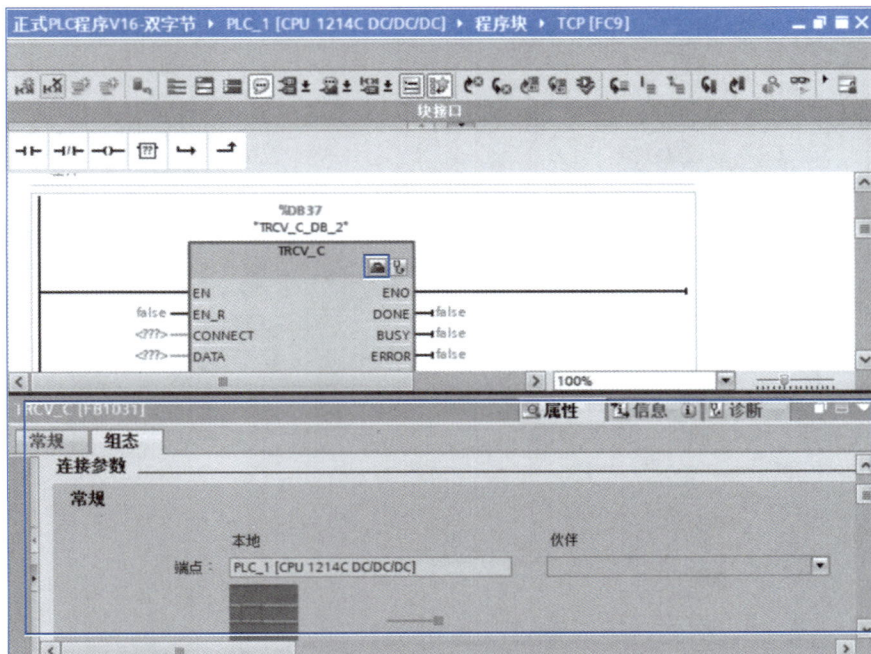

图4-48 "组态"面板

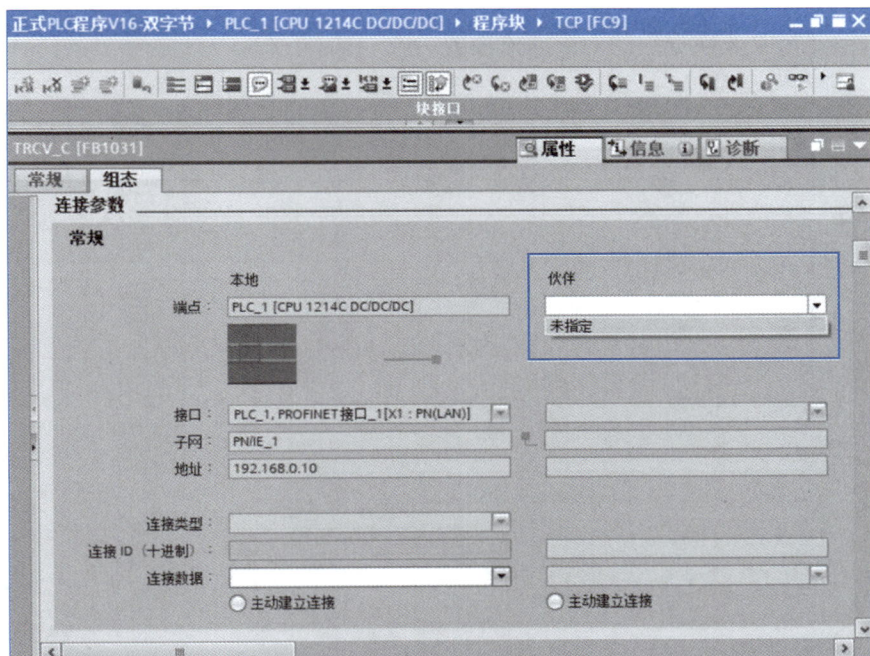

图4-49 设置"伙伴"

d. 单击"连接数据"下拉列表框，选择PLC_1_Receive_DB，如图4-50所示。

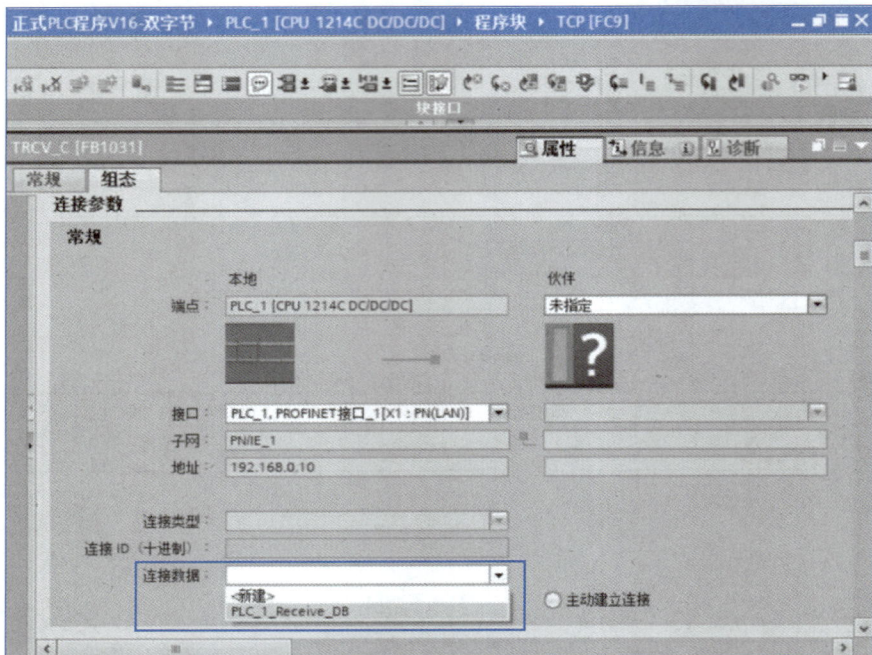

图 4-50　设置"连接数据"

e. 将"本地端口"设置为 2 000；建立起 TCP 通信，如图 4-51 所示。注意：PLC 端的 IP 地址和端口号要与工业视觉端的 TCP 通信设置一致。

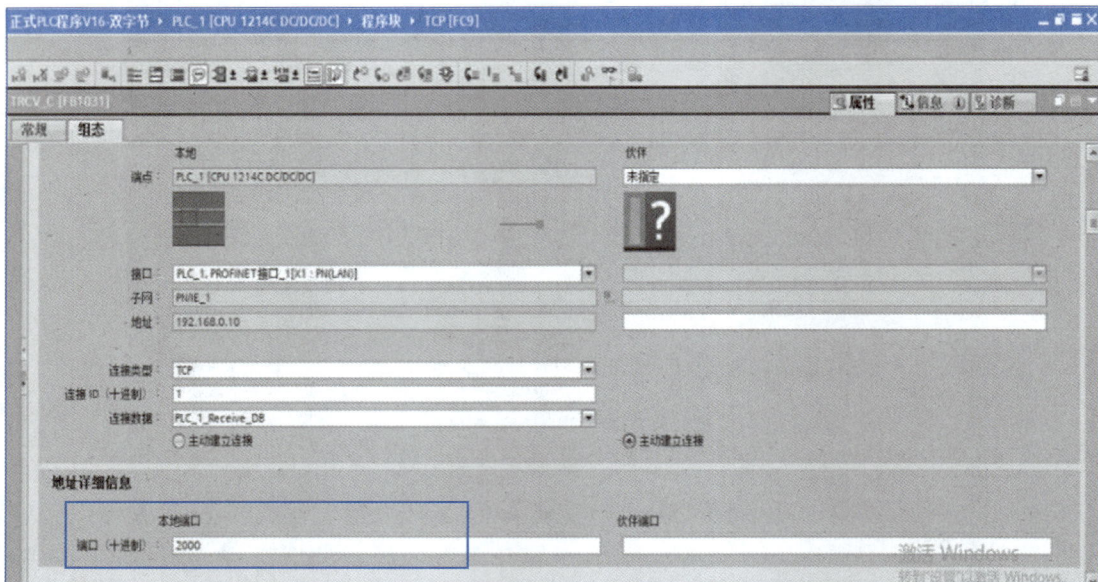

图 4-51　设置"本地端口"

f. TCP 数据接收指令 TRCV_C 设置，如图 4-52 所示。其中，LEN 代表接收数据的字符数，如设置为 1，则接收 1 个字符（1 个字符占用 1 个字节）；CONNECT 代表 TCP 通信时自动生成的DATA数据所存储的位置，TCP通信只能传送字符串数据；其他引脚可不设。

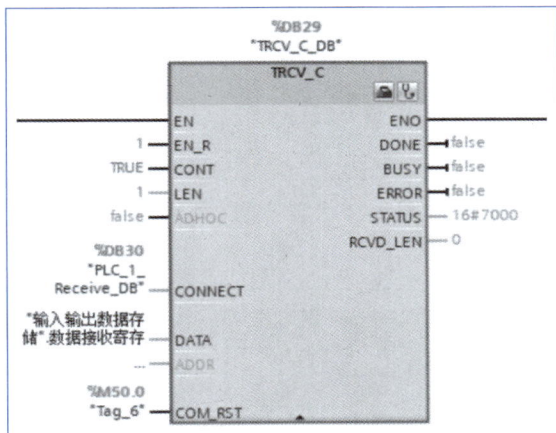

图4-52 TCP数据接收指令TRCV_C设置

③ TCP数据发送指令TSEND_C设置：详细步骤可参考TCP数据接收指令TRCV_C的设置。注意：如果在DATA参数中使用具有优化访问权限的发送区，则EN必须设置为0；DATA设置为软触发信号数据存储区，如图4-53所示。

图4-53 TCP数据发送指令TSEND_C设置

④ 将一组字符转换为字符串。通过Chars_TO_Strg指令可以把一组单一的字符转换为字符串，如图4-54所示。

⑤ 将字符串型数据转换为整数型数据传递给机器人。通过S_CONV指令可以把一组字符串型数据转换为整数型数据，如图4-55所示。

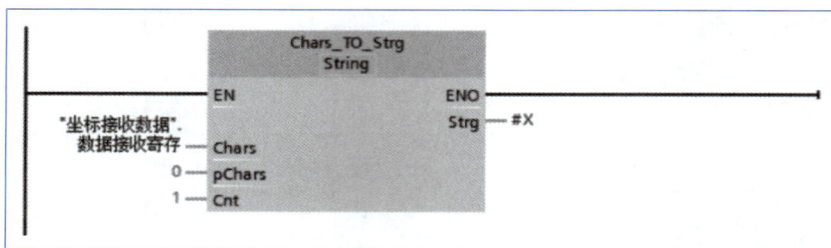

图4-54　将字符转换为字符串

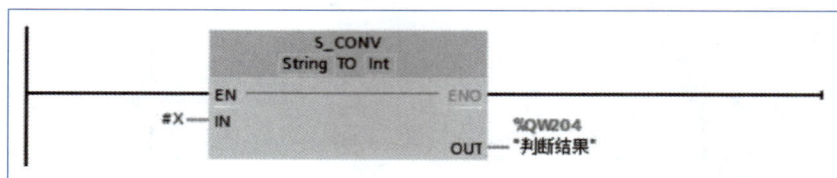

图4-55　将字符串型数据转换为整数型数据

⑥ PLC和机器人通信信号（PLC判断结果信号）设置。建立起PLC和机器人的通信后，建立"机器人交互"通信变量表，在变量表中建立"判断结果"信号变量QW204（数据类型为int，占两个字节），如图4-56所示。

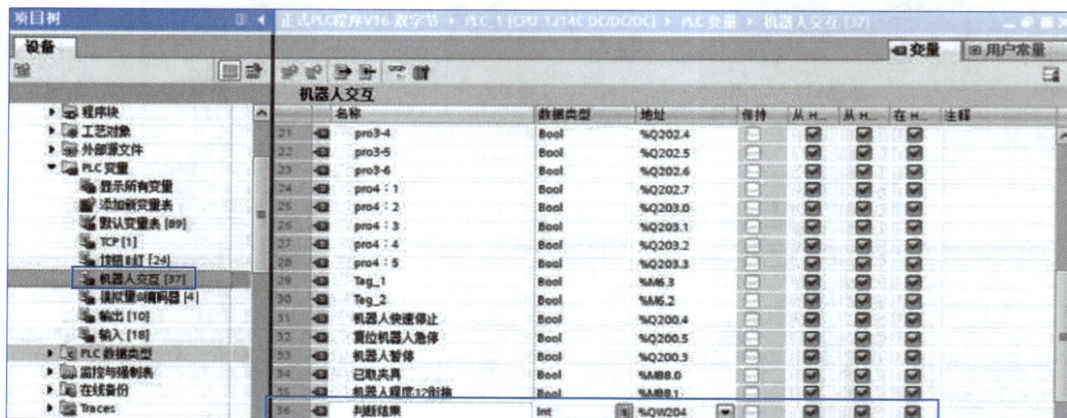

图4-56　PLC和机器人通信信号设置

二、任务检查与总结（表4-6）

表4-6　任务检查与总结

序号	电源、通信线路检查	拍照是否清晰	颜色识别是否正确	与PLC通信是否成功
1				
2				

序号	电源、通信线路检查	拍照是否清晰	颜色识别是否正确	与PLC通信是否成功
3				
4				
5				
6				
7				
8				
9				
10				
任务总结（复述工作过程及注意事项）:				

✎ 任务评价（表4-7）

表4-7　任务评价表

任务	训练内容与分值	训练要求	学生自评	教师评分
物料识别	相机参数设置，50分	1. 正确设置相机类型； 2. 正确设置相机触发方式； 3. 正确设置分支字符		
	PLC通信设置，40分	1. 正确建立数据存储数据块； 2. 正确进行TCP通信设置； 3. 正确进行数据输出		
	职业素养与创新思维，10分	1. 积极思考，举一反三； 2. 分组讨论，独立操作； 3. 遵守纪律，遵守实训室管理制度		
	学生：　　　　　　　教师：　　　　　　　日期：			

颜 色 识 别

　　实训室有三种不同颜色的物料，分别为白色、黑色和银色物料，如图4-57所示。任务二已经对这三种物料进行了拍照，本任务要求利用工业视觉系统对三种物料进行区分判断，并将判断结果通过TCP通信传递给PLC，PLC对接收到的数据进行处理后，把三种物料分别放到不同的储存位置。物料拍照位置如图4-58所示。

图4-57　三种不同颜色的物料

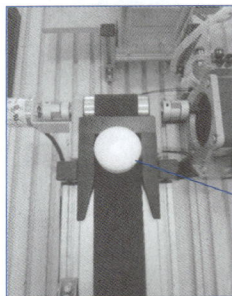

物料在输送带末端进行拍照

图4-58　物料拍照位置

📋**任务分析（表4-8）**

表4-8　知识点与技能点

知识点	技能点
颜色的基本知识	利用颜色的知识调整光源的亮度
Vision Master软件的使用	为工件拍照，完成颜色识别
相机与PLC的通信	完成PLC通信设置及PLC程序设计，输出颜色识别结果

🔗**知识链接**

颜色的基本知识

1. 固有色、光源色、环境色

　　固有色是物体在太阳光的照射下呈现出的色彩，如叶子是绿色的，花是红色的，天是蓝色的，柠檬是黄色的等。光源色是光源照射到白色光滑不透明的物体上所呈现出的色彩，如一件白色的衬衣，在红色光源的照射下呈现红色，在蓝色光源的照射下呈现蓝色。环境色是对物体所处环境色彩的反映。物体受光源照射时，一般除受主要发光体（或反光体）的照射外，同时还可能受到次要发光体（或反光体）的影响，只是影响较弱，次要发光体（主要是反光体）所呈现的色彩在物体暗面的反映，就是环境色。

2. 光的三原色

光的三原色包括红色、绿色、蓝色，如图 4-59 所示。它们相互独立，任意两种颜色组合，会得到不同的颜色，如红色 + 绿色 = 黄色，蓝色 + 绿色 = 青色等。三原色是绘画的基础，只有了解了三原色的性质和特征，才能理解色彩的真正意义。

3. 色彩三要素

色彩三要素包括明度（亮度）、色相、饱和度，如图 4-60 所示。

① 明度是指色彩的明暗程度。各种有色物体由于反射光线的差别，会产生色彩的明暗感觉。恰到好处地处理物体各部位的明度，可以产生物体的立体感。白色是影响明度的重要因素，当明度不足时，添加白色，反之亦然。

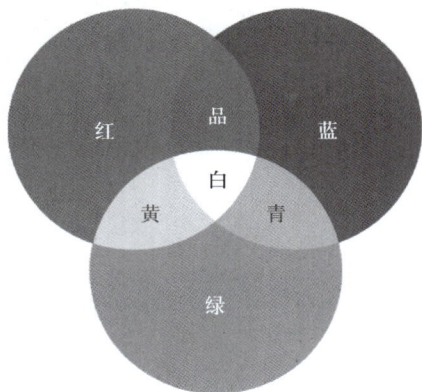

图 4-59　光的三原色

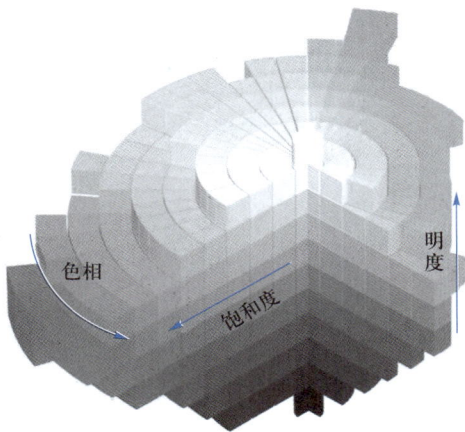

图 4-60　色彩三要素

② 色相是色彩的相貌，代表色彩的种类，是一种色彩区别于另一种色彩的表象特征。用色相能够确切地表示不同色彩的色别的名称，体现着色彩的外向性格，是色彩的灵魂。色相只和色彩的波长有关，当某一色彩的明度和饱和度发生变化时，虽然色彩发生了视觉变化，但波长未变，色相也就没有改变。色相主要用于表现色彩的冷暖氛围，表达某种情感，如红色给人热情奔放的感觉，蓝色给人安静忧郁的感觉。

图片
光的三原色与
色彩三要素

③ 饱和度是指色彩的饱和程度，也称为鲜艳度或纯净度。自然光中的红光、橙光、黄光、绿光、蓝光、紫光是饱和度最高的色彩。人眼对不同色彩的饱和度感觉不同，红色醒目，饱和度感觉最高；绿色尽管饱和度高，但人们总是对其不敏感；黑色、白色、灰色没有饱和度。

一、机器视觉颜色识别

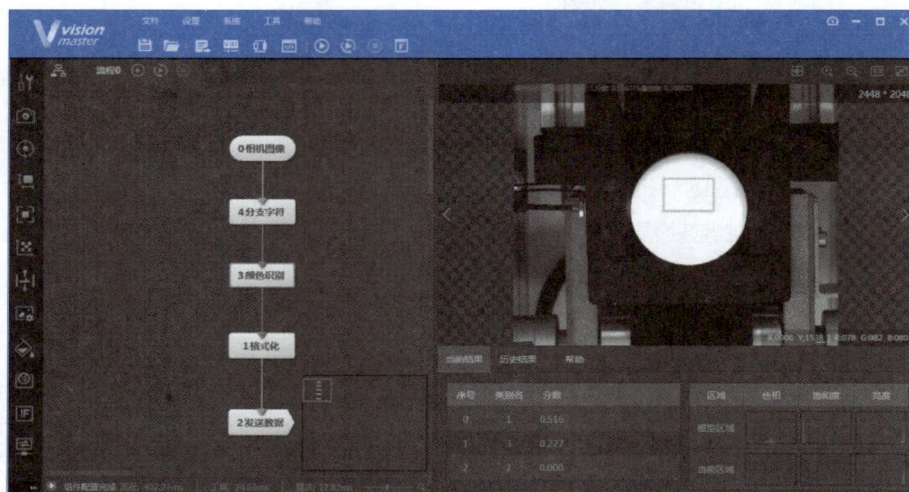

1. 工业视觉软件设置

① 搭建颜色识别视觉流程，如图4-61所示。

演示视频
光源和相机的
选择

演示视频
机器视觉颜色
识别

图4-61　颜色识别视觉流程

② 建立TCP通信，如图4-62所示。

图4-62　建立TCP通信

③ 设置相机图像常用参数，如图4-63所示。

④ 设置相机触发方式，如图4-64所示。

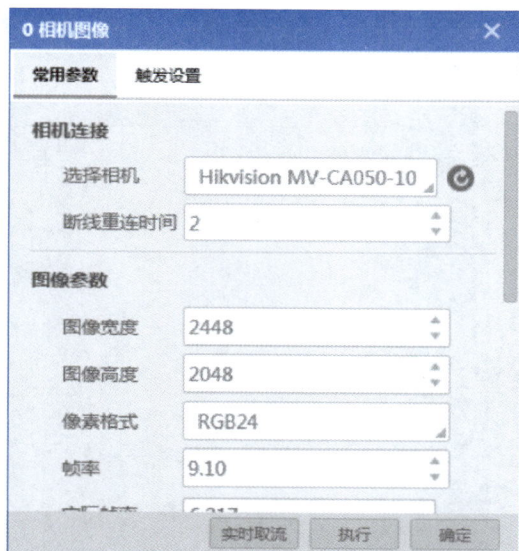

图4-63　设置相机图像常用参数

图4-64　设置相机触发方式

⑤ 设置分支字符，如图4-65所示。

⑥ 设置颜色识别基本参数，如图4-66所示。

图4-65　设置分支字符

图4-66　设置颜色识别基本参数

⑦ 设置颜色识别模型，如图4-67所示。

⑧ 设置格式化基本参数，如图4-68所示。

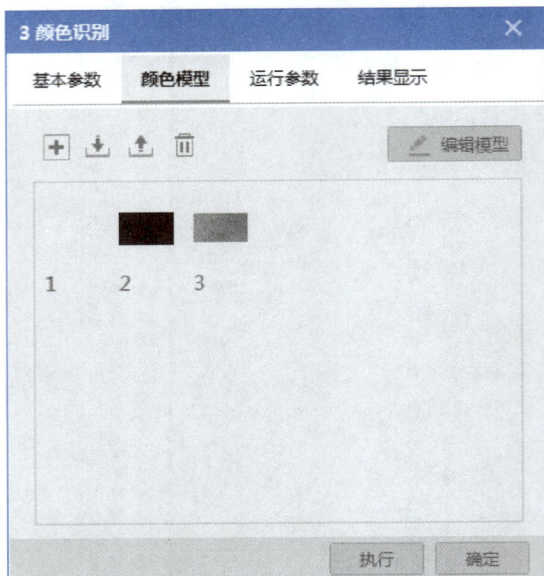

图4-67　设置颜色识别模型

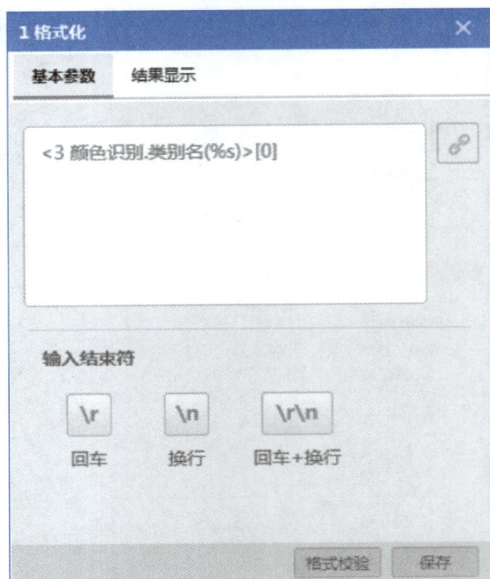

图4-68　设置格式化基本参数

⑨ 设置发送数据，如图4-69所示。发送数据结果如图4-70所示。

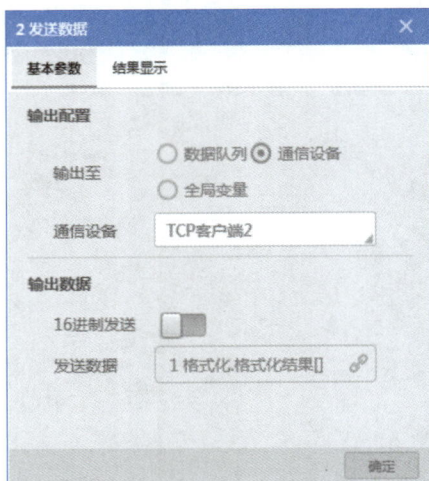

图4-69　设置发送数据

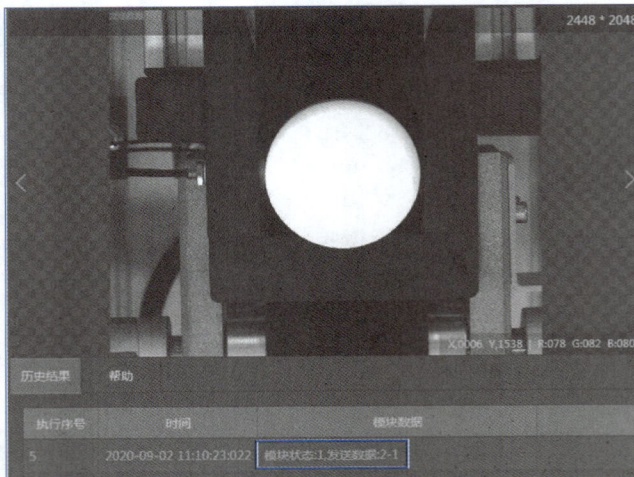

图4-70　发送数据结果

2. PLC程序设计

PLC示例程序如图4-71所示。

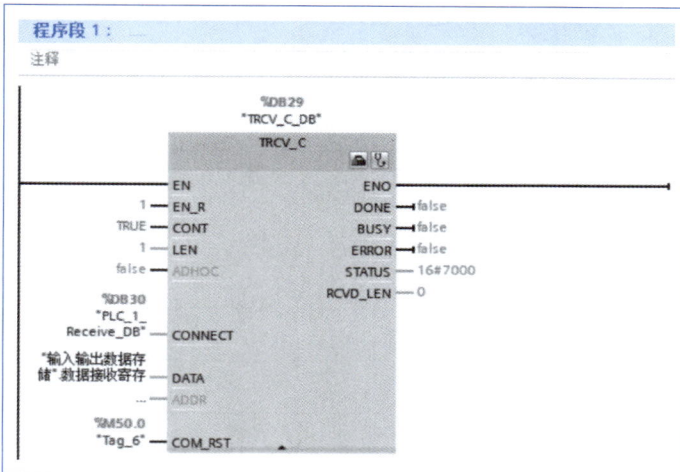

(a) PLC接收数据

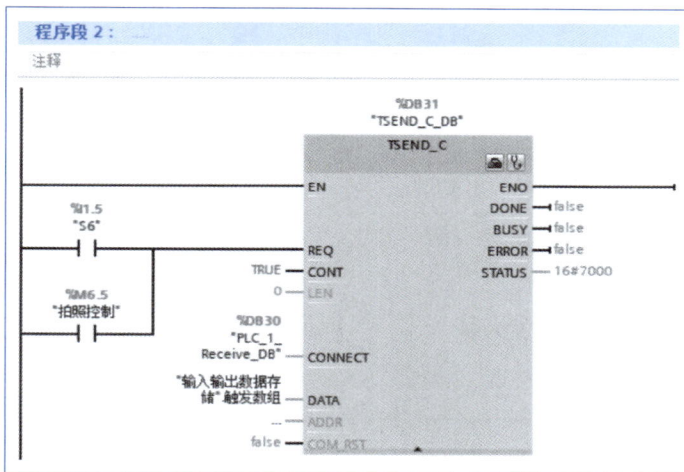

(b) PLC触发相机

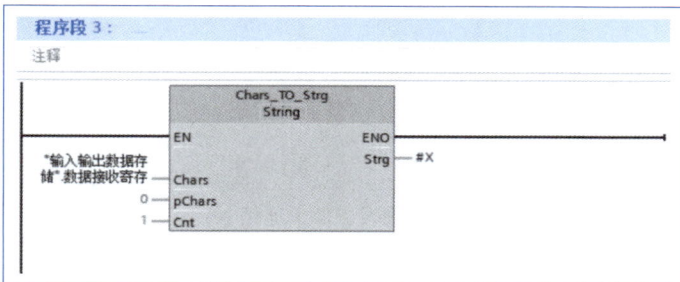

(c) 数据处理

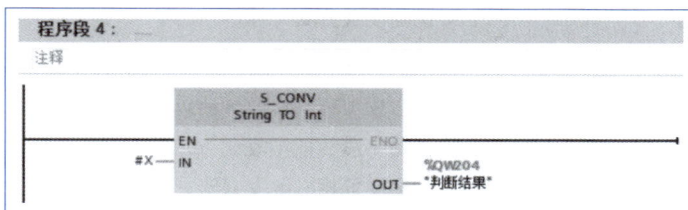

(d) 数据输出

图4-71 PLC 示例程序

二、任务检查与总结（表4-9）

表4-9　任务检查与总结

序号	电源、通信线路检查	拍照是否清晰	颜色识别是否正确	PLC是否成功输出颜色识别结果
1				
2				
3				
4				
5				
6				
7				
8				
9				
10				
任务总结（复述工作过程及注意事项）:				

任务评价（表4-10）

表4-10　任务评价表

任务	训练内容与分值	训练要求	学生自评	教师评分
颜色识别	Vision Master 视觉程序搭建，50分	1. 正确设置TCP通信； 2. 正确设置相机类型； 3. 正确设置相机触发方式； 4. 正确设置分支字符； 5. 正确进行物料颜色识别		
	PLC通信设置，颜色识别结果输出，40分	1. 正确建立数据存储数据块； 2. 正确完成数据接收； 3. 正确设置相机触发方式； 4. 正确完成数据输出		

続表

任务	训练内容与分值	训练要求	学生自评	教师评分
颜色识别	职业素养与创新思维，10分	1. 积极思考，举一反三； 2. 分组讨论，独立操作； 3. 遵守纪律，遵守实训室管理制度		
	学生：　　　　教师：　　　　日期：			

任务四

字 符 识 别

任务描述

字符识别工具用于读取标签上的字符文本，可用此功能进行字符检测。本任务要求识别图4-72所示被测对象上的"机器视觉"字符并显示识别结果。

图4-72　字符识别图片

任务分析（表4-11）

表4-11　知识点与技能点

知识点	技能点
模板匹配算法	为工件拍照，进行字符识别
Vision Master软件的使用	

模板匹配

模板匹配是指用一个较小的图像，即模板与源图像进行比较，以确定在源图像中是否存在与该模板相同或相似的区域，若该区域存在，还可确定其位置并提取该区域。一般的模板匹配技术是利用已知的模板通过某种算法对待识别图像进行匹配计算，获得图像中是否含有该模板的信息和相对坐标。模板匹配算法可以分为基于灰度值的模板匹配算法和基于形状的模板匹配算法。

🔲 任务实施

演示视频
机器视觉字符
识别

一、机器视觉字符识别

工业视觉软件设置步骤如下：

① 添加"光源"及"图像源"，如图4-73所示。

② 设置"图像源"，如图4-74所示。

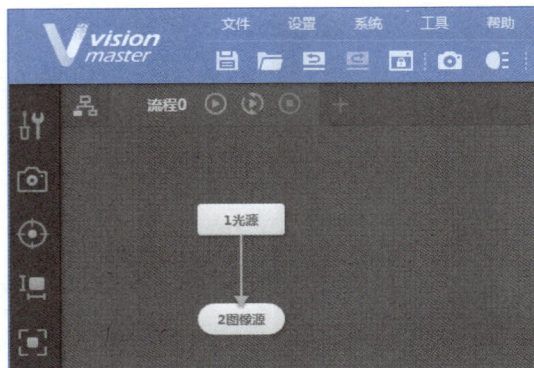

图4-73 添加"光源"及"图像源"

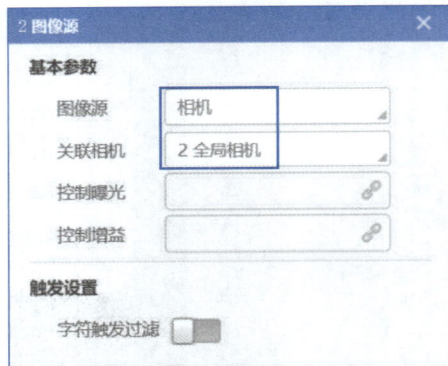

图4-74 设置"图像源"

③ 在定位选项中，添加"快速特征匹配"，如图4-75所示。

④ 设置"快速特征匹配"。ROI区域选择全图，如图4-76所示。

⑤ 以字符识别图片中的"机"字建立模板，如图4-77所示。

⑥ 在定位选项中，添加"位置修正"，如图4-78所示。

⑦ 双击"位置修正"，在弹出的对话框中单击"执行"按钮，再单击"创建基准"按钮，建立位置修正，如图4-79所示。

⑧ 在识别选项中，添加"字符识别"，如图4-80所示。

⑨ 双击"字符识别"，在弹出的对话框中选取ROI区域，如图4-81所示。

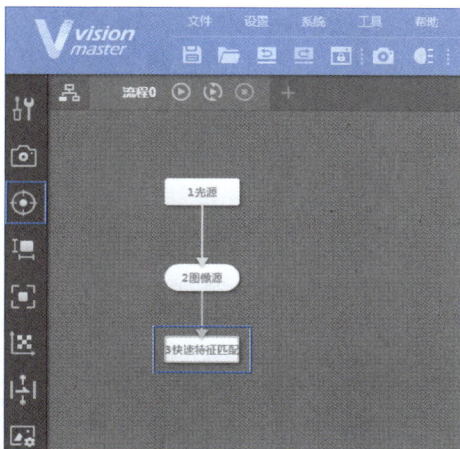

图4-75　添加"快速特征匹配"

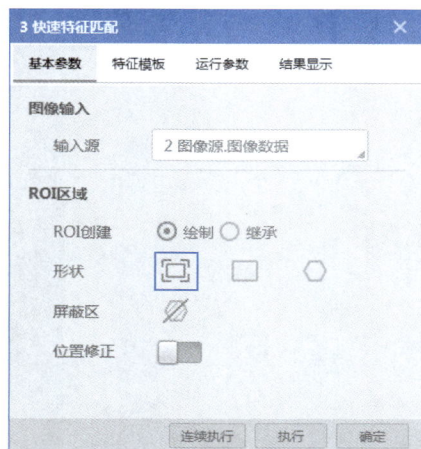

图4-76　设置"快速特征匹配"

图4-77　建立模板

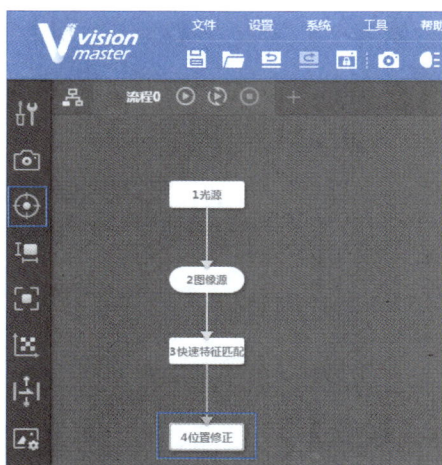

图4-78　添加"位置修正"

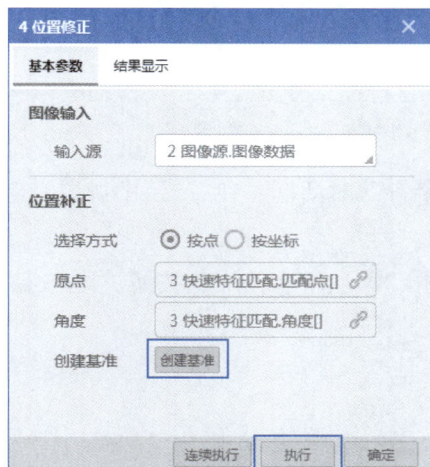

图4-79　建立位置修正

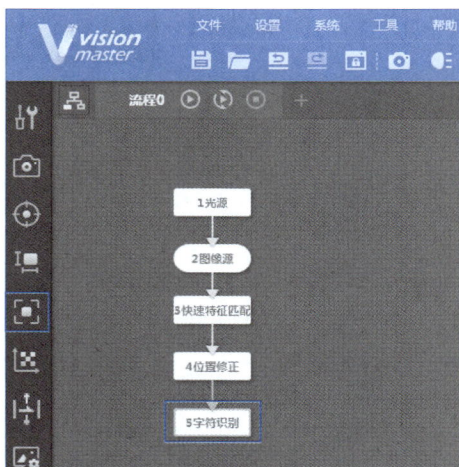

图4-80　添加"字符识别"

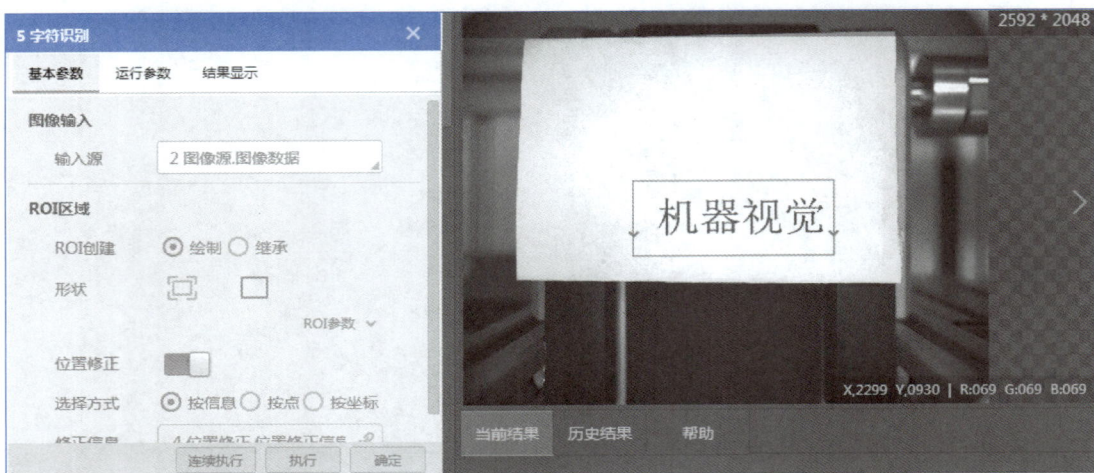

图4-81　选取 ROI 区域

⑩ 切换到"运行参数"选项卡，单击"字库训练"按钮，如图4-82所示。

⑪ 单击 ▢ 按钮选取"机"字，设置"字符极性""字符宽度""字符高度"等参数，再单击"提取字符"按钮，如图4-83所示。

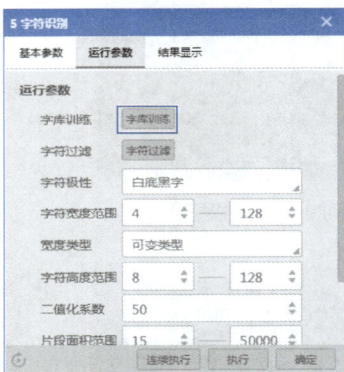

图4-82　字库训练参数设置

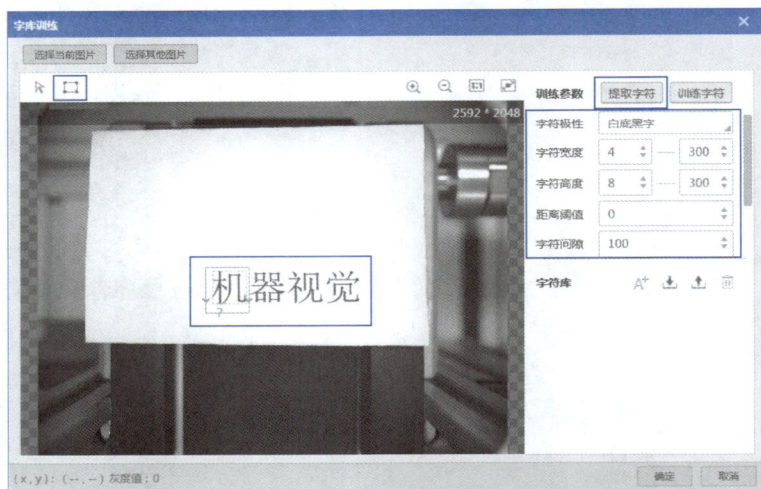

图4-83　提取字符"机"

⑫ 单击"训练字符"按钮，系统弹出"训练字符"对话框，在"?"中设置对应字符，如图4-84所示。

例如设置字符为"J"，如图4-85所示，再单击"添加至字符库"按钮，则在字符库中便添加了"机"字（对应字符J），如图4-86所示。

图4-84 "训练字符"对话框

图4-85 添加训练字符

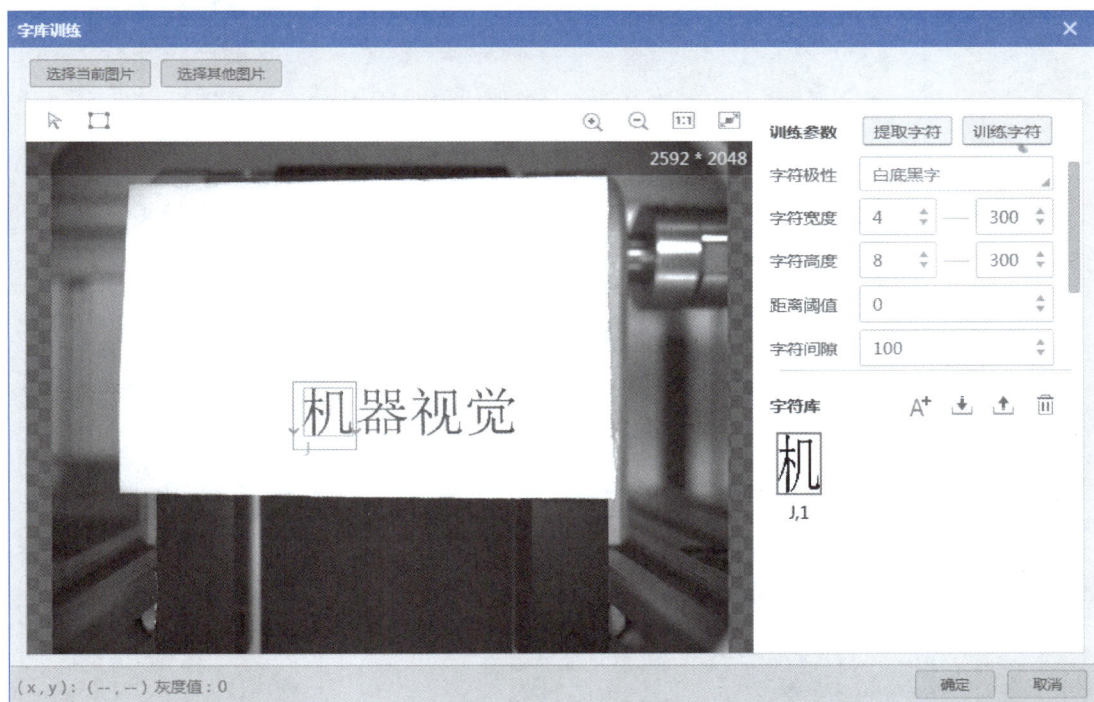

图4-86 添加至字符库

⑬ 用同样步骤依次添加"器、视、觉"三个字至字符库,分别对应三个字符"Q、S、J"。

⑭ 单击"单次执行"按钮⚫,则显示识别结果,如图4-87所示。

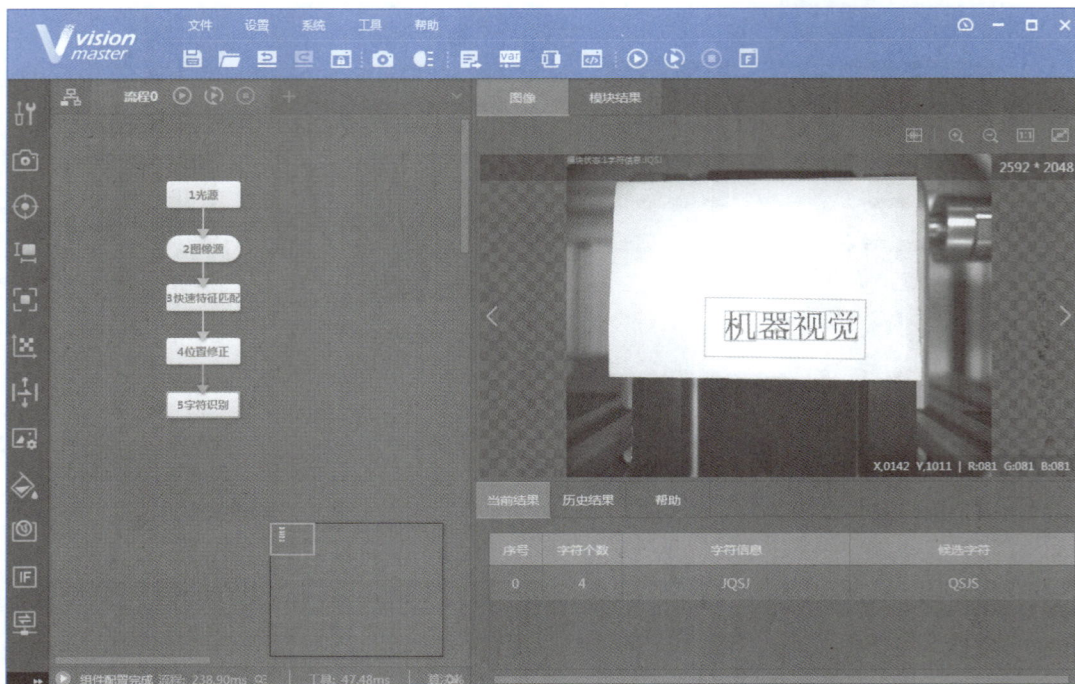

图4-87　单次识别结果

⑮ 变换被测对象位置，则检测位置自动修正，并显示识别结果，如图4-88所示。利用此功能可检测工件上的字符是否完整。

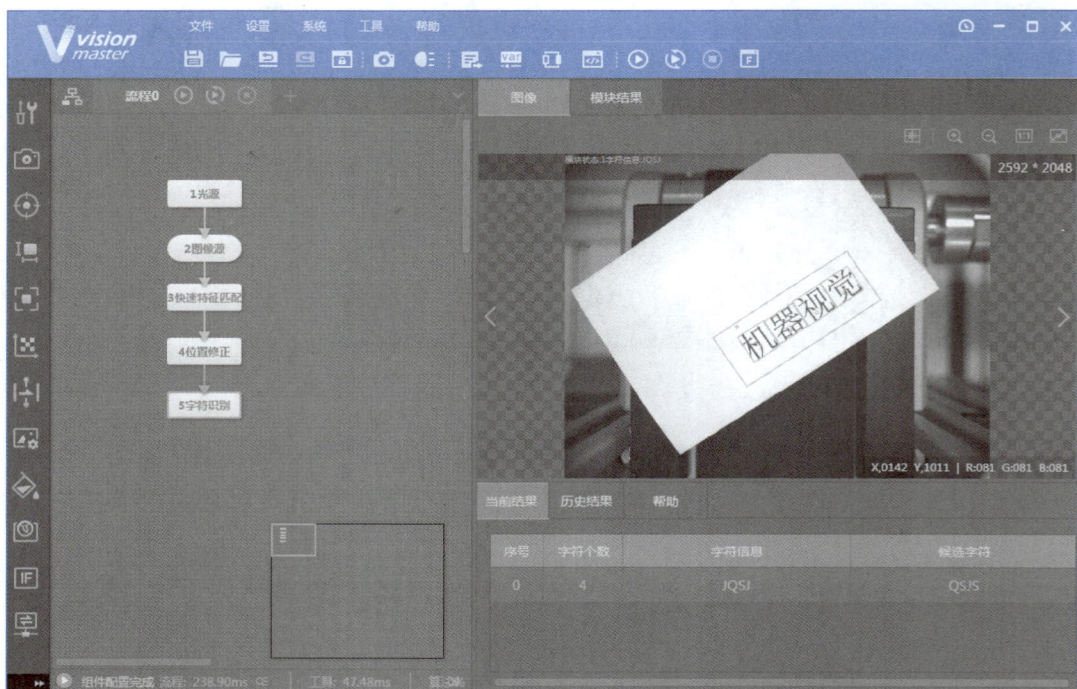

图4-88　变换被测对象位置后的识别结果

二、任务检查与总结（表4-12）

表4-12　任务检查与总结

序号	电源、通信线路检查	Vision Master流程是否正确	拍照是否清晰	字符识别是否正确
1				
2				
3				
4				
5				
6				
7				
8				
9				
10				
任务总结（复述工作过程及注意事项）：				

✎ **任务评价（表4-13）**

表4-13　任务评价表

任务	训练内容与分值	训练要求	学生自评	教师评分
字符识别	Vision Master 视觉程序搭建，50分	1. 正确设置光源； 2. 正确设置相机类型		
	字符识别，40分	1. 正确进行字符识别； 2. 能采用不同颜色的光源正确识别字符		
	职业素养与创新思维，10分	1. 积极思考，举一反三； 2. 分组讨论，独立操作； 3. 遵守纪律，遵守实训室管理制度		
	学生：　　　　　　教师：　　　　　　日期：			

长 度 测 量

任务描述

长度测量用于检测两特征边缘之间的距离，具体实施时首先要查找满足条件的边缘，然后进行长度测量，如图4-89所示。

任务分析（表4-14）

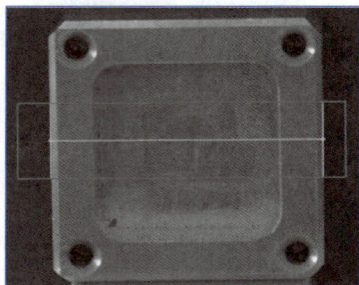

图4-89　长度测量示例

表4-14　知识点与技能点

知识点	技能点
边缘检测原理	利用边缘检测原理进行长度测量
Vision Master软件的使用	为工件拍照
相机与PLC的通信	完成PLC通信设置及PLC程序设计，通过PLC显示检测结果

知识链接

边缘检测原理

边缘检测是指利用测量区域内的颜色变化，对测量对象的位置进行检测。通过分割测量区域，与常规边缘位置测量相比可计算出距测量起始点最近点、最远点的详细信息，进而可以计算出测量对象的斜率和凹凸程度。

任务实施

一、机器视觉长度测量

工业视觉软件设置步骤如下：
① 添加"图像源"，如图4-90所示。

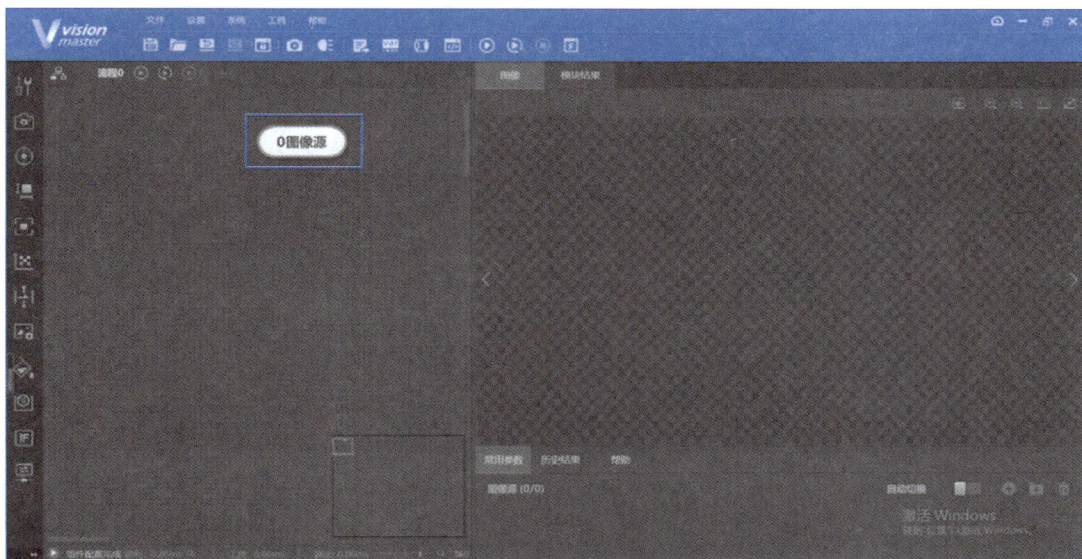

图4-90　添加"图像源"

② 设置"图像源",如图4-91所示。

③ 在定位选项中,添加"间距检测",如图4-92所示。

图4-91　设置"图像源"

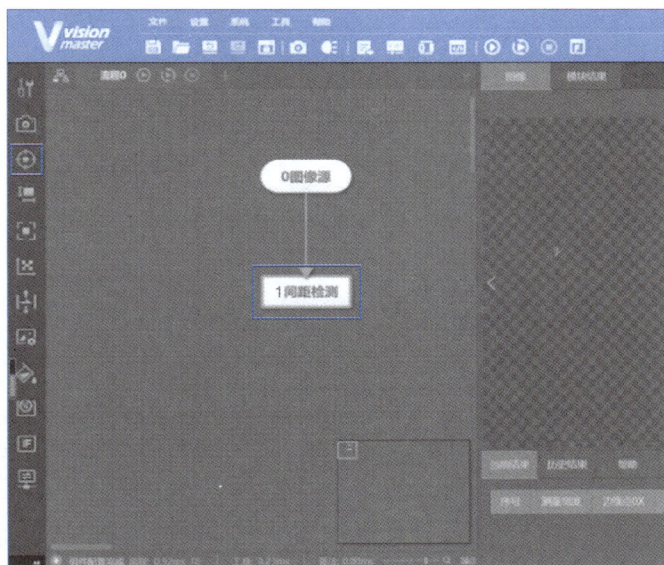

图4-92　添加"间距检测"

④ 双击"间距检测",在弹出的对话框中,创建 ROI 区域,如图4-93所示,并逆时针旋转 90° 水平放置。

⑤ 设置运行参数,如图4-94所示。

⑥ 单击"单次执行"按钮 ▶ ,显示测量结果,如图4-95所示。

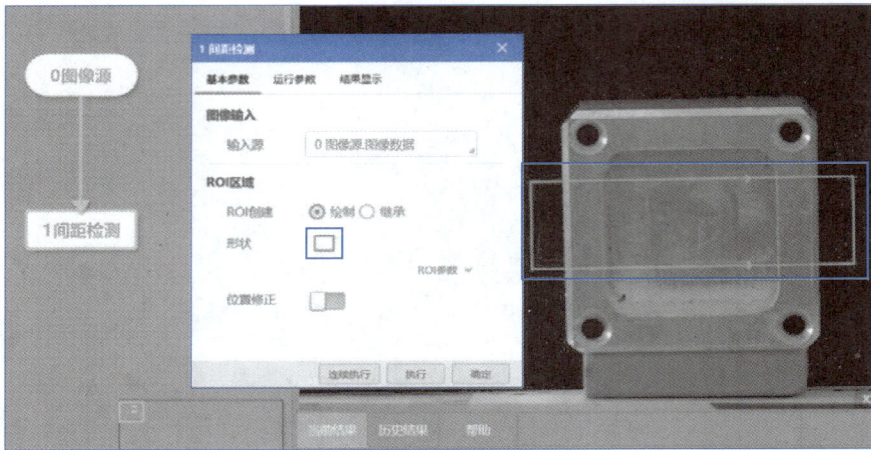

图4-93　创建ROI区域

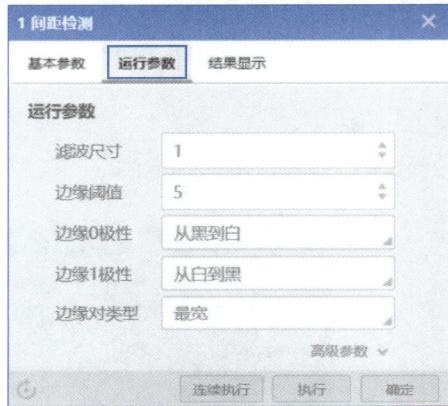

图4-94　设置运行参数

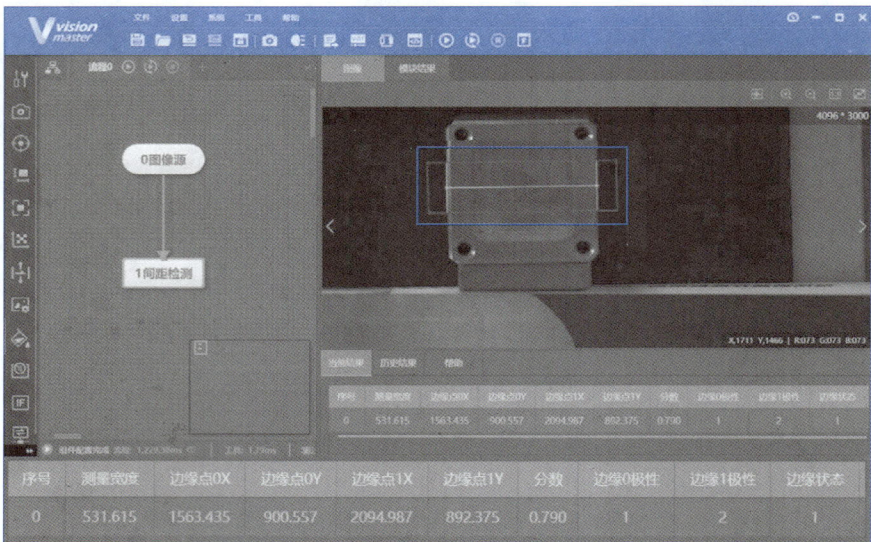

图4-95　测量结果

完成工业视觉软件设置后，参照本项目任务二"物料识别"，完成长度显示的PLC程序，并在PLC上显示测量结果。

二、任务检查与总结（表4-15）

表4-15　任务检查与总结

序号	电源、通信线路检查	拍照是否清晰	长度测量是否正确	PLC能否正确显示长度值
1				
2				
3				
4				
5				
6				
7				
8				
9				
10				
任务总结（复述工作过程及注意事项）：				

✎ 任务评价（表4-16）

表4-16　任务评价表

任务	训练内容与分值	训练要求	学生自评	教师评分
长度测量	Vision Master视觉程序搭建，50分	1. 正确设置光源； 2. 正确设置相机类型； 3. 正确进行长度测量		
	在PLC上显示长度值，40分	1. 正确建立数据存储数据块； 2. 正确完成TCP通信设置； 3. 正确完成数据输出		

任务	训练内容与分值	训练要求	学生自评	教师评分
长度测量	职业素养与创新思维，10分	1. 积极思考，举一反三； 2. 分组讨论，独立操作； 3. 遵守纪律，遵守实训室管理制度		
		学生：　　　　　　教师：　　　　　　日期：		

任务六
条 码 识 别

任务描述

条码识别工具用于定位和识别指定区域内的条码，允许目标条码以任意角度旋转，支持 CODE39 码、CODE128 码、库德巴码、EAN 码、交叉 25 码以及 CODE93 码。条码识别示例图片如图 4-96 所示。

图 4-96　条码识别示例图片

任务分析（表 4-17）

表 4-17　知识点与技能点

知识点	技能点
条码识别原理	为工件拍照，识别条码
Vision Master 软件的使用	完成 PLC 通信设置及 PLC 程序设计，通过 PLC 显示识别结果
相机与 PLC 的通信	

知识链接

条码识别原理

条码识别技术是指利用光电转换设备对条码进行识别的技术。条码是一组由宽条、窄条和空白间隔排列而成的序列，这个序列可表示一定的数字和字母代码。条码可印刷在纸面和其他物品上，因此可方便地供光电转换设备再现这些数字、字母信息，从而供计算机读取。条码识别参数如表4-18所示。

表 4-18　条码识别参数

参数名称	说　明
条码类型开关按钮	支持 CODE39 码、CODE128 码、库德巴码、EAN 码、交叉 25 码以及 CODE93 码，根据条码类型打开相应按钮
条码个数	期望查找并输出条码的最大数量，若实际查找到的个数小于该参数，则输出实际数量的条码
降采样系数	降采样也称为下采样，即采样点数减少。对于一幅 $N×M$ 的图像来说，如果降采样系数为 k，即表示在原图中的每行每列每隔 k 个点取一个点组成一幅图像。因此降采样系数越大，轮廓点越稀疏，轮廓越不精细。该值不宜设置过大
检测窗口大小	条码区域定位窗口大小。默认值为4。当条码中空白间隔比较大时，可以设置得更大，如8，但一般也要保证条码高度大于窗口大小的 6 倍。取值范围为 4~65
静区宽度	条码左右两侧空白区域的宽度。默认值为30，稀疏时可尝试设置为50
去伪过滤尺寸	算法支持识别的最小条码宽度和最大条码宽度。默认值为30~2 400
超时退出时间	算法运行时间超出该值，则直接退出。当设置为0时，以实际所需算法耗时为准。单位为 ms

任务实施

一、机器视觉条码识别

工业视觉软件设置步骤如下：

① 添加"图像源"，如图4-97所示。

② 设置"图像源"，如图4-98所示。

③ 在识别选项中，添加"条码识别"，如图4-99所示。

④ 双击"条码识别"，在弹出的对话框中，ROI 区域选择局部，如图4-100所示。

切换到"运行参数"选项卡，打开所有条码类型开关按钮（在不确定条码类型的情况下），如图4-101所示。

演示视频
机器视觉条码识别

图4-97 添加"图像源"

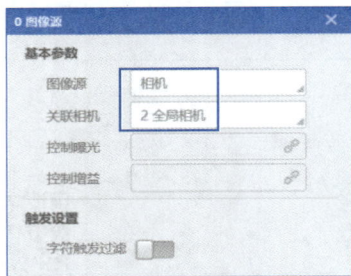

图4-98 设置"图像源"

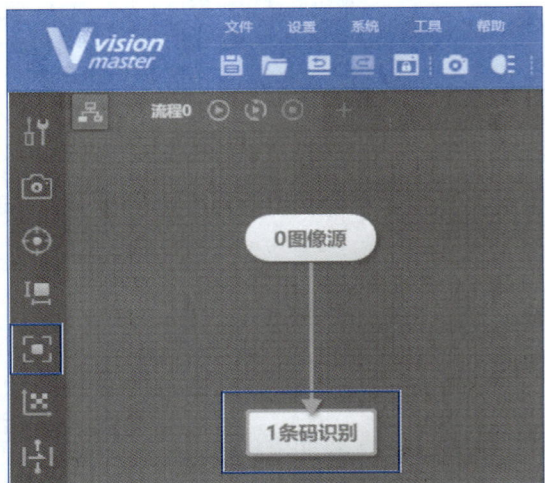

图4-99 添加"条码识别"

图4-100 设置基本参数

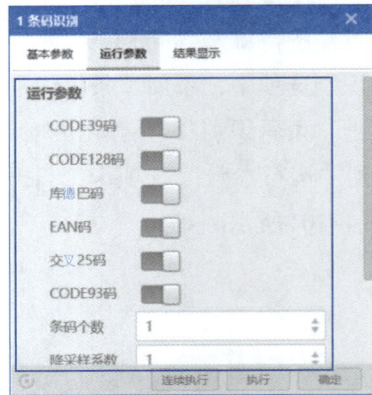

图4-101 设置条码类型

项目四 机器视觉在智能产线上的应用

设置其他参数，如图4-102所示。

⑤ 单击"单次执行"按钮 ▶，条码识别结果如图4-103所示，条码的数据信息已经成功显示出来。

图4-102 设置其他参数

图4-103 条码识别结果

完成工业视觉软件设置后，参照本项目任务二"物料识别"，完成条码显示的PLC程序，并在PLC上显示条码信息。

二、任务检查与总结（表4-19）

表4-19 任务检查与总结

序号	电源、通信线路检查	拍照是否清晰	条码识别是否正确	PLC能否正确显示条码信息
1				
2				
3				
4				
5				
6				
7				
8				
9				
10				
任务总结（复述工作过程及注意事项）：				

✏️ 任务评价（表4-20）

表4-20 任务评价表

任务	训练内容与分值	训练要求	学生自评	教师评分
条码识别	Vision Master视觉程序搭建，50分	1. 正确设置光源； 2. 正确设置相机类型； 3. 正确进行条码识别		
	在PLC上显示条码信息，40分	1. 正确建立数据存储数据块； 2. 正确完成TCP通信设置； 3. 正确完成条码数据的输出		
	职业素养与创新思维，10分	1. 积极思考，举一反三； 2. 分组讨论，独立操作； 3. 遵守纪律，遵守实训室管理制度		
	学生：	教师：	日期：	

📝 项目小结

通过项目四的学习，应当掌握机器视觉相机、光源、镜头的选型方法，海康威视工业视觉软件Vision Master的使用方法，机器视觉与西门子PLC的通信方法，以及使用PLC读取机器视觉的信息并正确显示的方法。请读者进行本项目各任务的操作，为后续学习打下基础。

💭 思考与练习

1. 思考题

（1）机器视觉镜头的选择对项目有何影响？

（2）举例说明不同颜色的光源对待检测物的检测有何影响。

2. 操作题

（1）使用Vision Master软件进行四边形查找和线线测量。

（2）根据条码识别过程，进行二维码识别。

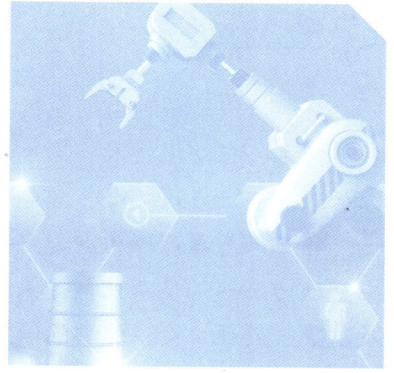

智能传感器在智能产线上的综合应用

智能产线是一种由智能机器和人类专家共同组成的人机一体化系统，以现代传感技术、网络技术、自动化技术、拟人化技术和信息技术等先进技术为基础，通过感知、人机交互、分析、推理、判断、构思、决策和执行机构，实现生产过程的自主完成。

各类传感器可以为智能产线提供基本生产的感知数据，为产线分析决策提供依据，其中智能传感器的使用比例越来越高。智能传感器拥有很多优势，具备独立的内部诊断功能及采集、处理、交换信息的能力，是集成化的传感器与微处理机相结合的产物。"工业4.0"时代下，广泛应用于工业电子、消费电子、汽车电子和医疗电子等场景的智能传感器成为实现智能制造的关键，被誉为工业发展的"五官"。

本项目结合智能产线中的智能传感器，完成智能产线的产品质量检测和综合检测应用任务，及时把新方法、新技术、新工艺和新标准引入教学项目。

项目描述

智能传感器实训平台如图5-1和图5-2所示，其中包含西门子V20变频器、西门子ET 200SP新一代分布式I/O系统、RFID射频设备、工业相机、超声波传感器、旋转编码器和气缸等，其主要功能是通过传感器对产品进行质量检测以及根据产品类型和质量情况完成产品分拣。

微课
智能传感器
实训平台介绍

拓展阅读
推进工业经济
高质量发展

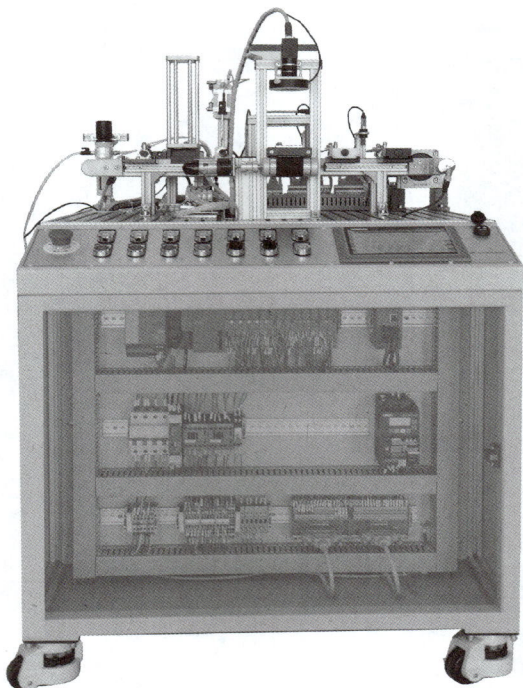

图5-1　智能传感器实训平台

图5-2　智能传感器实训平台（局部放大）

本项目要求使用传感器完成产品质量检测和产品分拣工作，并能够将检测和分拣结果可视化，具体会选取几种不同材质的槽型物料进行项目实施。

项目目标

➤ 知识目标

1. 掌握常用的产品质量检测方法。
2. 掌握模拟量信号与数字量信号的转换原理。
3. 掌握物料分拣任务的分析方法。

➤ 能力目标

1. 能根据产品质量检测任务选择相应传感器。
2. 能针对选择的传感器完成安装与调试。
3. 能编制程序实现检测任务。
4. 能根据分拣任务完成软硬件设计与调试。

➤ 素养目标

1. 能够积极思考，举一反三。
2. 能够探索解决问题的多种方式。
3. 培养工作流程分析思维。

项目分析

对智能传感器实训平台的检测任务及工作流程进行分析，明确传感器的种类与数量，以及检测任务的工作流程，完成产品质量检测和分拣任务。

1. 检测任务分析

整个平台要完成产品质量检测与分拣，根据要求，需要进行料仓物料检测、物料加工深度检测、物料加工尺寸检测、物料材料检测（金属物料、白色物料、黑色物料），以及相关位置检测等。

对平台的主要器件及数量进行分析，确定平台器件明细，如表5-1所示。

表5-1　智能传感器实训平台器件明细表

序号	器件名称	数量
1	西门子V20变频器	1
2	西门子ET 200SP分布式I/O系统	1
3	工业相机	1
4	气缸（出料、废料、推料1~3、位移）	6
5	金属物料检测：电感式传感器	1
6	白色物料检测：光电式传感器	1
7	黑色物料检测：电容式传感器	1
8	料仓物料检测：超声波传感器	1
9	废料到位位置检测：光纤传感器	1
10	物料深度检测：位移传感器	1
11	视觉位置检测：门型光电式传感器	1
12	RFID读写器	1

2. 工作流程分析

本项目的工作任务主要包括传感器的选择、传感器的安装与调试、检测任务PLC程序编写与调试、平台综合设计与调试，项目工作流程如图5-3所示。

① 传感器选择与装调分析。根据检测任务要求选择合适的传感器，结合设备将传感器固定在特定位置，依照传感器接线要求连接线路，并结合工作现场调节传感器灵敏度等参数。

② 物料合格检测工序流程分析。根据不同工序对物料进行合格检测，分析物料合格检测过程，以及不合格品退料工序过程。

③ 物料识别与分拣任务分析。根据物料合格检测结果，对合格物料进行识别，并根据物料类型进行分拣。

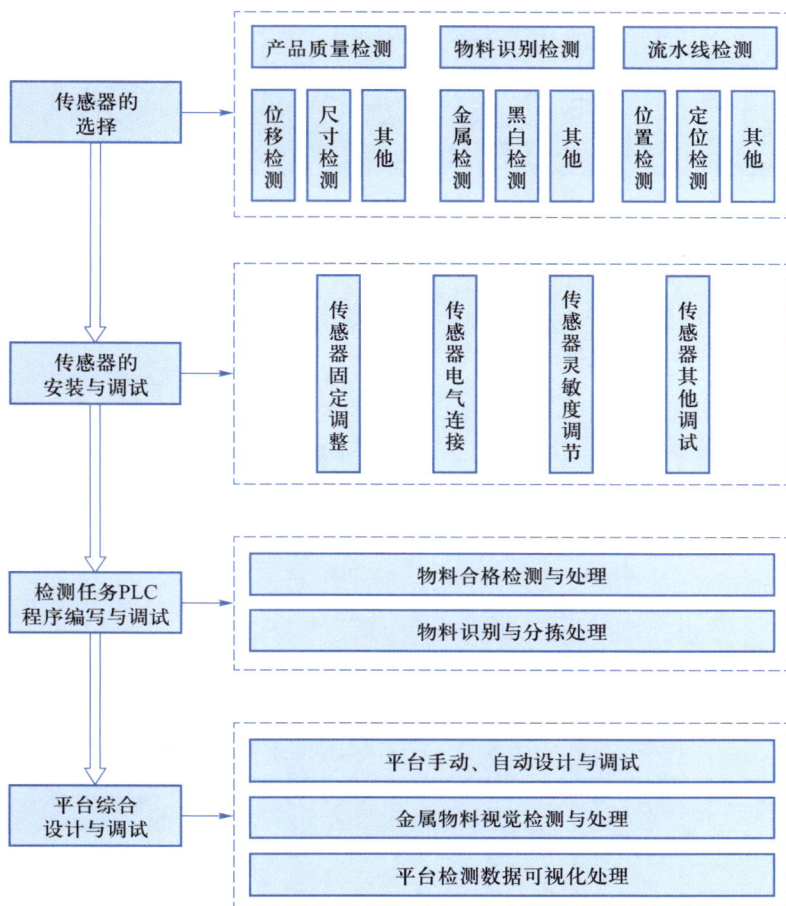

图5-3 项目工作流程

任务一

传感器选型与装调

📋 任务描述

　　智能传感器实训平台示意图如图5-4所示，根据检测任务选择相应传感器类型及型号，根据平台位置完成传感器固定及电气连接，并结合工作现场环境对传感器状态进行微调，使传感器能够完成相应的检测任务。

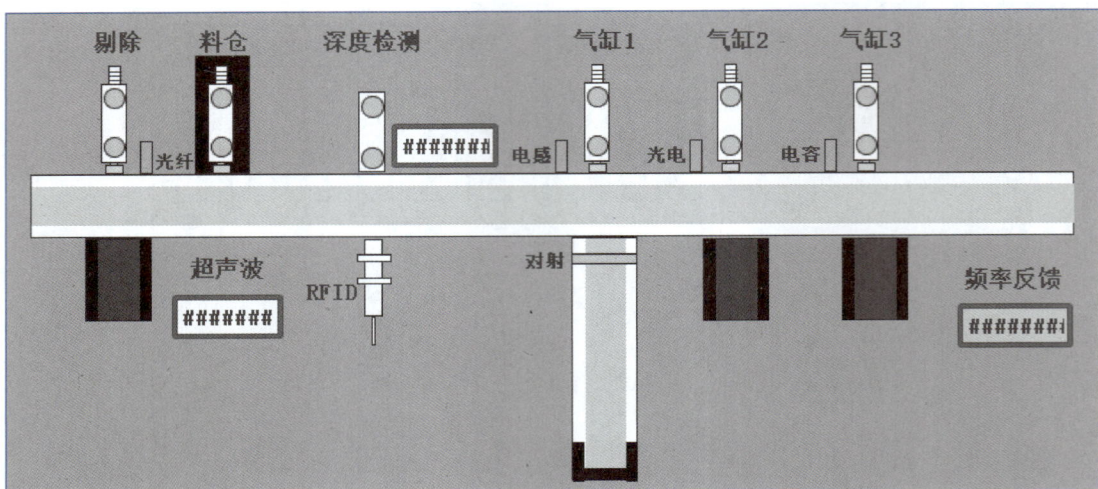

图5-4　智能传感器实训平台示意图

任务分析（表5-2）

表5-2　知识点与技能点

知识点	技能点
流水线及主要检测量	根据检测任务进行传感器选型
传感器选型依据	传感器安装与电气连接
	传感器调节

知识链接

一、流水线检测

1.常见流水线及主要检测量

流水线，也称装配线，是工业上的一种生产方式。流水线中的一个生产单位只专注处理某一个工序的工作，以提高工作效率及产量。

流水线一般由牵引设备、承载机构、驱动装置、张紧装置、换向装置和支承件等组成，按输送方式大体可以分为皮带流水装配线、板链线、倍速链线、插件线、网带线、悬挂线及滚筒流水线等。

流水线可扩展性高，可按需求设计输送量、输送速度、装配工位、辅助部件（包括快速接头、风扇、电灯、插座、工艺看板、置物台、24 V电源、风批）等，因此广受欢迎。

流水线是人和机器的有效组合，能够充分体现设备的灵活性。它将输送系统、随行夹具和在线专机、检测设备进行有机组合，能够满足多品种产品的输送要求。

根据流水线生产的产品不同，流水线的检测量有一定差异，但大致相同，包括位置检测、定位检测、计数检测等。

2. 流水线常用传感器

根据检测项目不同，流水线常用传感器如表5-3所示，其中部分传感器可应用于各类检测。

表 5-3　流水线常用传感器

序号	检测项目	常用传感器
1	位置检测	电感式接近开关、漫反射光电接近开关、磁性开关、光纤传感器、微动开关、激光传感器等
2	计数检测	电容式传感器、光电式传感器等
3	定位检测	旋转编码器、射频读写器、机器视觉等
4	其他检测	超声波传感器、位移传感器、称重传感器、色标传感器等

二、传感器的选型

传感器的选型要依据实际需求进行，主要关注以下几方面：

1. 测量对象和测量环境

进行具体的测量工作前，首先要根据测量对象和测量环境考虑传感器的类型。即使测量相同的物理量，也有多种传感器可供选择，哪种传感器更合适，还需要考虑一些具体问题，包括测量范围、体积要求、测量方式（接触或非接触）、信号引出方法、传感器来源及价格等。在综合考虑这些问题之后，可以确定要选择的传感器的类型，然后再考虑传感器的具体性能指标。

2. 灵敏度

通常希望传感器的灵敏度越高越好。但要注意的是，传感器的灵敏度高，与被测量无关的外界噪声也容易混入，它们也会被放大系统放大，影响测量精度。因此，要求传感器本身应具有较高的信噪比，尽量减少从外界引入的干扰信号。如果对方向性要求较高，应选择在其他方向上灵敏度小的传感器。如果被测量是多维向量，则要求传感器的交叉灵敏度越小越好。如色标传感器灵敏度曲线如图5-5所示。

3. 频率响应特性

传感器的频率响应特性决定了测量的频率范围，在允许的频率范围内应保持不失真。事实上，传感器的响应总是具有固定的延迟，希望延迟时间越短越好。

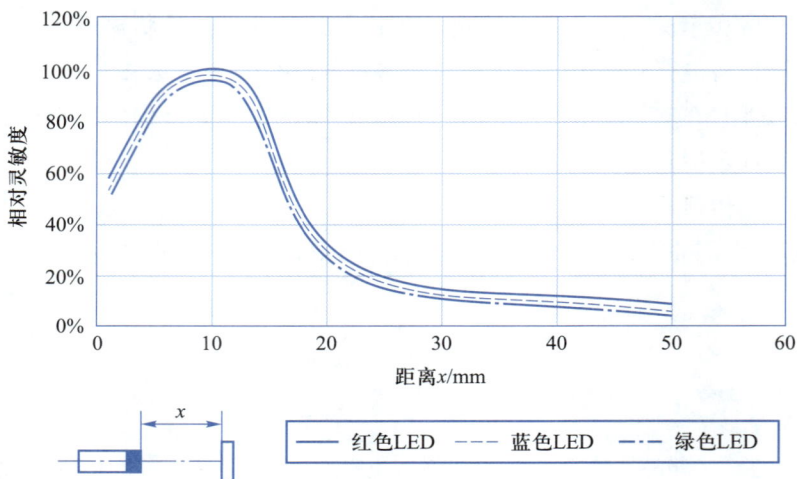

图5-5　色标传感器灵敏度曲线

4. 稳定性

传感器使用一段时间后，其性能保持不变的能力称为稳定性。除了传感器本身的结构外，影响传感器长期稳定性的因素主要是传感器的使用环境。因此，为了使传感器具有良好的稳定性，传感器必须具有很强的环境适应性。

5. 精度

精度是传感器的重要性能指标，是影响整个测量系统测量精度的重要环节。传感器的精度越高，价格就越贵。因此，只要传感器的精度满足整个测量系统的精度要求即可，不必选择精度过高的传感器。

除以上几方面以外，有时还要考虑传感器的线性范围、待测信号的类型、传感器的价格等因素。

📖 任务实施

一、传感器的安装

传感器的安装主要有螺钉安装、胶黏剂黏结、磁力安装座安装、探针安装等方式。其中，螺钉安装是最安全可靠的一种。

1. 螺钉安装

安装过程中，螺孔的轴线要与测试方向一致，螺纹孔深度要合适，如果过浅，在安装传感器时则有可能造成基座弯曲，从而影响灵敏度。固定支架要与传感器安装尺寸匹配，并根据螺钉的尺寸控制安装力矩，如M5螺钉推荐20 kgf·cm（1 kgf·cm=0.098 N·m），M3螺钉推荐6 kgf·cm。安装后传感器与安装面应紧密贴实，如图5-6所示。

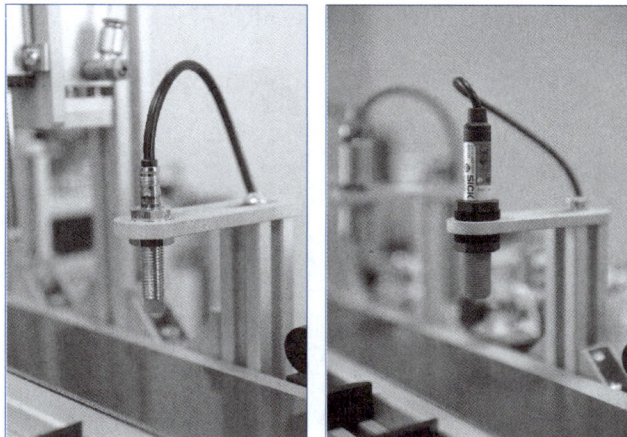

图5-6 传感器螺钉安装

2. 胶黏剂黏结

在不允许钻安装孔或者固定支架的场合，可以使用各种胶黏剂将传感器固定在结构表面。如加速度传感器等黏结安装使用的胶黏剂一般有氰基丙烯酸酯、磁铁、双面胶带、石蜡、热黏结剂等，安装的关键在于如何有效地使用这些胶黏剂。在加速度传感器的黏结过程中，胶黏剂的用量对加速度传感器能否实现良好的频率响应起着关键作用。

安装前需要使用溶剂对安装表面进行清洁处理，安装时将胶黏剂均匀涂抹在传感器黏结部位表面，不能太厚或太薄，用尽可能少的胶黏剂黏结将使传感器的频率响应和传输特性更好。使用热黏结剂时需要注意其凝固时间。

3. 磁力安装座安装

磁力安装座简称磁座，可以分为对地绝缘和对地不绝缘两种。磁力安装座安装是传感器常用的安装方式之一。使用磁力安装座安装加速度传感器无须在设备上开螺纹安装孔，快捷可靠，是构建快速振动检测系统的理想手段。使用磁力安装座安装方式时要注意以下几点：待测设备应是铁磁性材质，铜铝设备和非金属材质的设备不适合；安装表面要处理平整，避免油污；如果被测表面不平坦或无磁力，需要在被测表面黏结或焊接一个钢垫；要根据配套传感器的重量选择磁力安装座的吸力。

4. 探针安装

当被测表面狭小，不能采用以上安装方式或要对设备进行快速巡检时，探针安装是一种较为方便的安装方式。

有时也可以采用手持检测的方法，但其可靠性不如前面几种方法，主要适用于安装条件受限的场所。

本项目大部分传感器的安装方法已经在前几个项目中进行了说明，本任务主要进行TR-0025型直线位移传感器的安装。由于该位移传感器需要通过气缸的伸缩完成物料深度的自动检测，因此其需要与气缸固定在一起，确保气缸下边沿水平，与物料上表面同处一个平面。位移传感器垂直于气缸下表面，如图5-7（a）所示。另外设置一个NOVO MUP080-111

型信号转换器，与位移传感器配套使用，其安装如图5-7（b）所示。

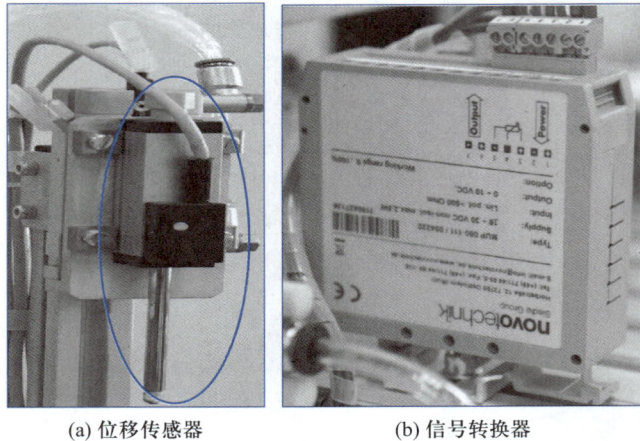

(a) 位移传感器   (b) 信号转换器

图5-7　位移传感器及信号转换器的安装

二、传感器的电气连接

拓展阅读
电气接线标准
的重要性

本项目使用的传感器大部分采用三线制或连接三线，如磁性开关、光纤传感器、光电式传感器、电感式传感器、电容式传感器等，其电气连接方法已经在前几个项目中进行了说明。本任务主要进行 TR-0025 型位移传感器的电气连接。该位移传感器的主要参数如表5-4所示。

表5-4　TR-0025型位移传感器主要参数

序号	参数	数值
1	外壳长度	63 mm
2	机械行程	30 mm
3	螺母SW-10尺寸	12 mm
4	拉杆到底外露尺寸	32 mm
5	质量（带电缆/接头版本）	120 g
6	带滑刷的拉杆质量	25 g
7	水平工作受力（伸/缩）	≤ 2.5 N
8	末端止动挡板工作受力	最大 5 N
9	最大工作频率	18 Hz
10	标准工作量程范围	0~25 mm
11	电气行程范围	0~27 mm

序号	参数	数值
12	信号输出	分压器
13	阻值	$1 \text{ k}\Omega$
14	独立线性度	$\leq \pm 0.2\%$ FS；常规规格，$\leq \pm 0.1\%$ FS
15	可重复性	$\leq \pm 0.002 \text{ mm}$
16	推荐滑刷工作电流	$\leq 1 \text{ μA}$
17	允许最大工作电压	DC 42 V
18	电气连接	$3 \times 0.14 \text{ mm}^2$ 电缆（AWG 26），PVC，带屏蔽，长 2 m
19	引脚定义	1—正极（棕色）；2—信号（红色）；3—负极（橙色）

NOVO MUP080–111型信号转换器固定电压输出，不可调。该信号转换器是专为电位计式位移传感器配置模拟信号的调节装置。它可提供一个非常稳定的恒定电压给电位计，电位计滑刷上的信号能够毫无损耗地接入高阻抗输入端，此信号能被转换成与所测位移成正比例关系的标准信号输出（0~10 V电压信号或4~20 mA电流信号）。该信号转换器具有优良的线性度、极低的温漂及与电位计相匹配的信号处理方式，保证了位移传感器在使用过程中具有良好的表现。位移传感器与信号转换器的引脚定义如图5-8所示。传感器的1、2、3脚分别与信号转换器的3、4、5脚相连，信号转换器的6、7脚接PLC模拟量输入模块6ES7134–6HB00–0DA1的电压检测端，如图5-9所示。

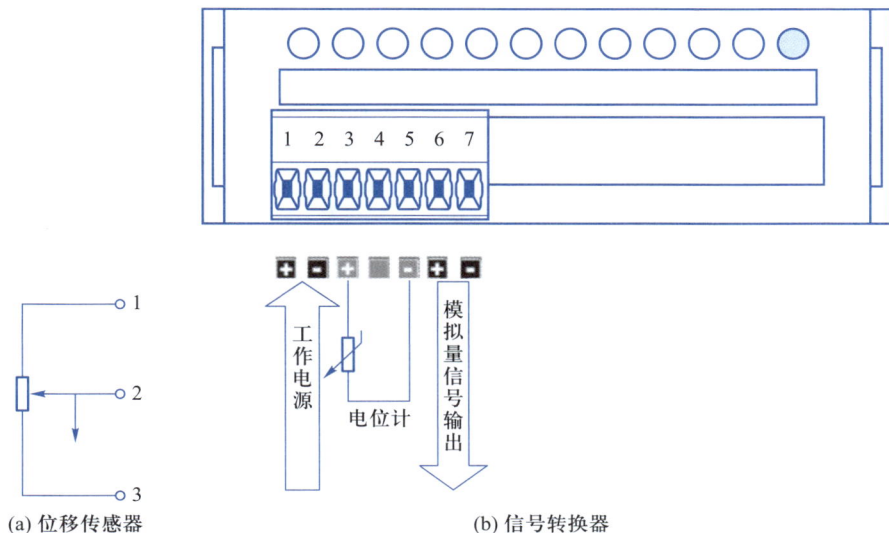

(a) 位移传感器   (b) 信号转换器

图5-8　位移传感器与信号转换器的引脚定义

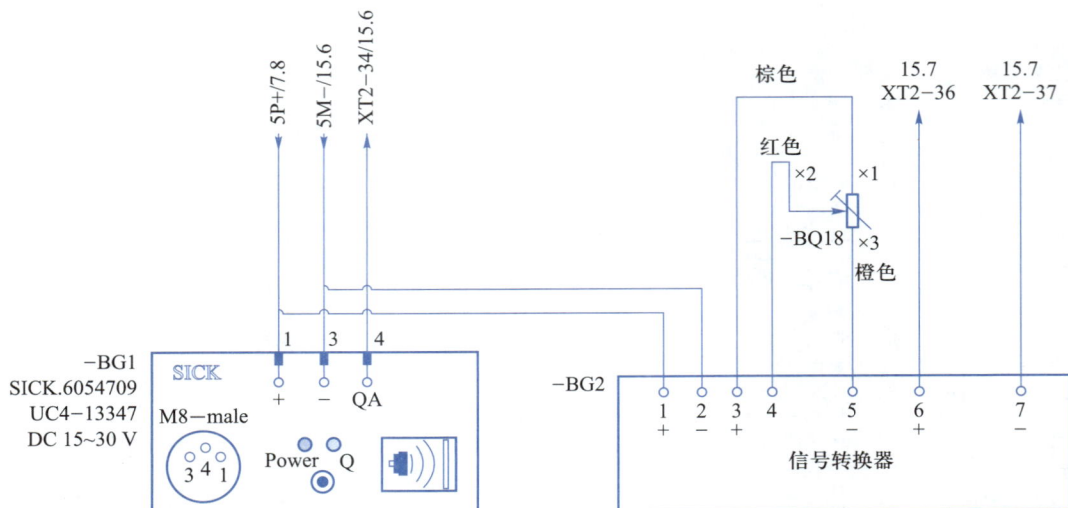

图5-9　信号转换器接线图

三、传感器的调节

完成传感器的安装及电气连接后，需要根据设备工作环境对传感器进行调节。以本项目为例，不同传感器的调节方法略有差别。

1. 磁性开关

磁性开关的安装位置要根据控制对象的要求进行调整，调整方法很简单，只要把磁性开关安装在指定的合适位置，用螺丝刀旋紧固定螺钉即可，如图5-10所示，可以根据气缸伸缩状态观察磁性开关指示灯的变化。

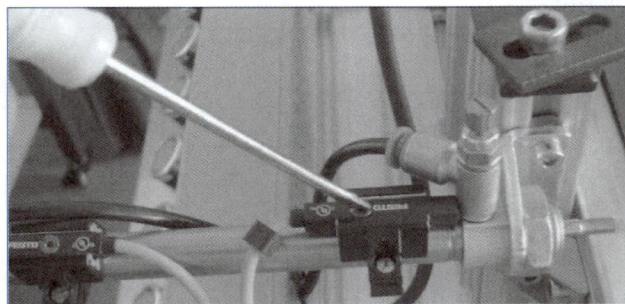

图5-10　磁性开关的调节

2. 漫反射型光电式传感器

漫反射型光电式传感器一般可以调整位置和灵敏度，在安装位置确定的情况下，微调其灵敏度，确保其对白色物体有反应，对黑色物体没有反应。

3. 光纤传感器

光纤传感器由光纤检测头和光纤放大器两部分组成。除了可以调整光纤检测头的伸缩位置外，一般还要调节光纤放大器的灵敏度阈值。光纤放大器的调节显示部分如图5-11所示。

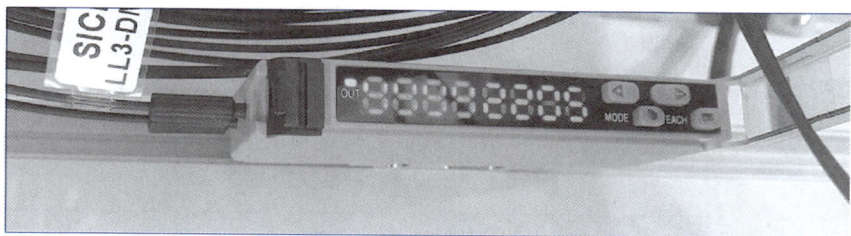

图5-11　光纤放大器的调节显示部分

光纤放大器的调整如下：

① 无工件时，OUT指示灯熄灭，若发现其点亮，可使用方向键调节灵敏度阈值，直至OUT指示灯熄灭。

② 有工件时，OUT指示灯点亮，若发现其熄灭，可使用方向键调节灵敏度阈值，直至OUT指示灯点亮。

③ 切换工件，微调灵敏度阈值，使得OUT指示灯在无工件时熄灭，有工件时点亮。

需要注意的是，当环境亮度发生较大变化时，需要重新调整灵敏度，因此需要确保生产环境基本保持在稳定状态。

4. 电感式、电容式传感器

电感式、电容式传感器的调节主要是调节传感器与被检测物的距离，不同物料的检测距离会有所差别，在使用中通过调整螺母来调节传感器伸出距离，观察传感器指示灯，确定是否调整到位。

5. 超声波传感器

超声波传感器采用模拟量检测，在工作范围（20~150 mm）内有较大的测量范围，因此要确保传感器与物料的距离不要过近。在此情况下只需要在PLC模拟量输入/输出模块读出电压信号，将其进行转换，便可以判断出测量距离或判断出有无物料。需要注意的是，实际进行距离检测时，需要对测量距离进行标定。本任务主要用于物料有无检测，因此不需要标定。

6. 位移传感器

位移传感器同样采用模拟量检测，经信号转换器后输出0~10 V的电压信号，要检测实际距离时也需要进行位移值的标定。由于该传感器的线性度好，因此可以采用2点直线标定，确定计算方程。

7. RFID阅读器

本项目中选用的RF210R IO-Link型RFID阅读器在使用中可能需要微调。使用时，将带有电子标签的工件放置在RFID阅读器检测位置，观察RFID阅读器检测指示灯是否点亮，如果没有点亮，需要调整RFID阅读器的安装螺母，减小RFID阅读器与工件的测试距离，直至

RFID阅读器指示灯点亮。需要注意的是，在调节后需要确保RFID阅读器不影响工件在输送带上的运行。

工业相机、编码器的调节可参见前几个项目，在此不再一一说明。

四、任务检查与总结（表5-5）

表5-5　任务检查与总结

序号	传感器	安装连接	信号调节	使用是否正常
1				
2				
3				
4				
5				
6				
7				
8				
9				
10				
任务总结（复述工作过程及注意事项）：				

任务评价（表5-6）

表5-6　任务评价表

任务	训练内容与分值	训练要求	学生自评	教师评分
传感器选型与装调	传感器选型，25分	1. 根据检测任务要求正确选择传感器； 2. 传感器选择合理		

任务	训练内容与分值	训练要求	学生自评	教师评分
传感器选型与装调	传感器安装与电气连接，40分	1. 根据检测任务要求正确固定传感器； 2. 根据传感器说明书正确完成传感器电气连接； 3. 传感器安装美观、安全		
	传感器调节，25分	1. 根据工作现场完成传感器位置调节； 2. 根据工作现场完成传感器参数性能调节		
	职业素养与创新思维，10分	1. 积极思考，举一反三； 2. 操作安全、规范； 3. 遵守纪律，遵守实训室管理制度		
		学生：　　　　　教师：　　　　　日期：		

任务二

产品质量检测

📋 任务描述

　　智能传感器实训平台上安装有一个位移传感器，可以用于工件深度检测，在支线输送带上配有工业相机，可以用于工件外观（开孔尺寸）检测，如图5-12所示。在平台中通过将检测结果与合格品数据进行比对，就可以判断产品质量。

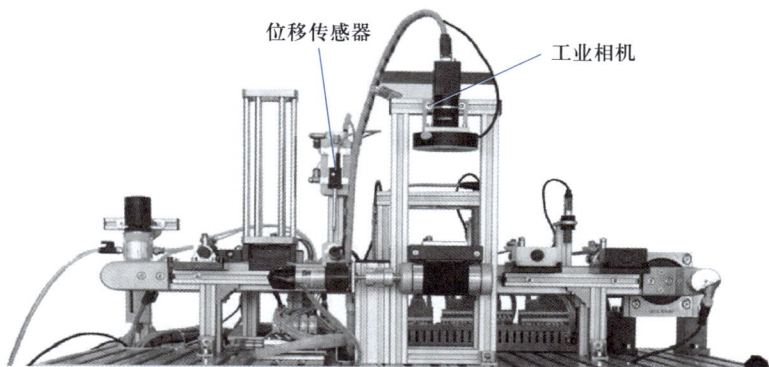

图5-12　智能传感器实训平台

任务分析（表5-7）

表5-7　知识点与技能点

知识点	技能点
产品质量检测常见参数及检测方法	根据产品质量检测参数选择检测方法
产品深度检测方法	使用位移传感器进行工件深度检测
产品外观检测方法	使用工业相机及PLC进行工件外观检测

知识链接

一、产品质量检测

1. 常见检测参数

产品各生产环节的质量检测是产品制造中的重要环节，不同产品的质量检测参数各有差异，比较典型的检测包括外观检测（毛刺、色差、划痕、裂纹、凹坑等）、尺寸检测（厚度、长度、宽度、深度、角度等）、电气产品指标检测（额定电压、功率、频率等）。本任务主要进行工件的深度检测和外观检测。

拓展阅读
提高产品质量总
体水平意义重大

产品质量检测是支撑产品质量的重要一环，自动化检测在提升生产效率及检测准确性等方面起着重要作用。随着制造业的发展，人们对产品质量及安全提出更高要求，因此对于产品质量检测的需求也日益凸显，同时产品质量安全越来越受到重视。

2. 检测方法

（1）尺寸检测方法

常规的尺寸检测方法包括量规法、钢尺法、卡尺法、测微仪法和仪器测量法等，这些方法绝大部分需要人工检测，大部分仅适合抽检，对于批量检测来说效率不高。当对于检测精度要求不高时，在考虑效率的情况下，可以采用传感器及工业相机进行批量检测。本任务中采用位移传感器和机器视觉方式进行工件深度和孔距检测。

（2）外观检测方法

绝大部分产品都要进行外观检测，但不同产品的外观要求略有差别。以往的产品外观检测一般采用肉眼识别的方式，因此有可能因人为因素导致衡量标准不统一，而且长时间检测会产生视觉疲劳从而出现误判的情况。随着计算机技术以及光、机、电等技术的深度配合，产品外观检测具备了快速、准确的特点，常用方法包括超声波探伤检测、光学机器视觉缺陷检测、红外线缺陷检测、漏磁缺陷检测、激光缺陷检测等。人工外观检测一般仅用于抽检。本任务采用机器视觉方式进行工件外观检测。

二、产品深度检测

1. 位移传感器

本任务中工件实际深度不大，选用测量范围为0~25 mm的TR-0025型位移传感器进行检测，如图5-13所示。因该传感器已配套0~10 V标准电压输出的MUP080-111型信号转换器（变送器），因此能够获得线性度很高的检测结果。根据测量范围和输出结果，可求得该位移传感器的测量灵敏度为

$$K = \frac{输出变化}{输入变化} = \frac{(10-0)\ \text{V}}{(25-0)\ \text{mm}} = \frac{2}{5}\ \text{V/mm} \tag{5-1}$$

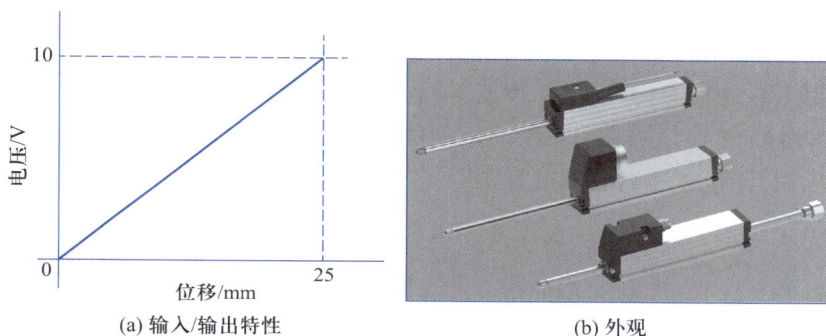

图5-13　位移传感器输入/输出特性及外观

2. 模拟量模块

信号转换器输出的0~10 V电压接入PLC模拟量输入模块6ES7134-6HB00-0DA1。该模块有2个输入通道，每个通道只能选择电压型或电流型其中一种，其主要参数如表5-8所示。

表5-8　模拟量输入模块 6ES7134-6HB00-0DA1 的主要参数

序号	测量类型	测量范围	数据位数
1	电压（2线制信号转换器）	± 10 V	16 位（包括符号）
2		± 5 V	15 位（包括符号）
3		0~10 V	15 位
4		1~5 V	13 位
5	电流（2/4线制信号转换器）	± 20 mA（适用于4线制信号转换器）	16 位（包括符号）
6		0 ~ 20 mA	15 位
7		4 ~20 mA	14 位

该模块的单极性模拟量输入与数据转换的关系如表5-9所示，双极性模拟量输入的0~10 V部分与表5-9所示相同，在此不再详细说明，具体参见模拟量模块手册。

表 5-9 单极性模拟量输入与数据转换关系

序号	数值	电压测量范围	范围
1	32 767	> 11.759 V	上限
2	27 648	10 V	额定范围
3	20 736	7.5 V	
4	1	361.7 μV	
5	0	0 V	
6	−1		超出下限
7	−32 768	< −1.759 V	下溢

3. 编程使用

在 TIA 博途软件中，可使用 SCALE（缩放）指令进行位移检测，如图 5-14 所示。SCALE 指令将按以下公式进行数据计算：

$$OUT = [((FLOAT (IN) - K1)/(K2 - K1)) \times (HI\_LIM - LO\_LIM)] + LO\_LIM \qquad （5-2）$$

式中，常量 K1 和 K2 的值将由 SCALE 指令的参数 BIPOLAR 的信号状态决定。BIPOLAR 的信号状态有以下两种：

- 信号状态 "1"：假设 SCALE 指令的参数 IN 的值为双极性且取值范围为 −27 648~27 648，则 K1 的值为 −27 648.0，K2 的值为 +27 648.0。
- 信号状态 "0"：假设参数 IN 的值为单极性且取值范围为 0~27 648，则 K1 的值为 0.0，K2 的值为 +27 648.0。

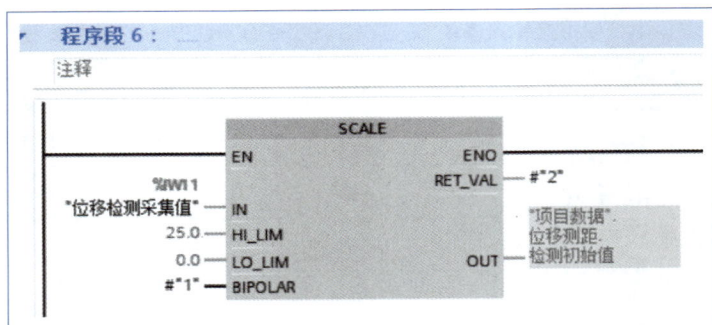

演示视频
模拟量应用

图 5-14 SCALE 指令在位移检测中的应用

如果 IN 的值大于 K2 的值，则将 SCALE 指令的结果设置为上限值（HI_LIM）并输出一个错误。如果 IN 的值小于 K1 的值，则将 SCALE 指令的结果设置为下限值（LO_LIM）并输出一个错误。

根据信号转换器输出信号范围（0~10 V）与传感器测量范围（0~25 mm），可以直接将上、下限值设置为传感器测量值的上、下限值。若希望获得更大值，可以将检测数据放大10倍，即上限值为250，下限值为0。当然用户也可以设置其他上、下限值。选择BIPOLAR为信号状态"0"，工作在单极性情况，此时若信号转换器输出信号为5 V，PLC读取信号为13 824，代入式（5-2）中，得到SCALE指令输出结果为125，与实际尺寸12.5 mm相比刚好放大10倍。本任务主要以工件深度检测为例进行说明，以实际测量范围0~25 mm进行设置。

三、产品外观检测

1. 机器视觉

产品外观检测的方法很多，目前机器视觉检测方法越来越普遍。本项目中选用海康威视MV-CA050-20GM/GC/GN工业面阵相机，其具体使用方法参见项目四。机器视觉可以测量工件的各种尺寸参数，如进行长度测量、圆测量、角度测量、线弧测量、区域测量等。基于机器视觉的自动检测和判定系统，可以对多种型号孔径的内外侧尺寸、桥宽、槽宽等参数进行自动测量和判定，从而检测出工件相关区域的基本几何特征。

机器视觉检测方法也可以用于产品外观缺陷检测，包括检测产品物理表面或功能不对称的部分，如划痕，黑点，金属材料表面孔，纸张表面颜色和压花，夹层玻璃和非金属材料表面杂质、损坏、污垢等。

2. 机器视觉测距

通过Vision Master对工业相机与光源进行正确配置，在软件中添加光源、图像源、快速特征匹配、位置修正、圆查找和圆圆测量等流程，可以准确定位、查找与测量工件数据，完成图5-15所示的尺寸测量（图中各条线段的长度为测量距离），具体操作参见项目四。

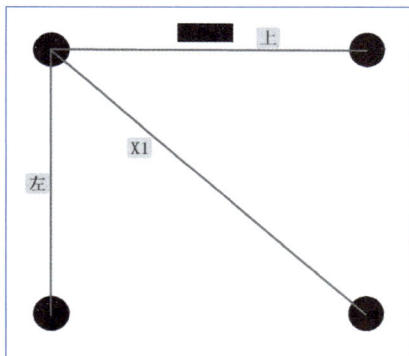

图5-15 工件测量图形

3. 编程使用

在TIA博途软件中，可使用CALCULATE（计算）指令进行尺寸检测，如图5-16所示。CALCULATE指令将按以下公式进行数据计算：

$$OUT:=IN1 \times IN7 \times IN7 \times IN7+IN2 \times IN7 \times IN7+IN3 \times IN7+IN4+IN5/IN7+IN6/IN7/IN7 \qquad (5-3)$$

各输入数据可根据需要添加，其中各计算关系数据要与实际视觉系统输出数据位对应一致。

此外，产品质量检测还包括产品灌装重量检测和产品包装检测等，本项目未涉及，读者可以自行了解。

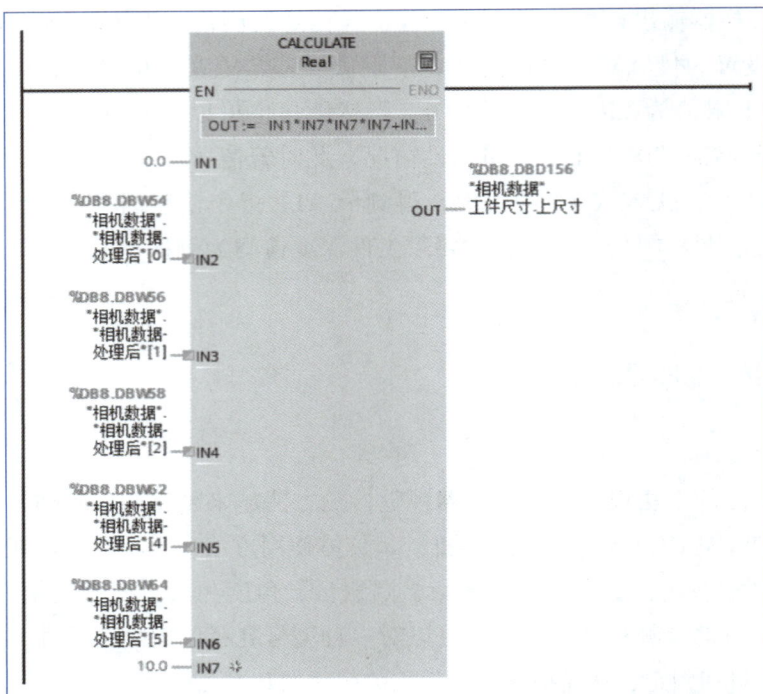

图5-16 CALCULATE指令在尺寸检测中的应用

任务实施

一、工件深度检测

1. 程序设计

本任务通过SCALE指令获得深度测距值,根据产品合格标准进行判定,其中合格标准值可以根据不同产品进行设定,具体流程如图5–17所示。

源代码
项目五任务二
和任务三程序

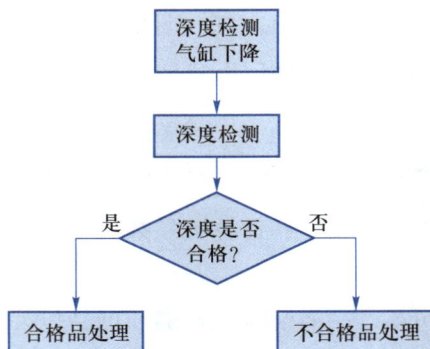

图5-17 工件深度检测流程

本任务根据位移测距存储值与深度检测合格值进行比较，当存储值大于合格值时判定为合格品，标注合格并进入合格品处理流程；否则判定为不合格品，进入不合格品处理流程，具体程序如图5-18所示。

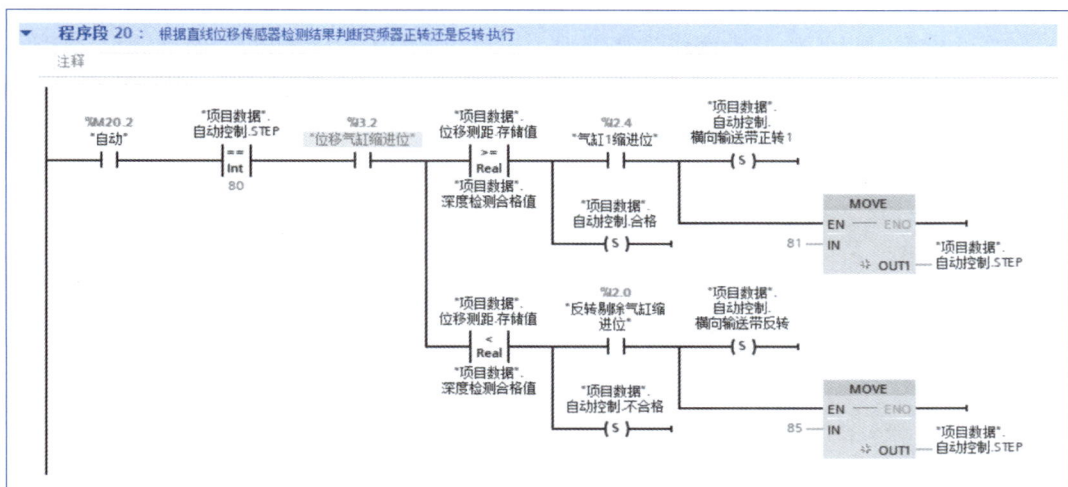

图5-18　工件深度检测程序

2. 位移检测标定调试

由于位移检测的气缸安装位置并非正好处于检测基准位，同时在位移传感器缩回状态时位移值为0，伸出状态时位移值为25，而位移传感器默认为伸出状态，因此需要对位移检测值进行标定调试。

位移传感器具有良好的线性关系，可以根据两点确定直线的方式找出基准点，再通过"加"或"减"指令，调整测距实际值。本任务要将传感器默认伸出检测转换为深度检测，在此需要对数据进行标定与处理。如图5-19所示，位移检测标定调试步骤如下：

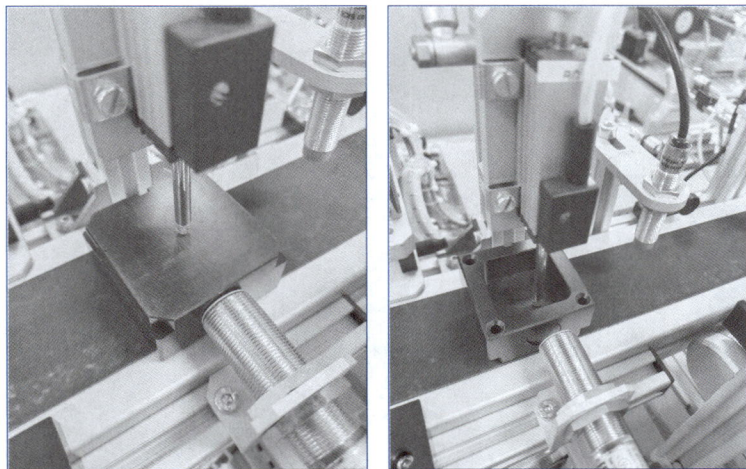

演示视频
深度检测标定
调试

图5-19　位移检测标定调试

① 将工件正向放置在位移传感器下方，使用手动按钮控制气缸下降，观察位移传感器的变化，同时监测PLC位移测距原始值，此时读数为22，做好记录。

② 将工件反向放置在位移传感器下方，控制气缸下降，观察并监测PLC位移测距实际值，此时读数为6.1，做好记录。

③ 深度检测时以工件上表面作为基准面，工件下表面作为检测面，因此需要将工件下表面原始值与工件上表面原始值的差作为检测实际值。定义工件上表面原始值为标定值，添加一段数据处理程序，如图5-20所示。

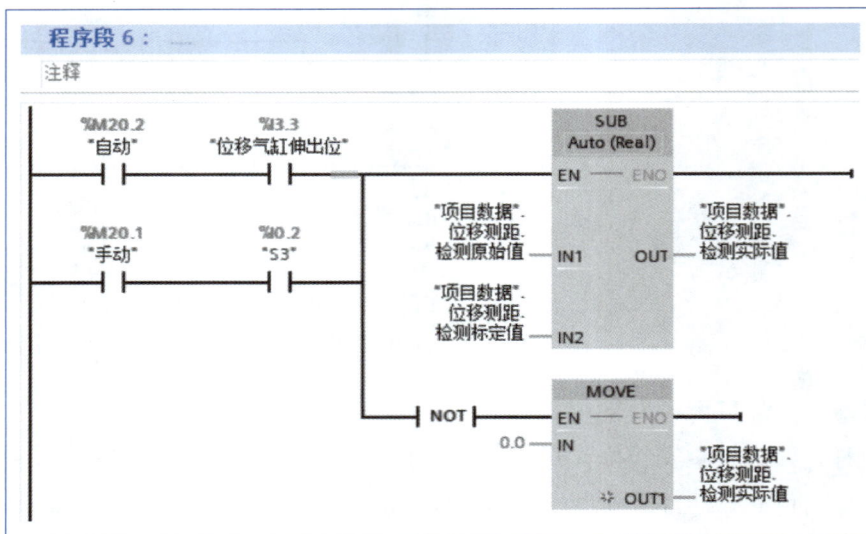

图5-20　深度检测实际值处理程序

由于本任务对测量精度的要求不高，主要用于判断加工深度有没有达到某个阈值，因此也可以通过修改深度检测合格值完成合格检测任务，读者可自行修改程序。

二、工件外观检测

1. 程序设计

本任务采用工业相机进行视觉检测，数据处理程序见图5-16。此处主要考虑ASCII码与十进制数之间的转换。两者相差48，对应的十六进制数是16#30，程序如下：

```
FOR #I ： = 0 TO 50 DO
    "相机数据"."相机数据-处理后"[#I] ： = "相机数据"."相机数据-处理前"
  [#I] - 16#30;
END_FOR;
```

另外，PLC与机器视觉系统要进行数据通信，采用TSEND_C（发送）指令和TRCV_C

（接收）指令实现，数据发送可以根据PLC程序的需要通过手动触发或自动触发的形式发送拍照方案数据，数据接收可以令接收指令一直处于接收状态，如图5-21所示。

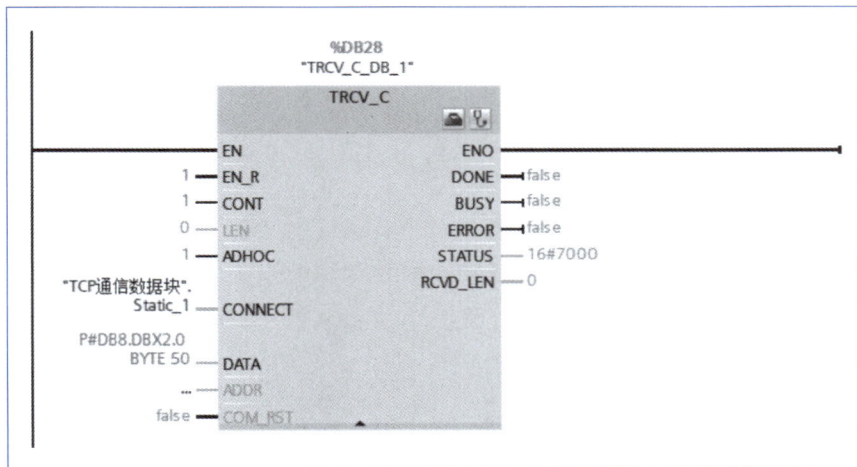

(a) 数据发送

(b) 数据接收

图5-21　PLC与机器视觉系统的数据通信

2.外观检测调试

将工件放置在工业相机下方，运行PLC，使用 Vision Master 软件进行机器视觉检测处理，观察视觉图片检测结果，同时监测 PLC 中显示的各个工件尺寸值，将机器视觉测量结果与工件尺寸值进行对比，正常情况下两者数据应一致。如果数据不一致，观察是否是数据转换不正确，或通信未成功，再根据故障原因，对程序或机器视觉系统进行检查调整和故障排除。本任务检测的三个尺寸（见图5-15）都要作为工件外观检测依据，进行合格判定时，需要三者均合格才能判定工件外观合格。读者可以根据实际产品外观检测要求综合判定产品的合格性。

三、任务检查与总结（表5-10）

表5-10 任务检查与总结

序号	产品质量检测项目	检测目标值	检测实际值	是否合格
1				
2				
3				
4				
5				
6				
7				
8				
9				
10				
任务总结（复述工作过程及注意事项）：				

任务评价（表5-11）

表5-11 任务评价表

任务	训练内容与分值	训练要求	学生自评	教师评分
产品质量检测	工件深度检测，40分	1. 正确编写深度检测处理程序； 2. 正确完成深度检测； 3. 正确完成产品合格判定		
	工件外观检测，40分	1. 举例尺寸合格检测项目； 2. 正确使用工业相机完成尺寸合格检测		
	职业素养与创新思维，20分	1. 积极思考，举一反三； 2. 操作安全、规范； 3. 遵守纪律，遵守实训室管理制度		
学生： 教师： 日期：				

物料识别与分拣

📘 任务描述

智能传感器实训平台主输送带的一侧安装有多个传感器,能够对物料进行识别,并完成物料分拣工作。如图5-22所示,主输送带后端分别安装有电感式、光电式、电容式传感器,以及3路推料气缸,用于对物料进行识别和分拣。

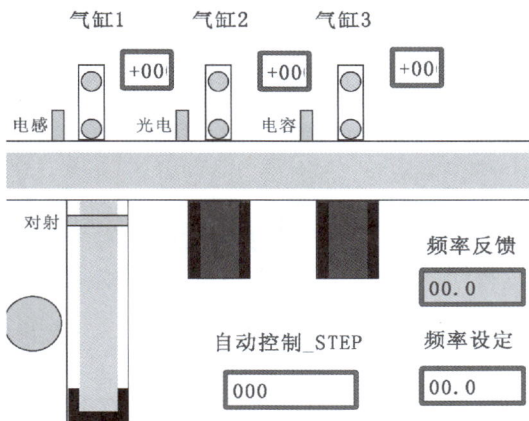

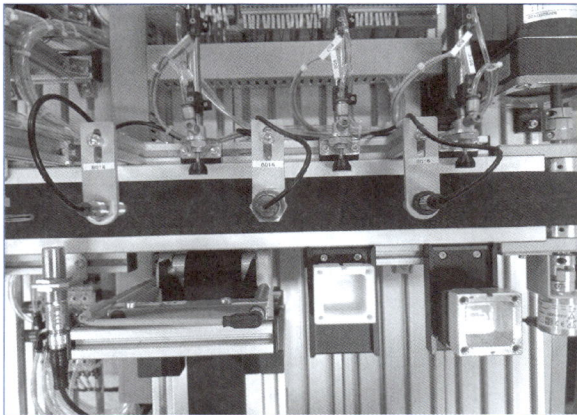

图5-22 智能传感器实训平台物料识别与分拣

📋 任务分析(表5-12)

表5-12 知识点与技能点

知识点	技能点
物料识别类型及常用传感器	根据物料类别,选择正确的物料识别传感器
物料分拣控制要求及流程	利用传感器完成物料识别
变频器主要功能	使用变频器,用PLC进行物料识别与分拣

🔗 知识链接

一、物料识别检测

1.物料识别类型

物料识别在自动化生产中起着很重要的作用,是进行计算机集成控制的基础。物料识别即在生产的关键部位，通过声、光、磁、电等多种介质获取物料流动过程中某一活动的关键特性，如名称、数量、质量、来源、目的地、加工情况、材质、颜色、运输路线等。物料识别可分为针对物料属性进行的直接识别和针对物料运载装置（如托盘等）上的标志进行的间接识别两种。

物料识别广泛采用条码自动识别技术。这一方法读取速度快，精度高，使用方便，成本低，适应性好。物料识别也可以采用人工目测的方法，即由人完成对物料相关信息的识别，并通过计算机终端做好记录，送入主计算机。物料控制即在物料识别的基础上，根据生产情况，由计算机统一协调控制相应设备或装置，使物料按要求传送。

本任务采用传感器进行物料识别，识别对象包括物料材质、颜色等。

2. 物料识别常用传感器

（1）形状识别传感器

形状识别传感器通过扫描的方式对对象进行扫描并记录数据。如针对小型物体，可以通过CCD相机进行光学扫描；针对大型物体，可通过无线电进行扫描。

（2）颜色识别传感器

颜色识别传感器，也称为颜色传感器或色彩传感器，是一种通过将对象的颜色与之前显示的参考颜色进行比较来识别颜色的传感器。当两种颜色在一定误差范围内匹配时，将输出合格检测结果。另外可以使用反射型光电式传感器识别颜色的深浅等。

（3）物料材质识别传感器

物料材质识别传感器可以根据材质特性进行物料识别，比较典型的包括：电感式传感器能够区分金属材料与非金属材料，霍尔传感器能够区分磁性材料和非磁性材料，电容式传感器能够区分具有不同介电常数的材料。

除此以外，也可以采用RFID的物体类别标识形式进行物料识别，项目二中已有说明。本任务采用其他方式进行识别，如采用电感式传感器识别金属物料和非金属物料，采用反射型光电式传感器识别黑色物料和白色物料。

二、物料分拣

拓展阅读
全球首个全程
无人分拣中心
昆山亮相

1. 气缸

气缸在使用时需要配套电磁阀和气动控制回路。本项目实际由多个气缸和电磁阀组成，由多组气缸构成物料的出料、分拣、不合格品剔除等环节。分拣环节主要由气缸1、2、3组成，为不同物料进行分拣。本任务使用的电磁阀主要采用双电控二位五通阀，图5-23所示为双电控二位五通电磁阀组。

双电控二位五通阀控制气路如图5-24所示。电磁阀初始位在右侧，此时气缸处于缩回状态；当需要伸出时，为电磁阀DT1通电，气路从电磁阀进入单向节流阀1，高压气体进入气缸P1侧，气缸伸出，伸出到位（磁性开关SQ2导通），DT1断电，气缸处于保持状态；当需要缩回时，为电磁阀DT2通电，气路从电磁阀进入单向节流阀2，高压气体进入气缸P2侧，气缸缩回，缩回到位（磁性开关SQ1导通），DT2断电，以此完成推料工作，气缸完成一个伸缩动作。

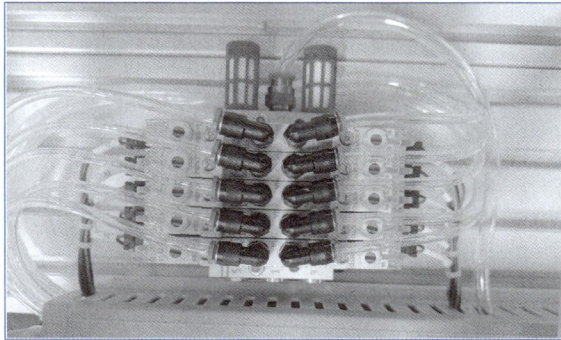

图5-23　双电控二位五通电磁阀组

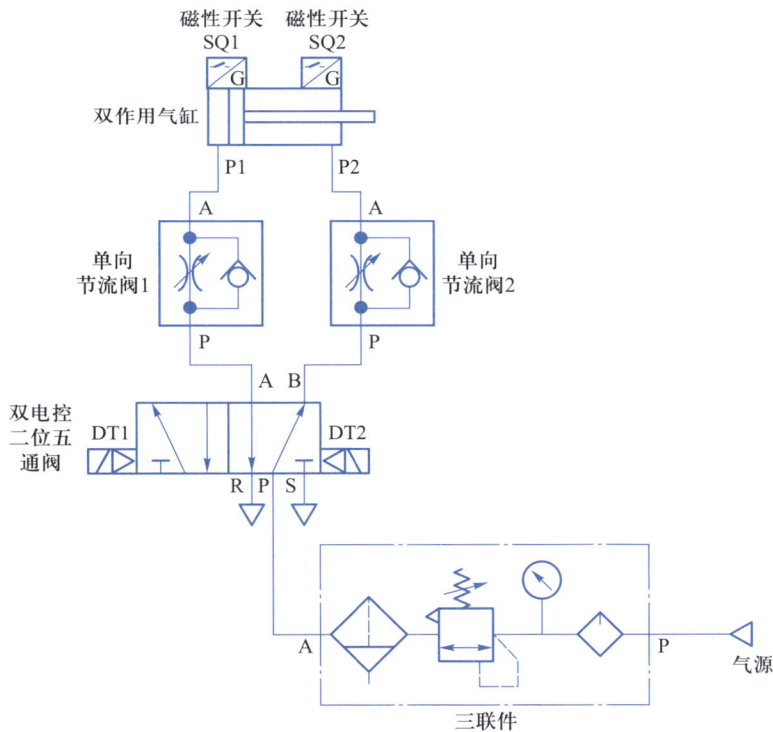

图5-24　双电控二位五通阀控制气路

2. 分拣分析

（1）分拣控制要求

① 按照料仓出料控制要求，进行物料的自动分拣。

② 在料仓有料的情况下，料仓定时送料。

③ 在有料情况下，根据传感器检测信号进行分拣：

a. 当物料运行到电感式传感器位置时，若检测到信号，则推动气缸1延时动作（延时时间根据具体情况调节），把物料推出到纵向输送带位置。

b. 当物料运行到光电式传感器位置时，若检测到信号，则推动气缸2延时动作（延时时间根据具体情况调节），推出到位后缩回。

c. 当物料运行到电容式传感器位置时，若检测到信号，则推动气缸3延时动作（延时时间根据具体情况调节），推出到位后缩回。

④ 在料仓长时间无料的情况下，设备输送带自动报警或停止运行。

（2）分拣控制流程

在不考虑产品质量检测的情况下，料仓只负责送料，分拣系统只负责物料分拣，结合分拣控制要求，确定物料分拣控制流程，如图5-25所示。

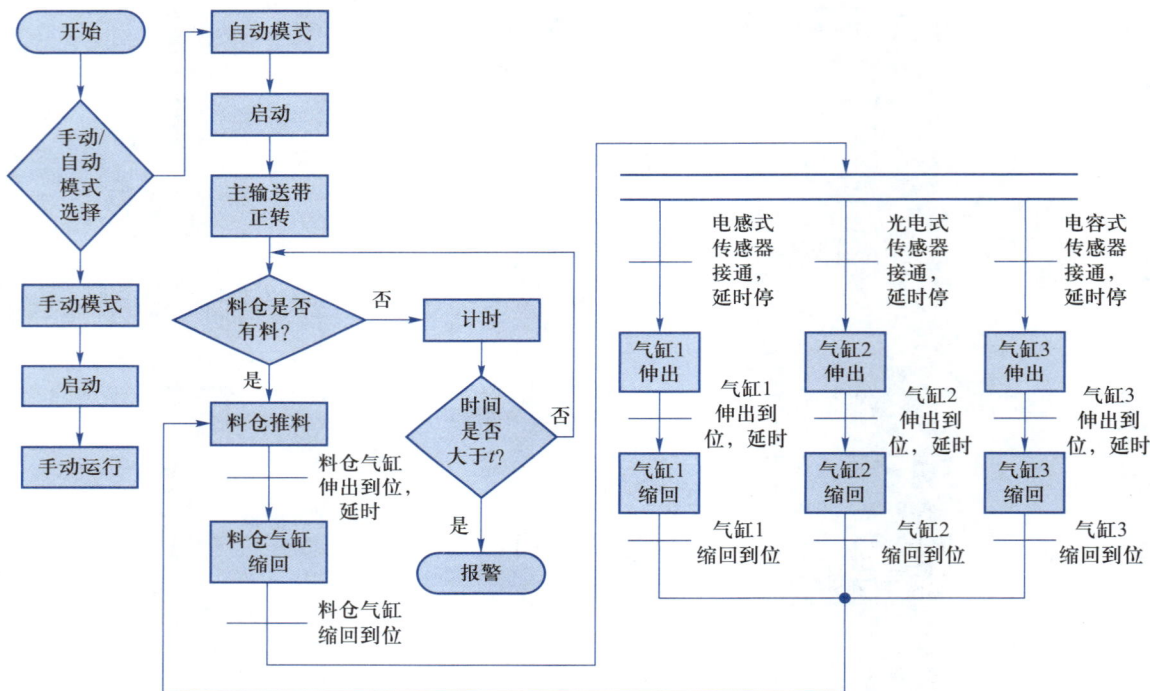

图5-25　物料分拣控制流程

三、变频器

本任务选用西门子V20变频器，需要熟悉变频器的端子接线、参数设置，能熟练应用V20变频器进行固定段速、多段速、模拟量及电动机正反转控制，从而配合PLC进行相关工艺的编程控制。

1. 变频器典型接线

变频器的电气部分通常由两部分组成，即主回路和控制回路。主回路主要涉及变频器的供电、与电动机的连接、减速；控制回路包括数字量输入和输出、模拟量输入和输出、RS-

485通信等部分。图5-26所示为用户端子示意图，图5-27所示为V20变频器典型系统接线图。

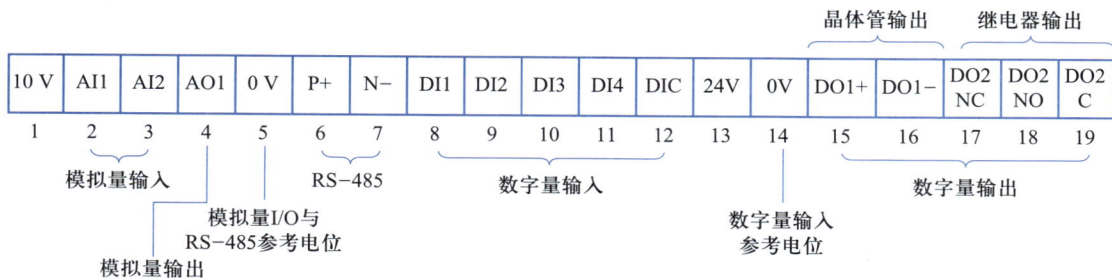

图5-26 用户端子示意图

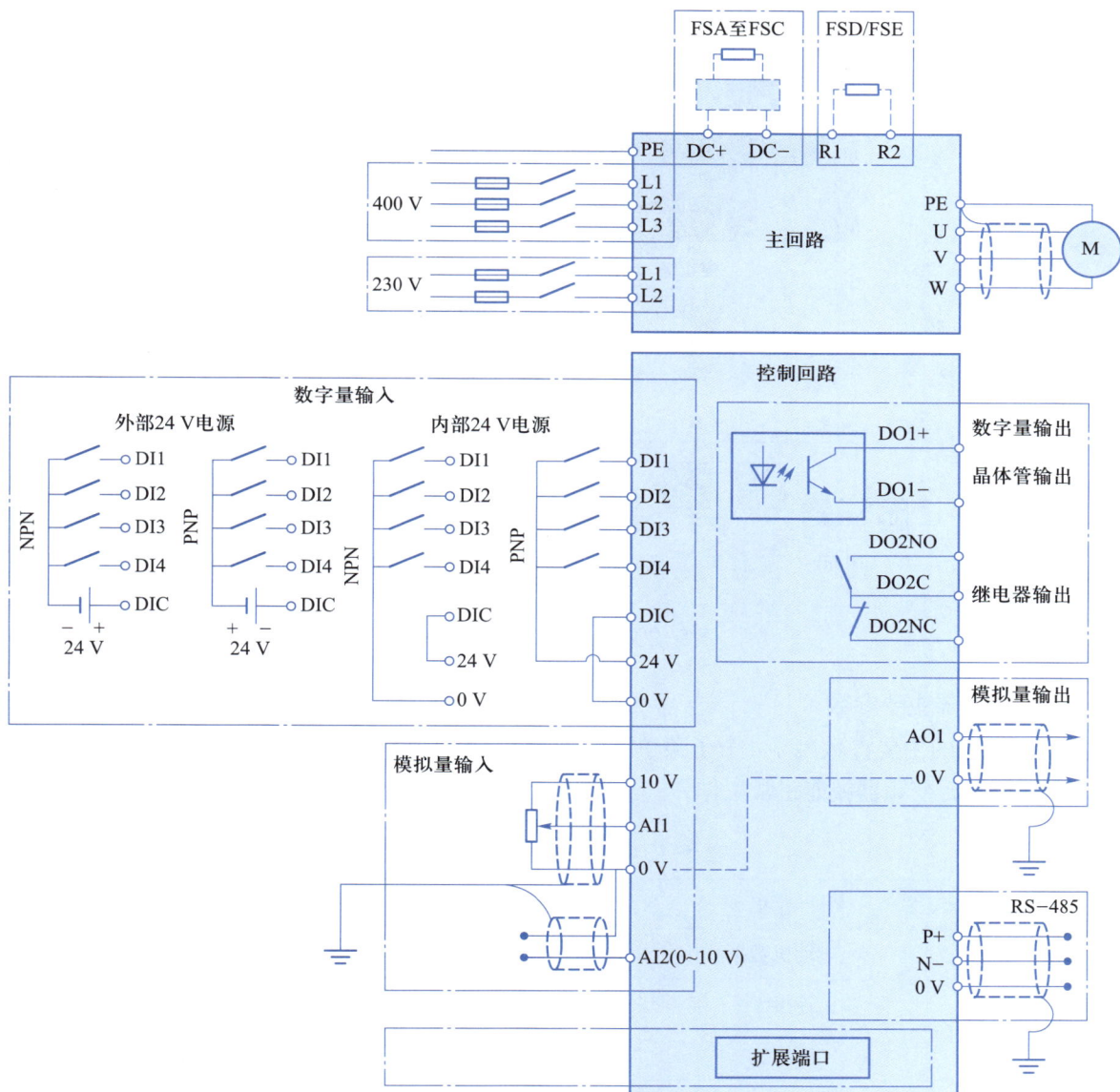

图5-27 V20变频器典型系统接线图

2. 变频器操作面板（BOP）

如图5-28所示，变频器操作面板上主要有6个操作键，包括停止键、运行键、功能键、OK键、向上键、向下键。其操作分为短按和长按，功能各有不同，具体参见V20变频器手册。

功能键与OK键可以组合工作，如图5-29所示，可以使得变频器在自动模式、手动模式、点动模式下切换。

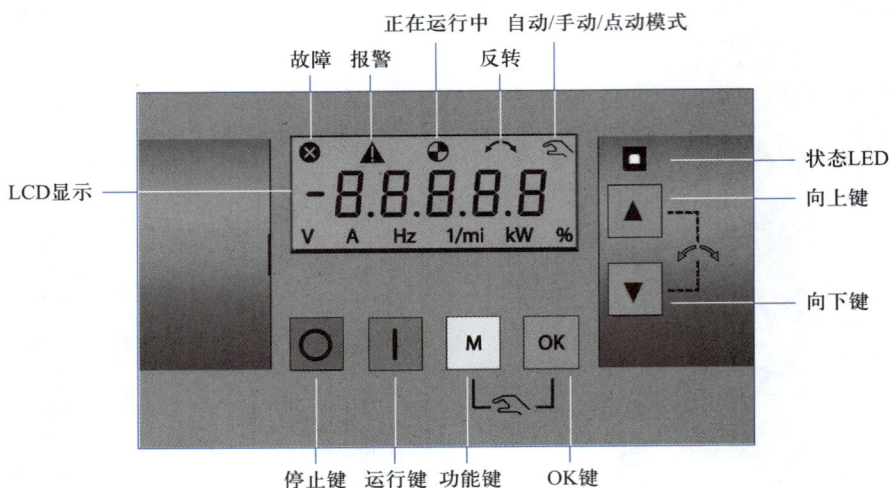

图5-28 变频器操作面板

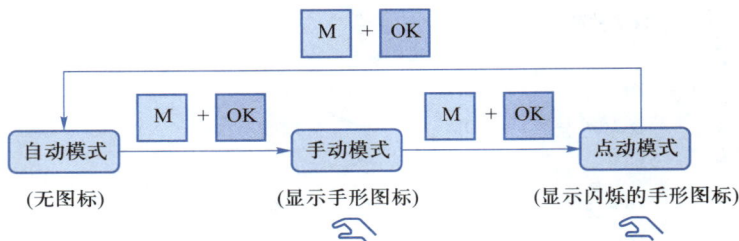

图5-29 变频器工作模式切换

3. 变频器主要参数

变频器的主要参数列于4个子菜单下，如表5-13和图5-30所示，通过修改这些参数，并配合PLC，变频器就能正常工作。

表5-13 变频器主要参数子菜单

序号	子菜单	功能
1	电动机数据	设置电动机额定参数
2	连接宏	选择所需的宏进行标准连线
3	应用宏	选择所需的宏用于特定应用场景
4	常用参数	设置必要参数实现变频器性能优化

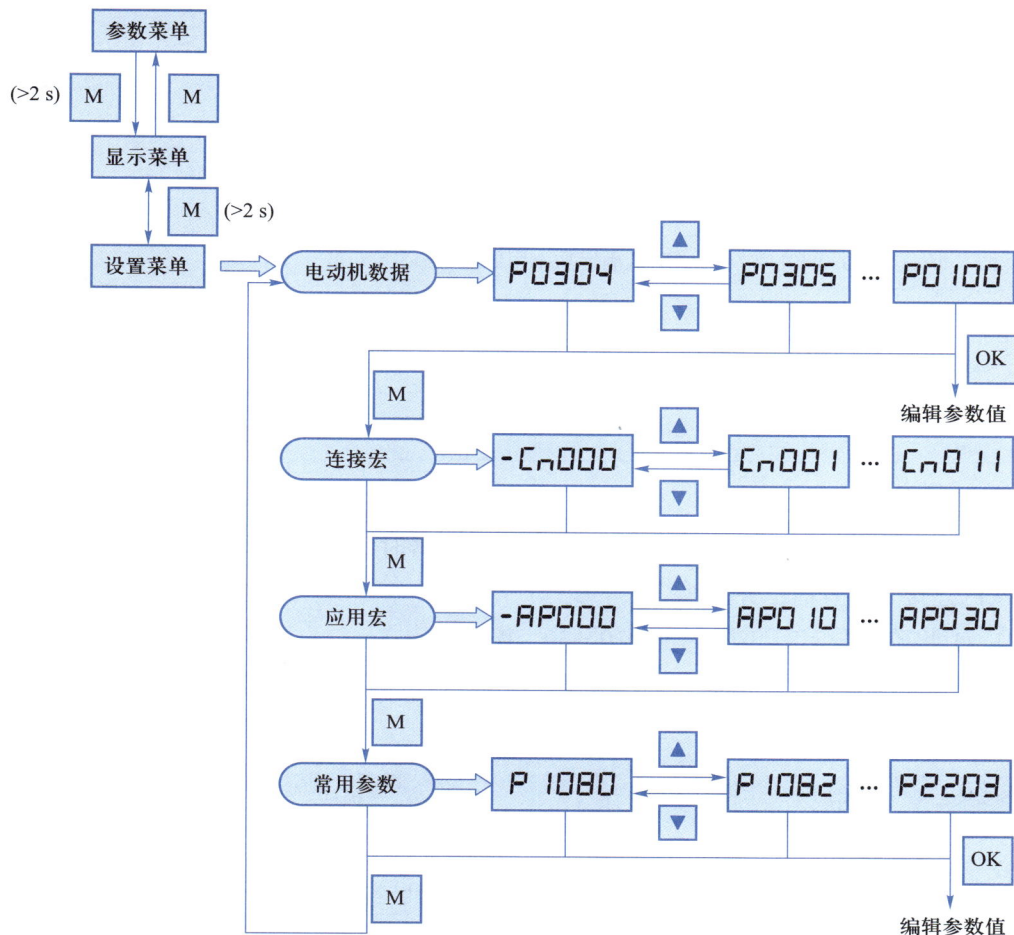

图5-30 V20变频器菜单结构

（1）电动机数据

该子菜单下的参数对应电动机铭牌上的额定值，主要参数包括频率、电压、电流、功率等，如表5-14所示，具体设置参见V20变频器手册。

表5-14 电动机数据

序号	参数	描述
1	P0100	50/60 Hz 频率选择 =0：欧洲（kW），50 Hz（工厂默认值） =1：北美（hp，1 hp ≈ 745.7 W），60 Hz =2：北美（kW），60 Hz
2	P0304[0]	电动机额定电压（V） 注意输入的铭牌数据必须与电动机接线（星形/三角形）一致
3	P0305[0]	电动机额定电流（A）

序号	参数	描述
4	P0307[0]	电动机额定功率（kW / hp） 如 P0100 = 0 或 2，电动机功率单位为 kW 如 P0100 = 1，电动机功率单位为 hp
5	P0308[0]	电动机额定功率因数（$\cos\varphi$）
6	P0309[0]	电动机额定效率（%）
7	P0310[0]	电动机额定频率（Hz）
8	P0311[0]	电动机额定转速（r/min）

（2）连接宏

该子菜单下的参数如表5-15所示。当调试变频器时，连接宏设置为一次性设置。在更改上次的连接宏设置前，务必执行以下操作：

①对变频器进行工厂复位（P0010 = 30，P0970 = 1）。

②重新进行快速调试操作并更改连接宏。

表5-15 连 接 宏

序号	连接宏	描述
1	Cn000	出厂默认设置。不更改任何参数设置
2	Cn001	BOP 为唯一控制源
3	Cn002	通过端子控制（PNP/NPN）
4	Cn003	固定转速
5	Cn004	二进制模式下的固定转速
6	Cn005	模拟量输入及固定频率
7	Cn006	外部按钮控制
8	Cn007	外部按钮与模拟量设定值组合
9	Cn008	PID（比例、积分、微分）控制与模拟量输入参考组合
10	Cn009	PID 控制与固定值参考组合
11	Cn010	USS（通用串行接口）控制
12	Cn011	Modbus RTU（远程终端单元）控制

（3）应用宏

该子菜单下的参数如表5-16所示。应用宏设置也为一次性设置。在更改上次的应用宏设置前，务必执行以下操作：

①对变频器进行工厂复位（P0010 = 30，P0970 = 1）。

②重新进行快速调试操作并更改应用宏。

表 5-16　应　用　宏

序号	应用宏	描述
1	AP000	出厂默认设置。不更改任何参数设置
2	AP010	普通水泵应用
3	AP020	普通风机应用
4	AP021	压缩机应用
5	AP030	输送带应用

在宏前面显示负号表明此宏为当前选定的宏。

（4）常用参数

该子菜单下的参数如表5-17所示。可以通过常用参数的设置，实现变频器工作及性能优化。

表 5-17　常　用　参　数

序号	参数	描述	设置
1	P0003	用户访问级别	=0：用户自定义参数列表 =1：标准，允许访问常用参数 =2：扩展，允许扩展访问 =3：专家，仅供专家使用 =4：维修，仅供经授权的维修人员使用，有密码保护
2	P0010	调试参数	=0：就绪 =1：快速调试 =2：变频器 =29：下载 =30：恢复出厂设置
3	P0100	50/60 Hz 频率选择	见表5-14
4	P0700[0]	选择命令源	= 0：出厂默认设置 = 1：操作面板（工厂默认值） = 2：端子 = 5：RS-485 上的 USS/Modbus
5	P0701[0...2] ~ P0704[0...2]	选择数字量输入 1~4 的功能	=0：禁止数字量输入 =1：ON / OFF1 =2：ON 反向 / OFF1 =9：故障确认 =10：正向点动 =12：反转 其他见V20变频器手册

序号	参数	描述	设置
6	P0756[0...1]	定义模拟量输入的类型，同时使能模拟量输入监控功能	=0：单极性电压输入（0~10 V），默认值 =1：单极性电压输入带监控功能（0~10 V） =2：单极性电流输入（0~20 mA） =3：单极性电流输入带监控功能（0~20 mA） =4：双极性电压输入（−10~10 V）
7	P0970	工厂复位	= 1：所有参数（不包括用户默认设置）复位至默认值 = 21：所有参数以及所有用户默认设置复位至工厂复位状态
8	P1000[0]	频率设定值选择	范围：0~77（工厂默认值：1） = 0：无主设定值 = 1：MOP（电动电位器）设定值 = 2：模拟量设定值 = 3：固定频率 = 5：RS−485 上的 USS/Modbus = 7：模拟量设定值2 其他见V20变频器手册
9	P1001[0..2] ~ P1015[0..2]	固定频率1~15（Hz）	范围−550.00~550.00
10	P1080[0]	最小频率（Hz）	范围：0.00~550.00（工厂默认值：0.00）
11	P1082[0]	最大频率（Hz）	范围：0.00~550.00（工厂默认值：50.00）
12	P1120[0]	斜坡上升时间（s）	范围：0.00~650.00（工厂默认值：10.00）
13	P1121[0]	斜坡下降时间（s）	范围：0.00~650.00（工厂默认值：10.00）
14	P1130[0...2]	斜坡上升初始圆弧时间（s）	范围：0.00~40.00（工厂默认值：0.00）
15	P1131[0...2]	斜坡上升最终圆弧时间（s）	范围：0.00~40.00（工厂默认值：0.00）
16	P1132 0...2]	斜坡下降初始圆弧时间（s）	范围：0.00~40.00（工厂默认值：0.00）
17	P1133[0...2]	斜坡下降最终圆弧时间（s）	范围：0.00~40.00（工厂默认值：0.00）
18	P1300[0]	控制方式	= 0：具有线性特性的 V/f 控制（工厂默认值） = 1：带 FCC（磁通电流控制）的 V/f 控制 = 2：具有平方特性的 V/f 控制 = 3：具有可编程特性的 V/f 控制 = 4：具有线性特性的 V/f 控制（带节能功能） = 5：用于纺织应用的 V/f 控制 = 6：带 FCC 用于纺织应用的 V/f 控制 = 7：具有平方特性的 V/f 控制（带节能功能） = 19：带独立电压设定值的 V/f 控制

序号	参数	描述	设置
19	P3900	快速调试结束	=0：不快速调试（工厂默认值） =1：结束快速调试并执行工厂复位 =2：结束快速调试 =3：仅对电动机数据结束快速调试

设置斜坡时间值能够限制设定值改变的速度，从而可以使电动机更为平滑地加速和减速，保护所驱动机器的机械部件，如图5-31所示。

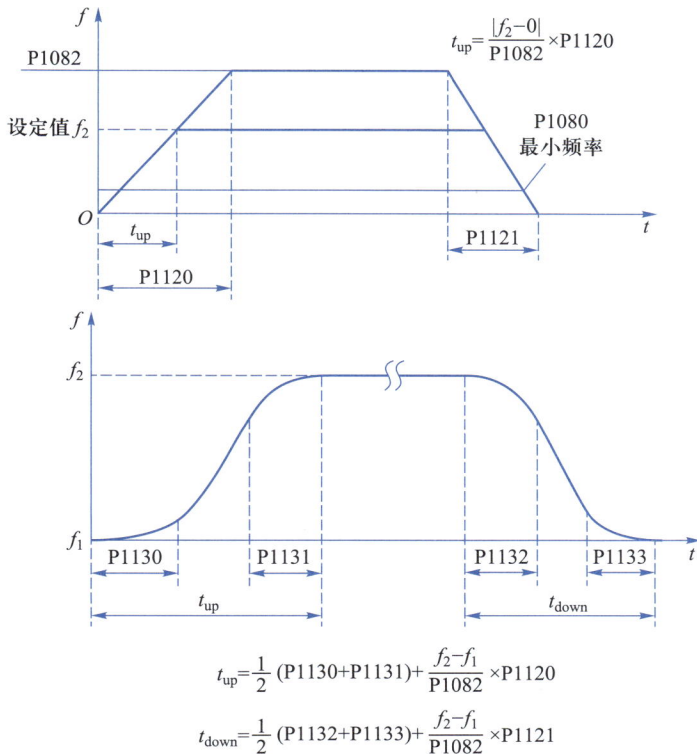

$$t_{up}=\frac{|f_2-0|}{P1082}\times P1120$$

$$t_{up}=\frac{1}{2}(P1130+P1131)+\frac{f_2-f_1}{P1082}\times P1120$$

$$t_{down}=\frac{1}{2}(P1132+P1133)+\frac{f_2-f_1}{P1082}\times P1121$$

图5-31　斜坡时间

变频器参数较多，在此不一一详细说明，具体可查阅V20变频器手册。

任务实施

一、I/O表

根据实际连线，物料分拣部分的I/O表如表5-18所示。

表 5-18　物料分拣部分 I/O 表

输入信号		输出信号	
信号名称	信号地址	信号名称	信号地址
START	I1.0	H-START	Q1.0
STOP	I1.1	H-STOP	Q1.1
QUIT	I1.2	H-QUIT	Q1.2
Hand	I1.3	变频启动 -DI1	Q1.4
0-1	I1.4	变频反转接通 -DI2	Q1.5
ENG-SIGNAL	I1.5	变频输入 3-DI3	Q1.6
Auto	I1.6	料仓气缸电磁阀伸出	Q2.2
料仓气缸缩回位	I2.2	料仓气缸电磁阀缩回	Q2.3
料仓气缸伸出位	I2.3	气缸 1 电磁阀伸出	Q2.4
气缸 1 缩回位	I2.4	气缸 1 电磁阀缩回	Q2.5
气缸 1 伸出位	I2.5	气缸 2 电磁阀伸出	Q2.6
气缸 2 缩回位	I2.6	气缸 2 电磁阀缩回	Q2.7
气缸 2 伸出位	I2.7	气缸 3 电磁阀伸出	Q39.0
气缸 3 缩回位	I3.0	气缸 3 电磁阀缩回	Q39.1
气缸 3 伸出位	I3.1		
电感式传感器	I3.5		
光电式传感器	I3.6		
电容式传感器	I3.7		
门型光电式传感器	I4.0		

另外，超声波检测采集值接 PLC 模拟量输入地址为 IW9；变频器模拟量调速电压 AI1 接 PLC 模拟量输出端 Q0，输出地址为 QW3；变频器模拟量输出 AO1 接 PLC 模拟量输入端 I0，输入地址为 IW5。

二、变频器接线与参数设置

本任务考虑使用变频器的模拟量调速，同时能够进行正反转控制，因此变频器采用连接宏 Cn002，其接线图如图 5-32 所示。

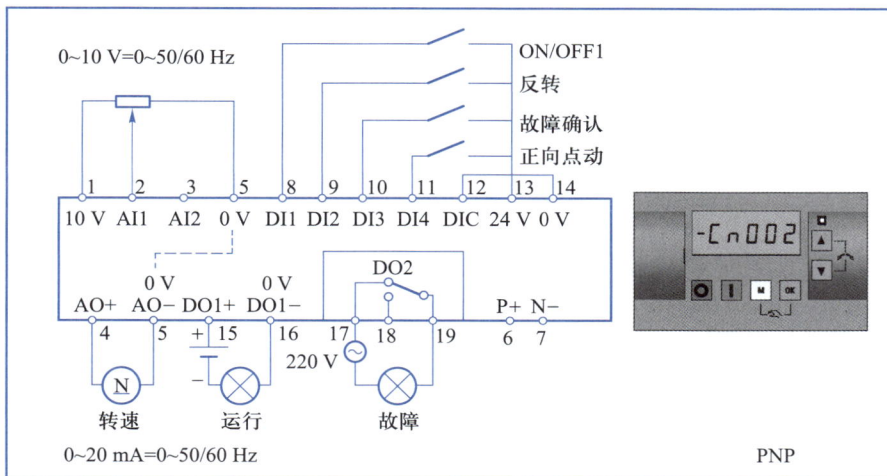

(a) 通过端子控制(PNP)

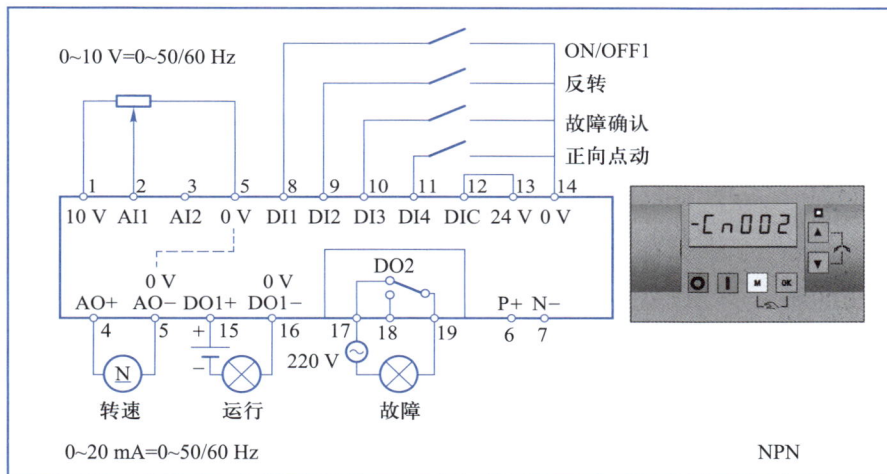

(b) 通过端子控制(NPN)

图5-32 变频器接线图

本任务按PNP型进行连接，DIC端接直流电源负极。

根据变频器使用要求进行参数设定，连接宏设置成Cn002，或者采用默认的Cn000也可以，本任务参数设定如表5-19所示。

演示视频
变频器调试

表5-19 本任务参数设定

序号	参数	设定值	描述
1	P0010	30	工厂默认值
2	P0970	1	所有参数（不包括用户默认设置）复位至默认值
3	P0003	3	设置为专家级访问
4	P0010	0	就绪

序号	参数	设定值	描述
5	P0700	2	以端子为命令源
6	P1000	2	模拟量为速度设定值
7	P0701	1	选择数字量输入1功能为ON／OFF1
8	P0702	2或12	ON反向或反转
9	P0703	9	故障确认
10	P0771	21	模拟量输出1为实际频率
11	P1032	0	允许MOP反向
12	P1080	0	最小频率（Hz）
13	P1082	50	最大频率（Hz）
14	P1120	2	斜坡上升时间（s）
15	P1121	2	斜坡下降时间（s）

三、程序设计与检测调试

1. 程序设计

（1）气缸伸缩函数

气缸的伸缩动作基本相同，因此可以创建函数块，直接调用。

① 气缸伸出触发置位中间标志，如图5-33所示。

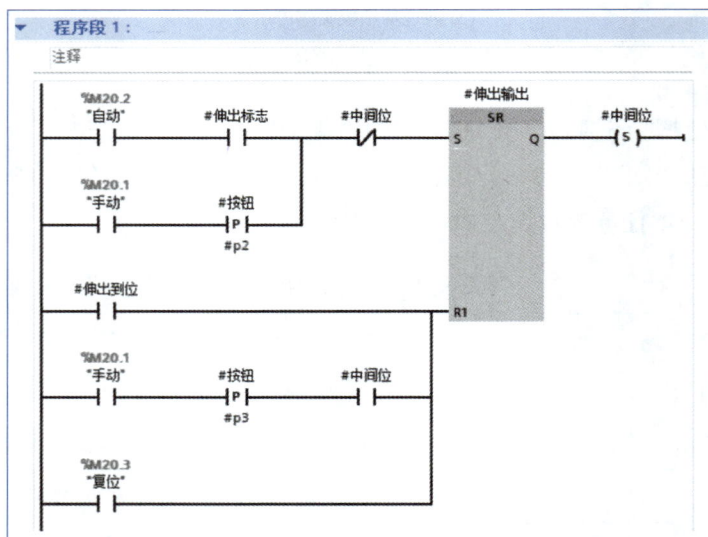

源代码
项目五任务二
和任务三程序

图5-33 气缸伸出触发置位中间标志

② 气缸缩回触发复位中间标志，如图5-34所示。

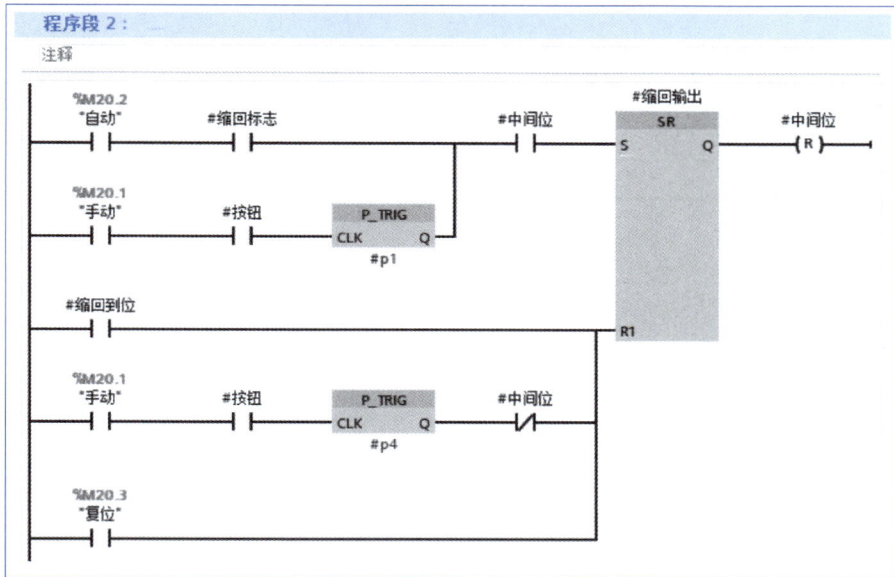

图5-34　气缸缩回触发复位中间标志

③ 气缸动作到位置/复位中间标志，如图5-35所示。

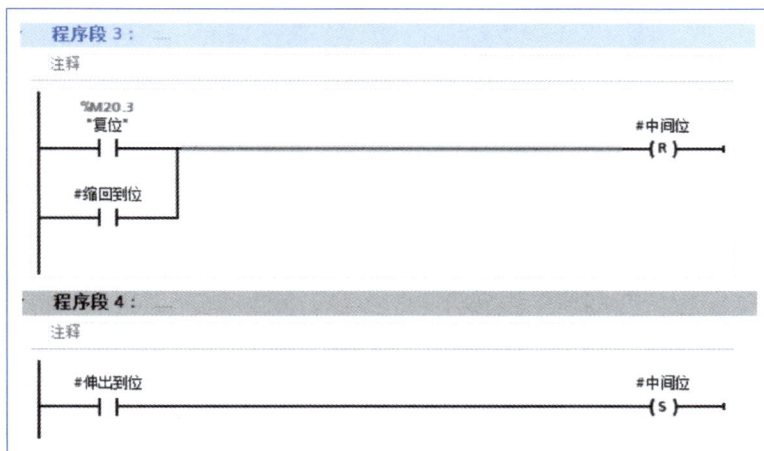

图5-35　气缸动作到位置/复位中间标志

（2）手动/自动切换程序

根据启动、手动、自动、停止等按钮切换手动和自动模式及标志，如图5-36所示。

（3）输出程序

除了信号灯外，PLC的主要输出包括模拟量输出控制变频器、电磁阀开关控制信号、变频器开关控制信号。

① 变频器启停控制，如图5-37所示。

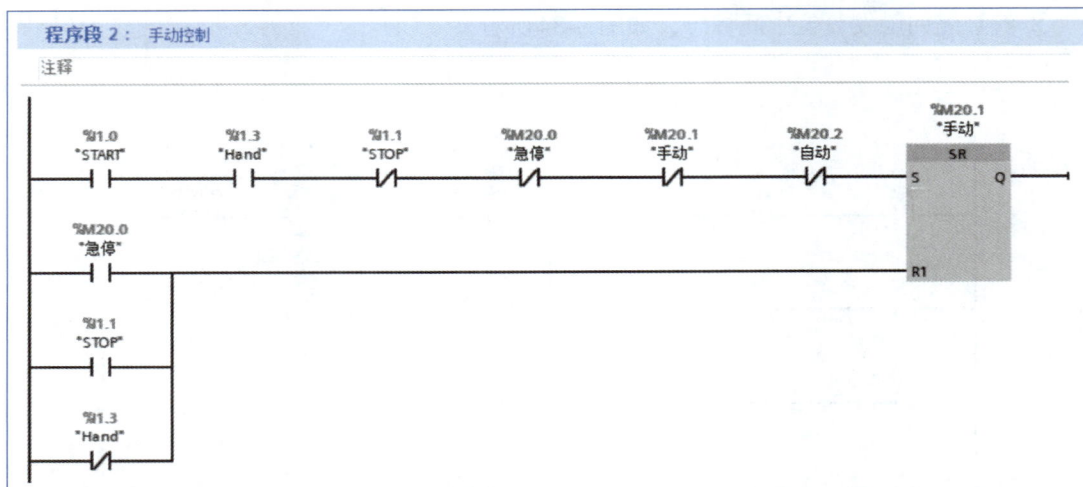

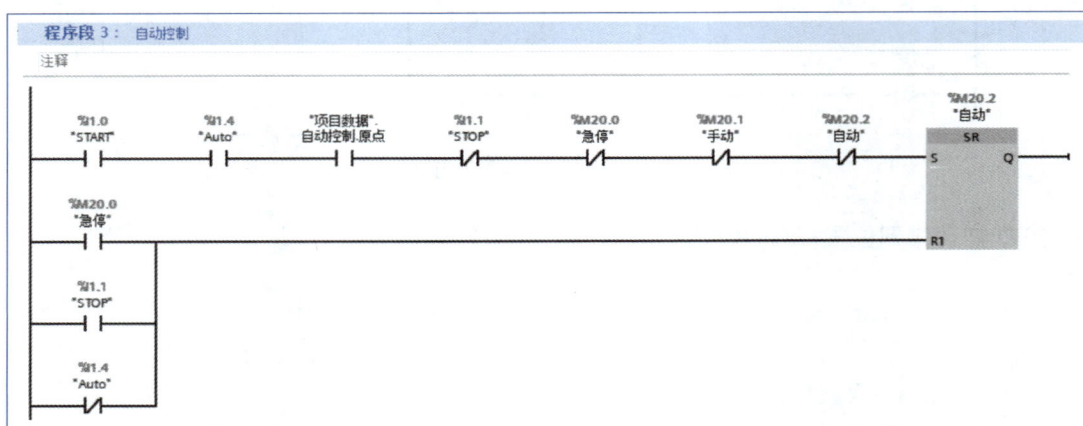

图5-36 手动/自动切换控制

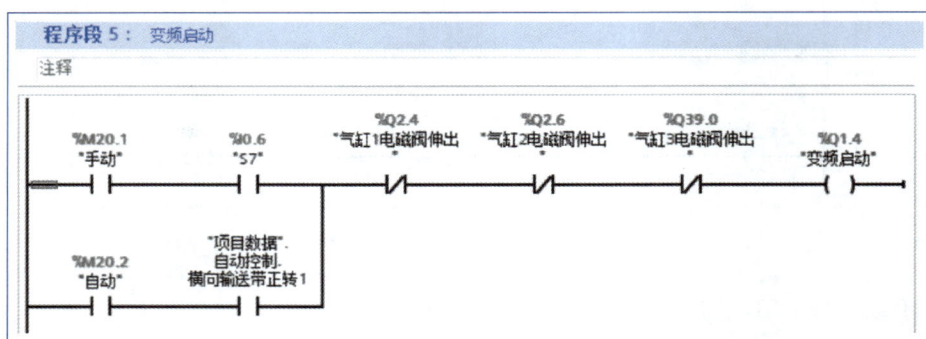

图5-37 变频器启停控制

② 气缸电磁阀控制，如图5-38所示。

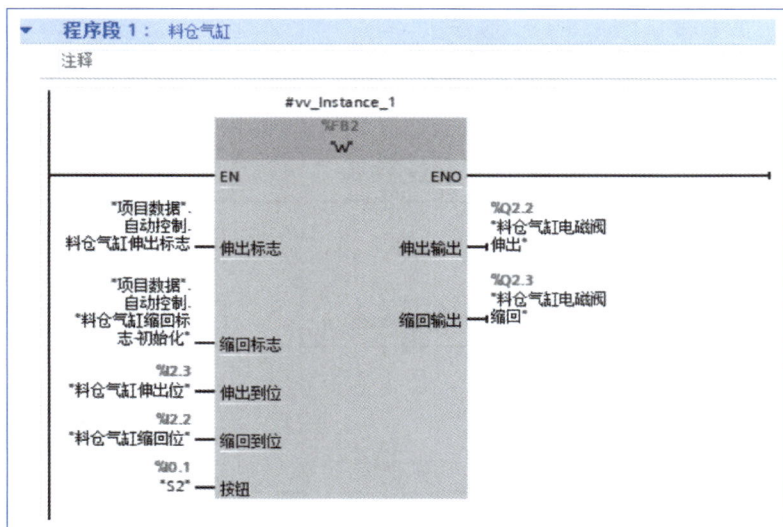

图5-38 气缸电磁阀控制

③ 模拟量电压输出，使用取消缩放指令，如图5-39所示。

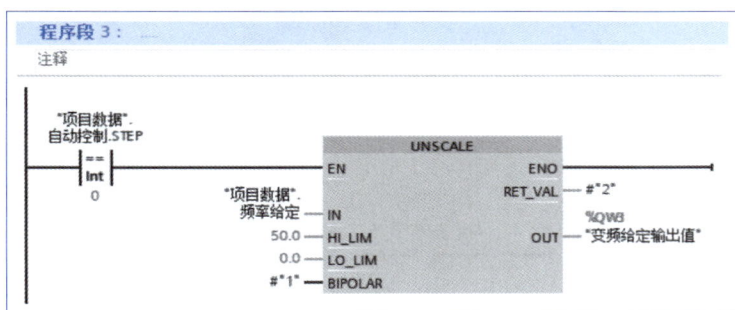

演示视频
模拟量应用

图5-39 模拟量电压输出

其他气缸的电磁阀控制方法相同，不再一一说明。

（4）控制程序

分拣控制主要分成几个阶段，包括料仓供料、输送带运行、物料识别与分拣。考虑到设备可能未在初始位，需要对设备进行初始化回原点动作。

① 回原点（气缸回初始位），如图5-40所示。

② 自动状态，启动进入自动初始步5，否则料仓和分拣都在初始位0，输送带停止，如图5-41所示。

③ 自动初始步5，开始启动输送带工作，延时后进入供料步10，如图5-42所示。

④ 供料步10，由超声波检测是否有物料，距离小于一定值时判断有物料，延时进入料仓气缸伸出状态；距离大于一定值时判断无物料，延时10 s或一定时间，指示灯闪烁，提醒工作人员提供物料，如图5-43所示。

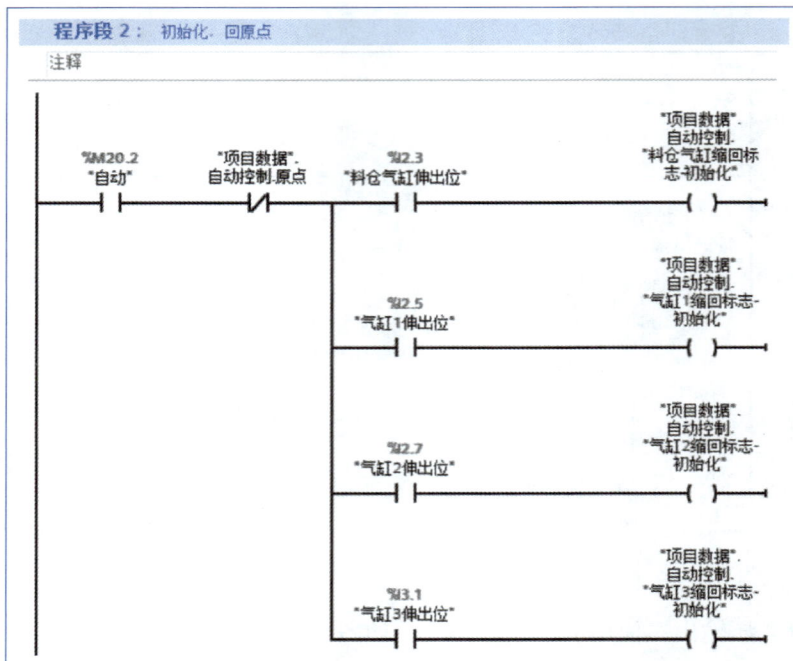

图5-40　回原点

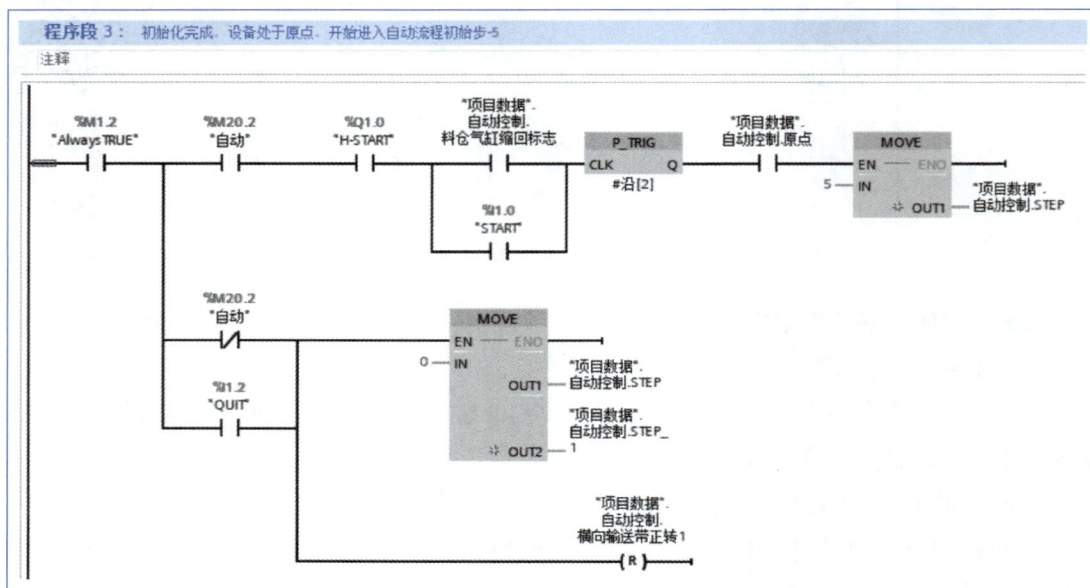

图5-41　自动状态

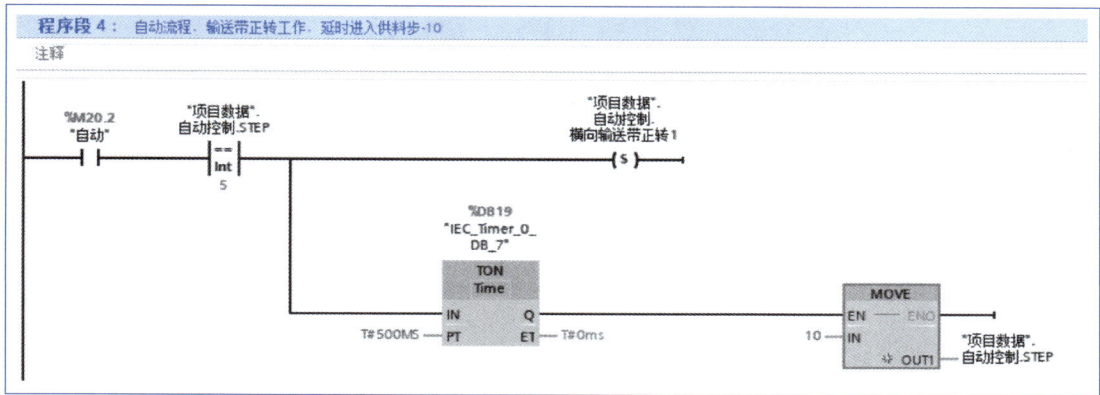

图5-42 自动初始步5

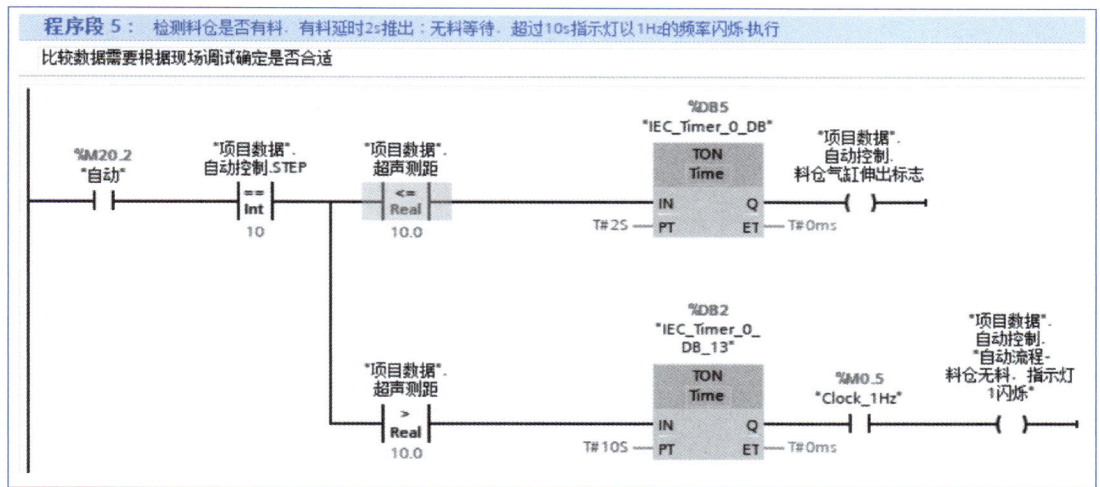

图5-43 供料步10

⑤ 料仓有物料推出，气缸伸出到位，延时后进入气缸缩回步21，如图5-44所示。

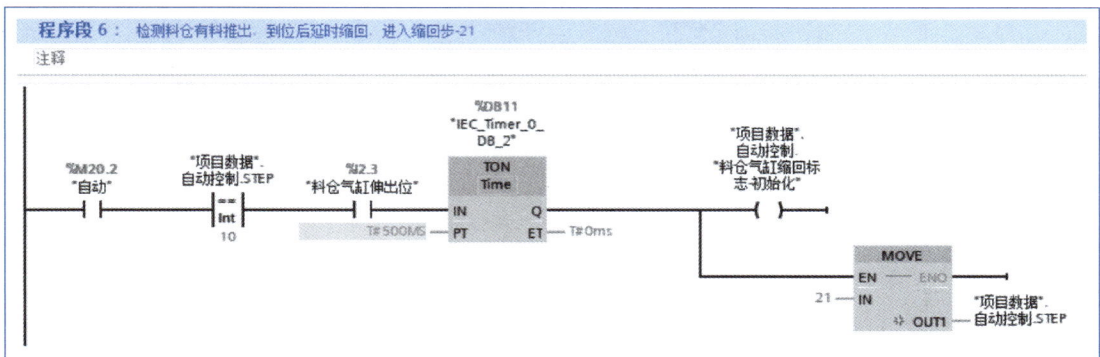

图5-44 料仓有物料推出

⑥ 料仓气缸缩回到位，切换至等待步22，如图5-45所示。

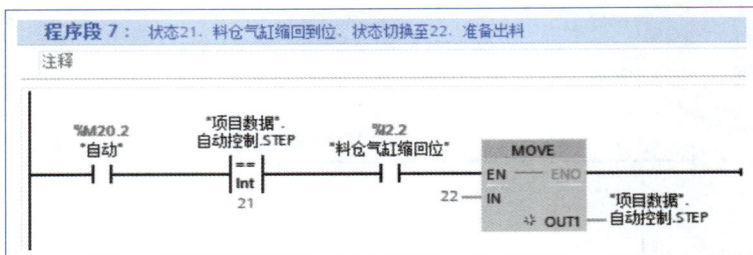

图5-45 料仓气缸缩回到位

⑦ 在输送带运行情况下，分拣初始步0（与供料状态步使用不同变量）切换至物料分拣步10，如图5-46所示。

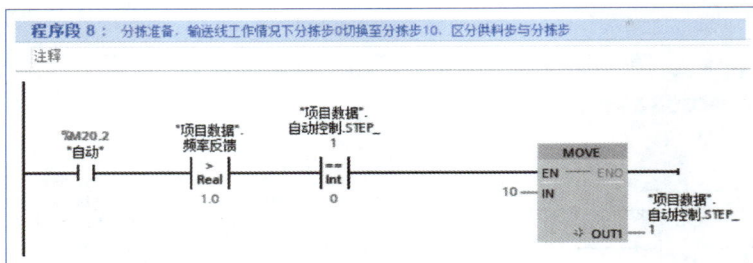

图5-46 进入分拣步

⑧ 根据不同传感器识别不同材料，并进入相应材料分拣步11、12、13，若长时间未分拣，输送带停止运行，并回到分拣初始步0，如图5-47所示。

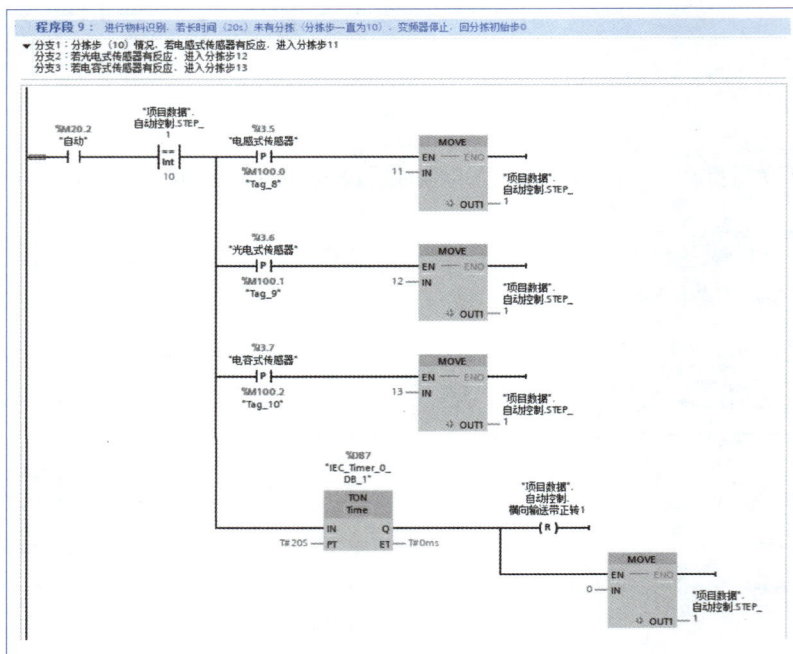

图5-47 物料识别

⑨ 以金属为例，识别出金属材料立刻开始延时传送，延时时间到，输送带停止，物料停在气缸1正对位（延时时间需要实际调整），进入气缸1推料步101，如图5-48所示。

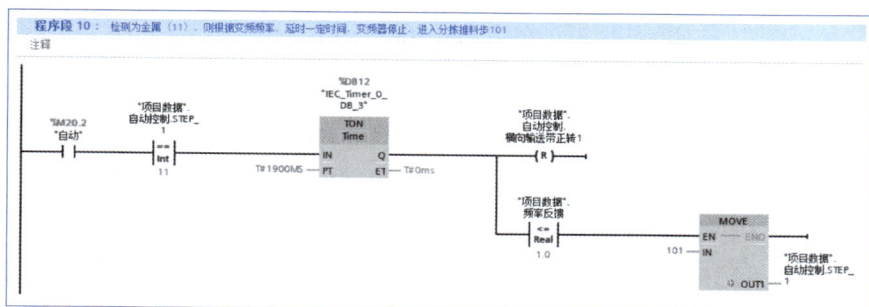

图5-48　识别出金属材料后停止输送带

⑩ 延时后，气缸1伸出，伸出到位后进入缩回步102，如图5-49所示。

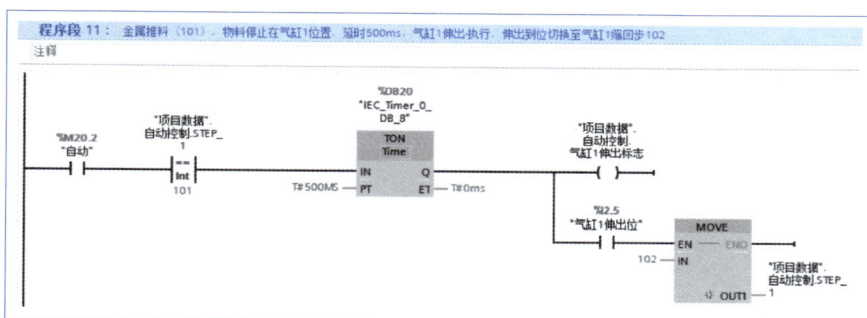

图5-49　金属材料气缸推料

⑪ 延时后，气缸1缩回，缩回到位后，分拣步重新回到0，供料步回到自动初始步5，并对金属物料数量加1，进行计数，如图5-50所示。

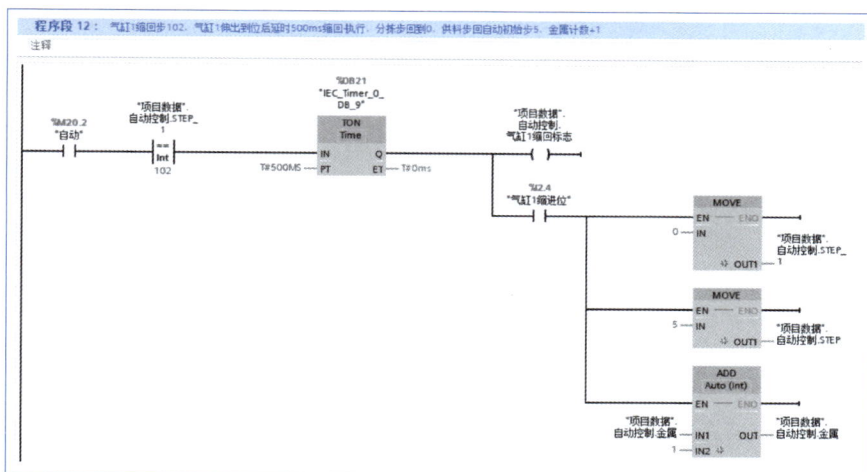

图5-50　金属材料气缸缩回及计数

其他两种物料的分拣方法相同。主程序和其他按钮、指示灯程序由读者自行完成。

2. 检测调试

依次将金属工件、白色塑料工件、黑色塑料工件放置到料仓，将手动 / 自动开关切换至自动状态，按启动按钮，观察输送带是否运行，运行速度由变频器设定模拟输入决定。如果发现输送带未工作，应查验设定频率是否传送至变频器，若没有，可以使用万用表查验线路或PLC模拟输出。正常情况下，金属工件、白色塑料工件、黑色塑料工件应依次由气缸1、2、3推料入库。如果气缸推料与物料位置不一致，可调试物料识别后的延时时间，确保准确进行推料分拣。读者也可以思考：若不采用延时方式，而是由编码器进行定位，应如何进行准确定位分拣。

四、任务检查与总结（表5-20）

表5-20　任务检查与总结

序号	物料识别与分拣检测项目	检测目标值	检测实际值	是否合格
1				
2				
3				
4				
5				
6				
7				
8				
9				
10				
任务总结（复述工作过程及注意事项）：				

表5-21　任务评价表

任务	训练内容与分值	训练要求	学生自评	教师评分
物料识别与分拣	物料识别，35分	1. 能根据传感器编写物料识别程序； 2. 能正确、合理地使用定时器； 3. 能正确使用变频器		
	物料分拣，35分	1. 能根据物料识别完成物料分拣程序； 2. 能正确、合理地使用磁性开关； 3. 能正确使用气缸及电磁阀		
	物料识别与分拣联调，20分	1. 能根据编制的程序对整个任务进行联调； 2. 会使用程序监视功能		
	职业素养与创新思维，10分	1. 积极思考，举一反三； 2. 操作安全、规范； 3. 遵守纪律，遵守实训室管理制度		
学生：　　　　　　　　教师：　　　　　　　日期：				

任务四

智能产线的综合检测应用

任务描述

目前生产设备的自动化程度越来越高，各类智能传感器获得广泛应用。本项目使用的智能传感器实训平台上安装了多种传感器，具体见表5-1。该平台能够实现料仓检测、位移检测、物料识别检测、位置检测、定位检测、RFID检测、机器视觉检测等，从而可进行物料加工检测、物料识别与分拣、不合格品处理等工作。如图5-51所示，右下角为料仓；左上角为编码器；左下侧依次为黑色塑料、白色塑料、金属推料气缸；上侧分别有4个物料接收槽，其中右侧为不合格品槽，中间支路输送带为金属槽。

本任务完成物料的供料、物料深度检测、深度不合格品处理、合格品分拣、金属物料的视觉检测等工作。

编码器　黑色塑料槽　白色塑料槽　金属槽(输送带)　不合格品槽

黑色塑料　白色塑料　金属推料　料仓
推料气缸　推料气缸　气缸

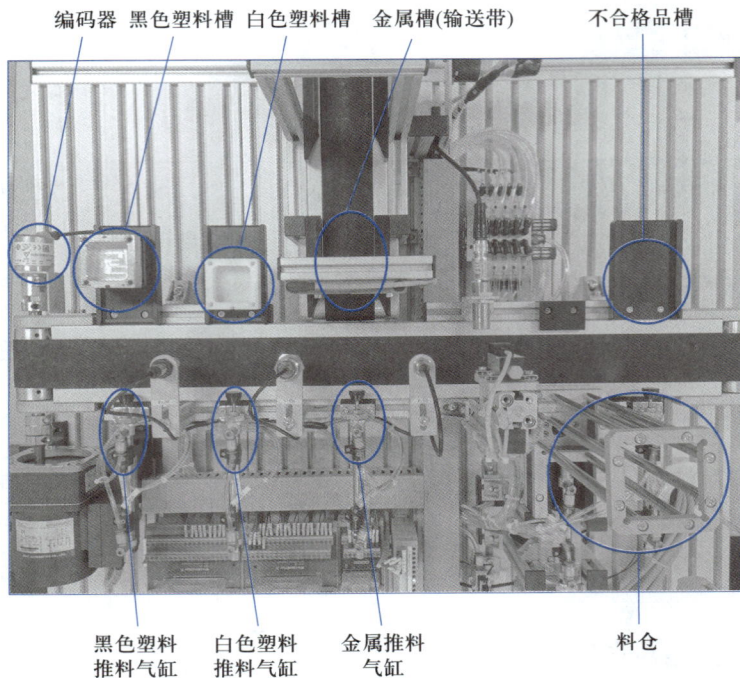

图5-51　智能传感器实训平台布局

任务分析（表5-22）

表5-22　知识点与技能点

知识点	技能点
HMI的认识与智能产线主要检测指标	根据传感器检测任务设计相应HMI
智能产线综合应用分析	根据智能产线任务完成检测及控制流程设计
智能产线综合应用	使用HMI与PLC完成智能产线检测综合应用

知识链接

一、可视化处理

本任务需要将检测过程和结果数据通过可视化形式进行显示，任务中使用西门子TP700精智面板，并通过TIA博途软件创建西门子HMI（人机界面）可视化处理。

1. HMI创建流程

一般在PLC设计之后，按图5-52所示流程进行HMI设计，添加的HMI

设备要与实际硬件HMI一致，将其IP地址与PLC设置在同一网段下；可视化画面设计按照需要可以进行多画面设计，其中需要设置一个画面为起始画面；画面中的变量要结合PLC变量进行关联，若不涉及PLC，则需要自建变量；设计完成后，需要将HMI与PLC进行连接，进行相关设置，也可以在项目设备和网络部分进行连接。

拓展阅读
智能制造"点"上开花、"线"上发力、全"面"布局

完成项目PLC设计 → 添加HMI设备，设置网络接口 → 设计可视化画面，关联变量 → 完成连接等其他设置

图5-52　HMI创建流程

2. HMI实现功能

HMI的任务可视化处理主要是完成检测过程和结果的显示，因此在画面设计上主要完成检测项目的设计。HMI主要检测参数要求如表5-23所示。

表5-23　主要检测参数要求

输入控件信号		输出显示信号	
名称	数据类型	名称	数据类型
RFID读写按钮	Bool	RFID读写数据	Byte
气缸伸出、缩回位	Bool	自动控制状态步	Int
光纤传感器、电感式传感器、光电式传感器、电容式传感器	Bool	编码器定位各传感器位置距离值	DInt
手动、自动、急停按钮	Bool	产品合格、不合格标志	Bool
深度合格设定值	Real	位移检测实际值	Real
相机手动触发拍照按钮	Bool	相机测量工件数据	Real
编码器复位按钮	Bool	金属、黑色塑料、白色塑料工件计数值	Int
频率设定值	Real	频率反馈值	Real
		自动控制原点标志	Bool

二、综合检测应用任务分析

1.综合检测应用要求

（1）相机应用要求

能使用工业相机及相关软件，对金属工件完成圆圆测量，并显示测量数据。

（2）PLC手动控制要求

① 能进行手动/自动切换，能完成设备急停、复位、停止操作处理。

② 手动/自动（Hand-0-Auto）按钮在手动侧，按钮S1、S2、S3、S4、S5、S6分别控制6个气缸，按第一次伸出，按第二次缩回，按钮S7控制横向输送带正向工作，按钮S8控制横向输送带反向工作，"0-1"切换开关控制直流电动机工作。

（3）PLC自动控制要求

① 料仓控制。读取超声波传感器的数值（模拟量），判断是否有料，有料则气缸推料，到位缩回，然后启动输送带，若无料，输送带延时一定时间后停止运行。

② 物料深度检测。类似本项目任务二，对物料进行深度检测，并与合格值进行比较，然后进入合格品与不合格品处理流程。

③ 判定不合格进入剔除处理。变频器反转，控制输送带反向运动，物料送至剔除口，由气缸将不合格品送入不合格品槽。

④ 判定合格进入分拣控制。类似本项目任务三，对物料进行自动分拣，由3个传感器进行物料判断，到位后由相应气缸推入物料接收槽。

⑤ 对金属工件进行视觉检测。金属工件分拣至金属槽，接触到门型光电式传感器，启动直流电动机正转，将金属工件送至工业相机位置，停止电动机，启动工业相机工作，将检测结果传送至PLC，并将测量数据显示在HMI上。

（4）HMI要求

HMI要能够进行基本操作和测量值、反馈值、设定值等数据的显示，并能对分拣的不同物料分别进行计数。

2. 综合检测控制流程

在此要考虑产品质量检测情况，需要对合格品与不合格品分别处理，对合格品进行分拣，对不合格品进行剔除，并且对合格的金属工件，还需要进一步检测其圆孔加工尺寸。因此可以结合之前的分拣控制、产品质量检测，进一步确定综合检测控制流程，如图5-53所示。其主要分为手动/自动切换、手动控制、自动控制几部分，其中，自动控制部分包括料仓控制、RFID物料识别、不合格品剔除处理、合格品分拣处理、合格金属工件的视觉尺寸检测。

🖼 任务实施

一、信号表

1. 主要连线信号表

根据平台实际连线，系统主要连线信号及地址如表5-24所示。

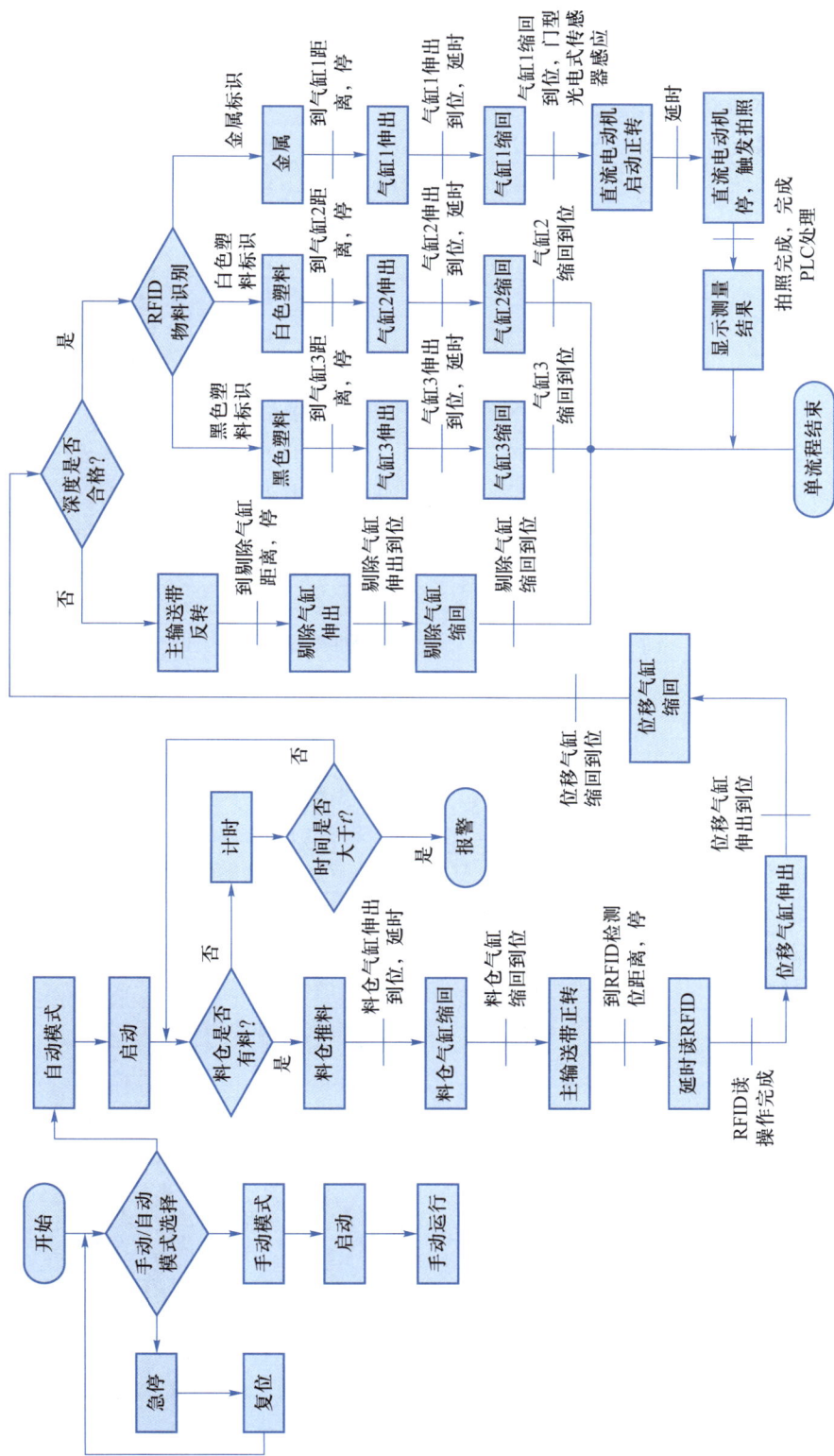

图5-53 综合检测控制流程

表 5-24　系统主要连线信号及地址

信号名称	信号地址	信号名称	信号地址
变频频率反馈采集值	IW5	变频给定输出值	QW3
超声波检测采集值	IW9	H1	Q0.0
位移检测采集值	IW11	H2	Q0.1
编码器实时值	ID49	H3	Q0.2
S1	I0.0	H4	Q0.3
S2	I0.1	H5	Q0.4
S3	I0.2	H6	Q0.5
S4	I0.3	H7	Q0.6
S5	I0.4	H8	Q0.7
S6	I0.5	H-START	Q1.0
S7	I0.6	H-STOP	Q1.1
S8	I0.7	H-QUIT	Q1.2
START	I1.0	直流电动机启动	Q1.3
STOP	I1.1	变频启动	Q1.4
QUIT	I1.2	变频反转接通	Q1.5
Hand	I1.3	剔除气缸电磁阀伸出	Q2.0
0-1	I1.5	剔除气缸电磁阀缩回	Q2.1
ENG-SIGNAL	I1.6	料仓气缸电磁阀伸出	Q2.2
Auto	I1.4	料仓气缸电磁阀缩回	Q2.3
变频反馈	I1.7	气缸1电磁阀伸出	Q2.4
剔除气缸缩回位	I2.0	气缸1电磁阀缩回	Q2.5
剔除气缸伸出位	I2.1	气缸2电磁阀伸出	Q2.6
料仓气缸缩回位	I2.2	气缸2电磁阀缩回	Q2.7
料仓气缸伸出位	I2.3	气缸3电磁阀伸出	Q39.0
气缸1缩回位	I2.4	气缸3电磁阀缩回	Q39.1
气缸1伸出位	I2.5	位移气缸电磁阀	Q39.2
气缸2缩回位	I2.6		
气缸2伸出位	I2.7	急停	M20.0
气缸3缩回位	I3.0	手动	M20.1
气缸3伸出位	I3.1	自动	M20.2
位移气缸缩回位	I3.2	复位	M20.3
位移气缸伸出位	I3.3		
光纤传感器	I3.4		
电感式传感器	I3.5		
光电式传感器	I3.6		
电容式传感器	I3.7		
门型光电式传感器	I4.0		

其中，变频频率反馈采集值、超声波检测采集值、位移检测采集值、变频给定输出值为 Word 数据类型，编码器实时值为 DWord 数据类型，其他均为 Bool 数据类型。

2. 项目数据表

由于项目涉及数据多，为了方便记忆，可以根据项目使用对象或目的进行中间数据定义，如表 5-25 所示。

表 5-25　项目常用中间数据定义

名称	数据类型	起始值	名称	数据类型	起始值
自动控制 Struct					
STEP	Int	0	位移气缸置位点	Bool	FALSE
金属	Int	0	位移气缸辅助点	Bool	FALSE
白色	Int	0	位移气缸标志位	Bool	FALSE
黑色	Int	0	剔除气缸置位点	Bool	FALSE
原点	Bool	FALSE	剔除气缸伸出标志	Bool	FALSE
自动流程－料仓无料，指示灯 1 闪烁	Bool	FALSE	剔除气缸缩回标志－初始化	Bool	FALSE
料仓气缸伸出标志	Bool	FALSE	剔除气缸缩回标志	Bool	FALSE
料仓气缸缩回标志－初始化	Bool	FALSE	相机自动触发点	Bool	FALSE
料仓气缸缩回标志	Bool	FALSE	自动读 RFID 标志位	Bool	FALSE
气缸 1 置位点	Bool	FALSE	直流电动机	Bool	FALSE
气缸 1 伸出标志	Bool	FALSE	单流程执行完成标志位	Bool	FALSE
气缸 1 缩回标志－初始化	Bool	FALSE	合格	Bool	FALSE
气缸 1 缩回标志	Bool	FALSE	不合格	Bool	FALSE
气缸 2 置位点	Bool	FALSE	横向输送带正转 1	Bool	FALSE
气缸 2 伸出标志	Bool	FALSE	横向输送带正转 2	Bool	FALSE
气缸 2 缩回标志－初始化	Bool	FALSE	横向输送带正转 3	Bool	FALSE
气缸 2 缩回标志	Bool	FALSE	横向输送带正转 4	Bool	FALSE
气缸 3 置位点	Bool	FALSE	横向输送带正转 5	Bool	FALSE
气缸 3 伸出标志	Bool	FALSE	横向输送带正转 6	Bool	FALSE
气缸 3 缩回标志－初始化	Bool	FALSE	横向输送带反转	Bool	FALSE
气缸 3 缩回标志	Bool	FALSE			

名称	数据类型	起始值	名称	数据类型	起始值
位移测距 Struct					
检测实际值	Real	0.0	检测标定值	Real	6.1
检测初始值	Real	0.0	存储值	Real	0.0
编码器 Struct					
计数相对值	DInt	0	气缸1距离	DInt	6 600
RFID 距离	DInt	2 400	气缸2距离	DInt	10 300
剔除气缸距离	DInt	−2 650	气缸3距离	DInt	13 550
其他					
深度检测合格值	Real	0	频率给定	Real	12
超声测距	Real	0	频率反馈	Real	0

其中部分数据的初始值需要在调试过程中确定，如编码器的几个距离，需要测试后得到相应编码器实际计数值。大部分中间数据变量使用的初始值为0或FALSE。

除此之外还有相机数据、边沿存储数据等，在此不一一说明。

二、视觉处理

进入服务器操作系统，打开 Vision Master 软件，根据任务要求建立如图5-54所示的工业相机视觉处理流程，并进行保存。这里对所有4个圆（见图5-15）都进行圆圆测量，读者可以根据检测任务要求选取相应的圆圆测量。

软件设置方法详见项目四，这里仅介绍简易流程。

① 新建项目，配置光源与图像源，如图5-55所示。

② 快速特征匹配，选中所需识别部分，如图5-56所示。

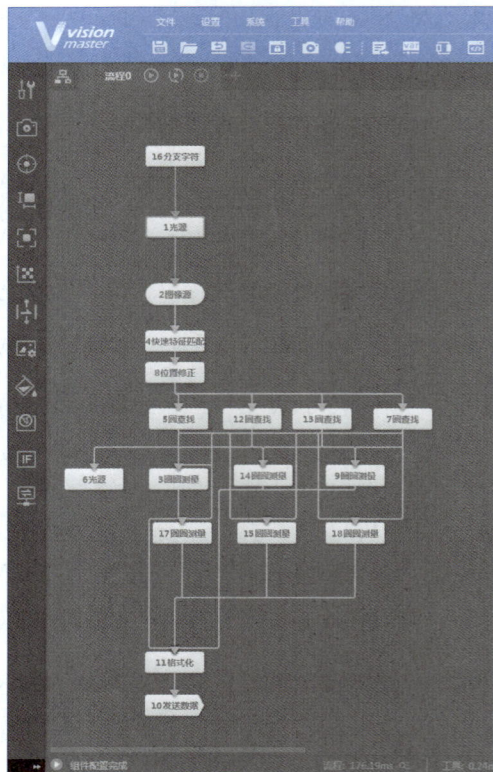

微课
视觉检测处理
与调试

源文件
视觉处理配置
文件

图5-54　工业相机视觉处理流程

图5-55　配置光源与图像源

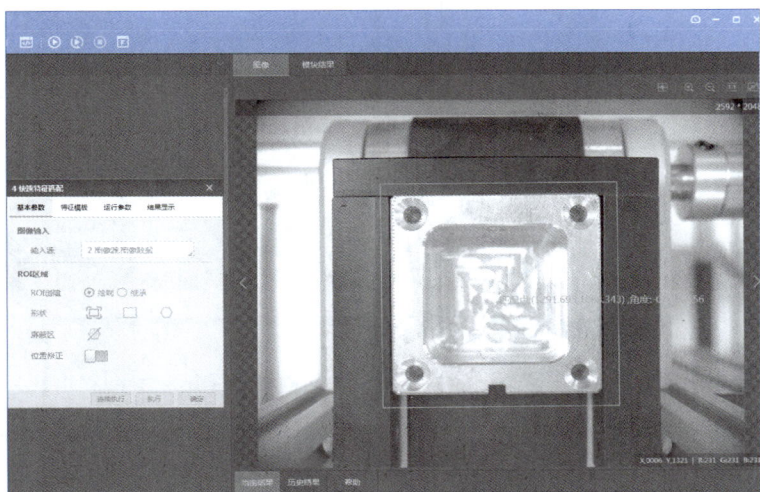

图5-56　快速特征匹配

③ 位置修正，按坐标点对图像进行一定修正，如图5-57所示。

图5-57　位置修正

④ 圆查找，找出4个圆，如图5-58所示。

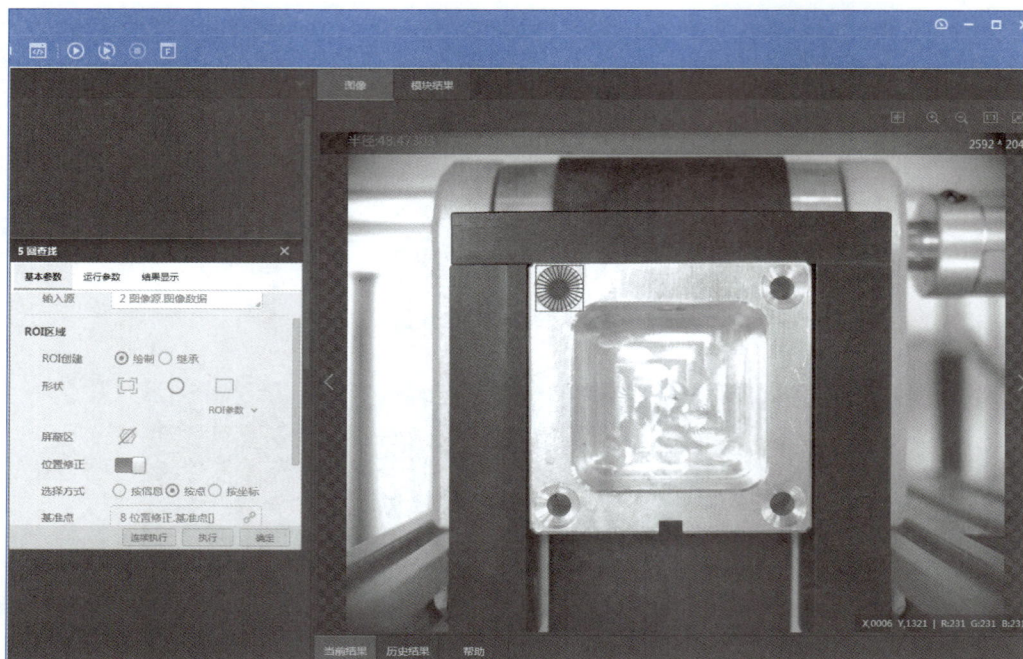

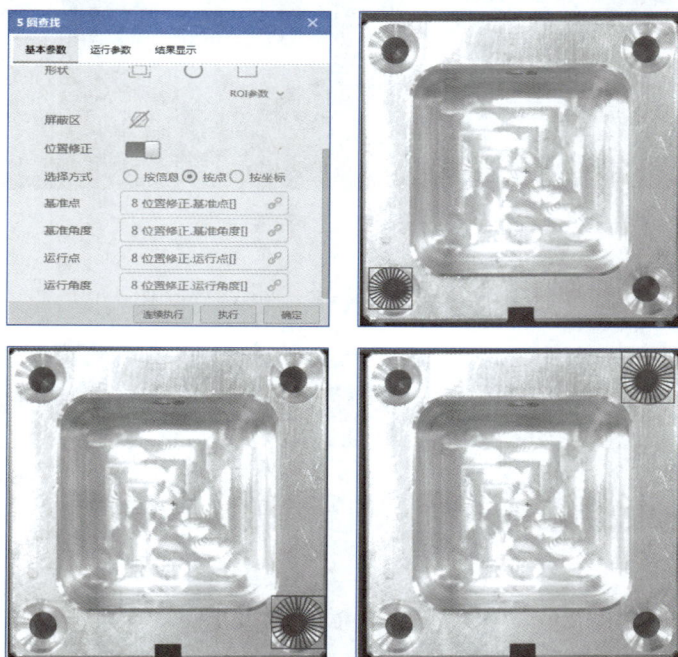

图5-58　圆查找

⑤ 关闭光源，进行圆圆测量，如图5-59所示。

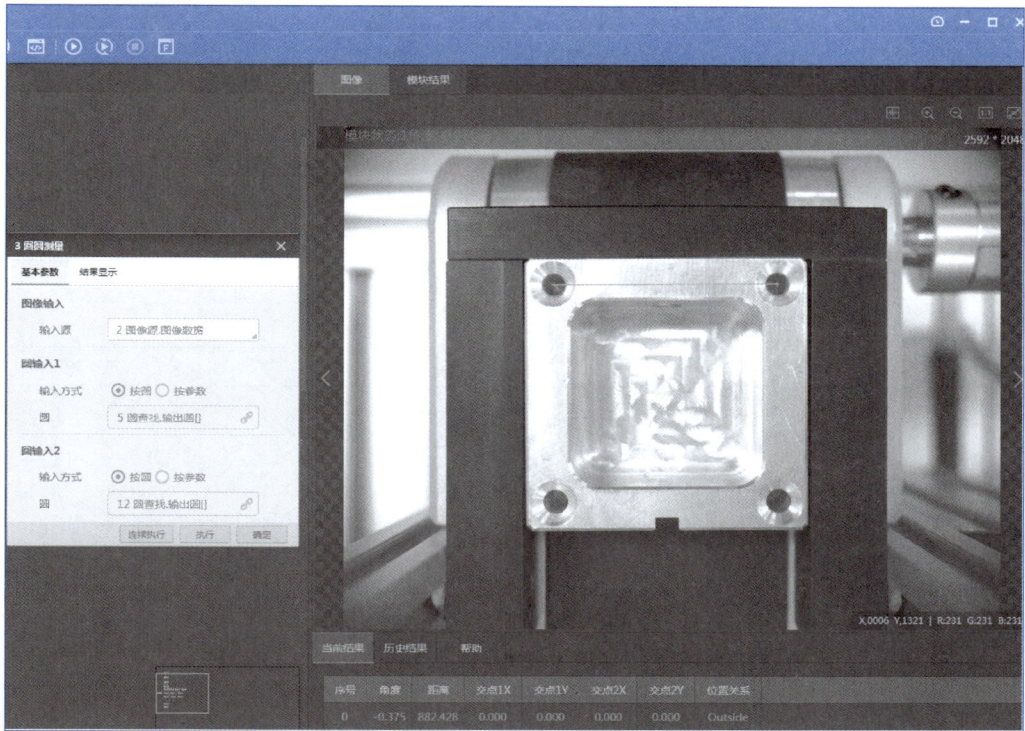

图5-59 圆圆测量

⑥ 格式化，如图5-60所示。

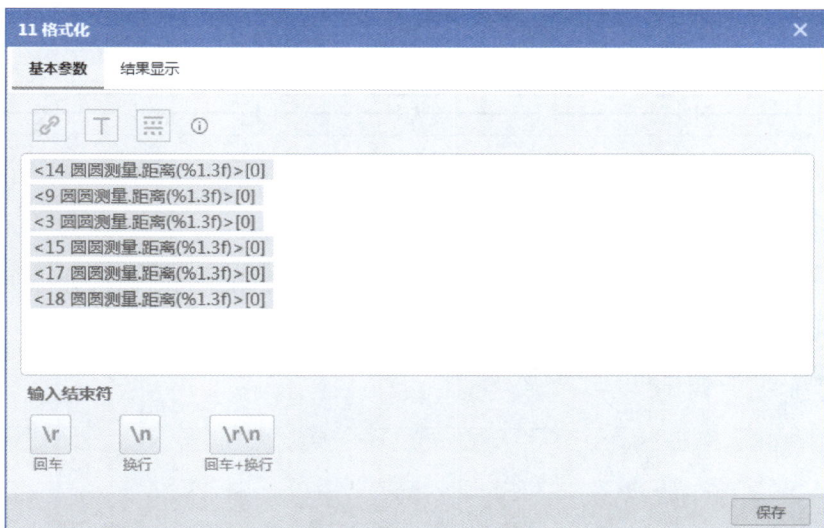

图5-60 格式化

⑦ 发送数据，设置网络，如图5-61所示。

图 5-61 发送数据

三、程序设计与调试

1. PLC程序设计

（1）手动/自动切换

手动/自动切换开关用于手动、自动工作的切换，手动控制和自动控制标志 M20.1 和 M20.2 的程序与本项目任务三一致。

原点标记，将所有气缸处于缩回状态时定义为原点，如图 5-62 所示。

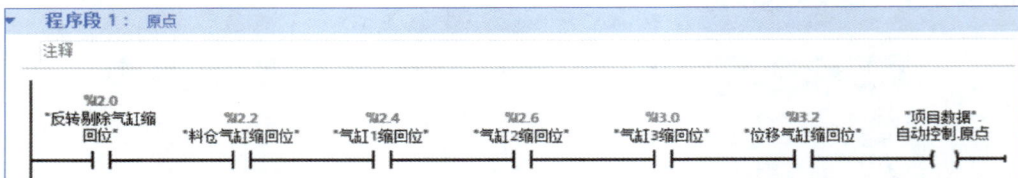

图 5-62 原点标记

（2）变频控制

本任务增加了对不合格品的处理，因此需增加反转控制，同时原来分拣时的正转启停也有一些变化，读者可自行进行比对。

① 变频器正转启停，如图 5-63 所示。

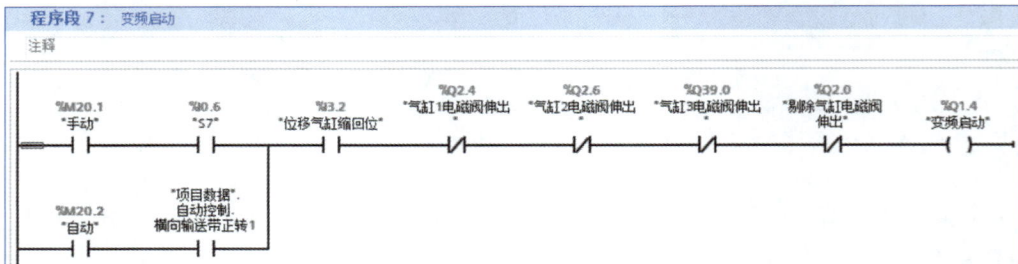

图 5-63 变频器正转启停

② 变频器反转启停，如图5-64所示。

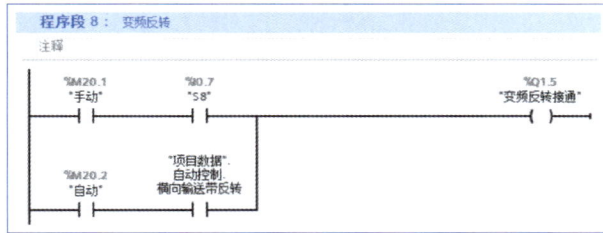

图5-64　变频器反转启停

（3）RFID处理

RFID系统的数据读写具体可参见项目二的任务二，这里仅做简要说明。

① RFID读操作，可以进行手动和自动读取，如图5-65所示。

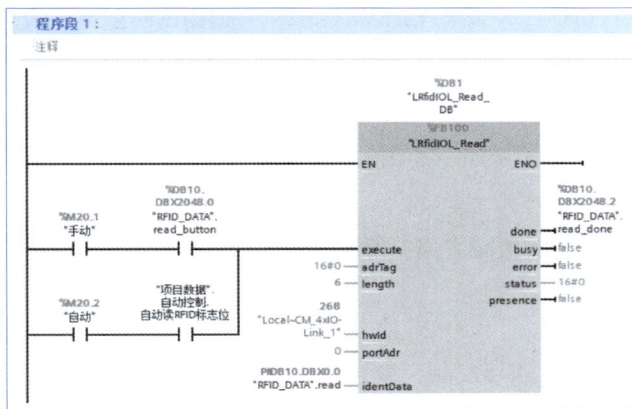

图5-65　RFID读操作

② RFID写操作，在此只进行手动操作，如图5-66所示。

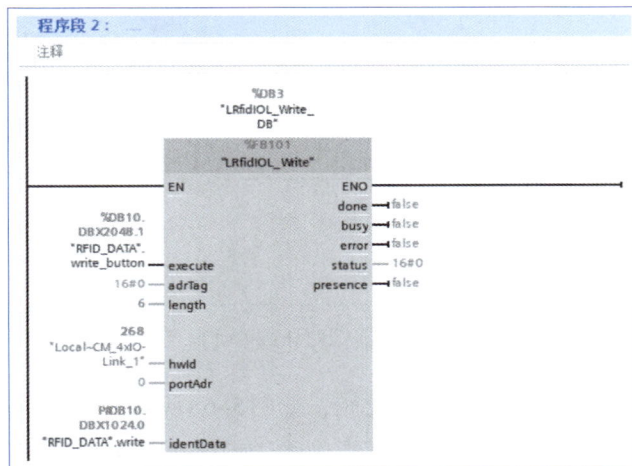

图5-66　RFID写操作

（4）编码器处理

编码器在本任务中主要起到定位的功能，以料仓出口处为起始位，其他气缸伸缩处为相应的定位位，因此需要计算编码器相应的相对计数值，用于与各定位位置进行比较判定。

① 编码器相对计数值计算函数块，具体如下：

```
IF #Reset THEN
    // Statement section IF
    #Total : = 0;                    // 计数相对值
    #Accum : = 0;                    // 计数偏差值
    #curentvalue : = #Value;         // 把读取实际值赋给当前时刻值
ELSE
    #beforevalue : = #curentvalue;   // 把当前时刻值赋给前一时刻值
    #curentvalue: =#Value;           // 把实时读取值赋给当前时刻值
    #Accum : = #curentvalue - #beforevalue;
    // 求取当前时刻值与前一时刻值的偏差值
    #Total : = #Total - #Accum;
    // 把前一时刻相对值减去偏差值赋给当前相对值
END_IF;
```

② 编码器相对计数值计算与控制，如图5-67所示。

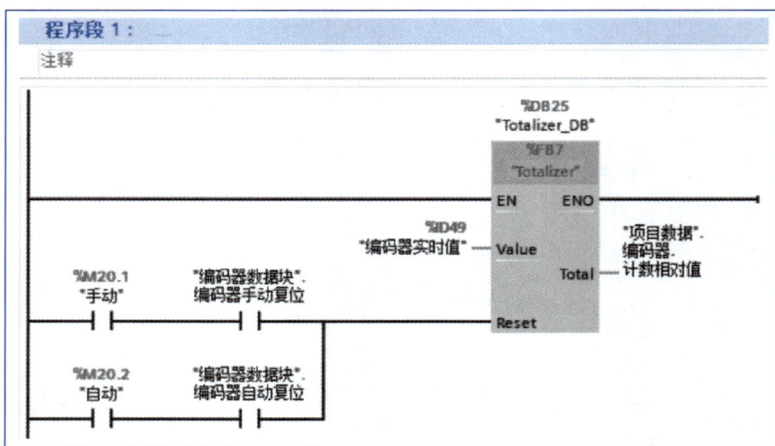

图5-67 编码器相对计数值计算与控制

③ 编码器相对计数值与RFID距离的比较，如图5-68所示。

如果编码器相对值计数超过RFID距离，则输送带停止工作，并进入下一步，其他气缸距离比较的程序也类似。

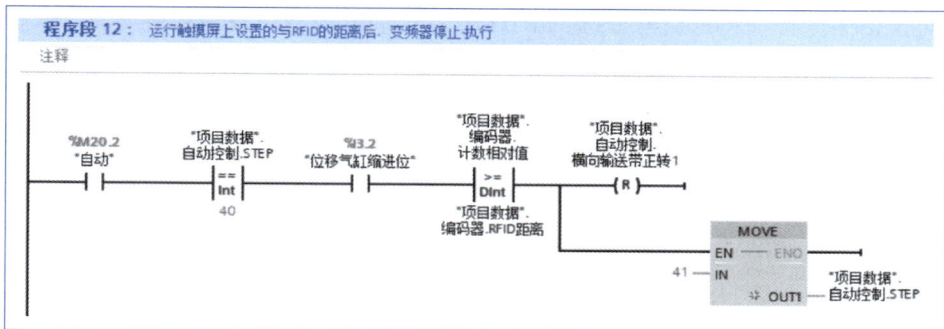

图5-68 编码器相对计数值与RFID距离的比较

（5）控制程序

本任务的控制程序与任务三中的分拣控制程序有以下区别：首先，增加了对不合格品的剔除；其次，由于采用RFID系统实现位置定位，因此直接依据传输距离进行输送带的停止控制；最后，增加了金属工件的尺寸检测程序。

① 输送带启停控制。输送带启动控制与分拣任务类似，都是通过相应的料仓推料气缸到位、深度合格判定实现的；输送带停止控制则是通过编码器相对计数值与相应气缸位置的距离比较实现的。

② 不合格品剔除。在到达剔除气缸位置时进行分拣工作，程序与分拣任务一致，在此对气缸伸缩部分不再做说明，如图5-69所示。

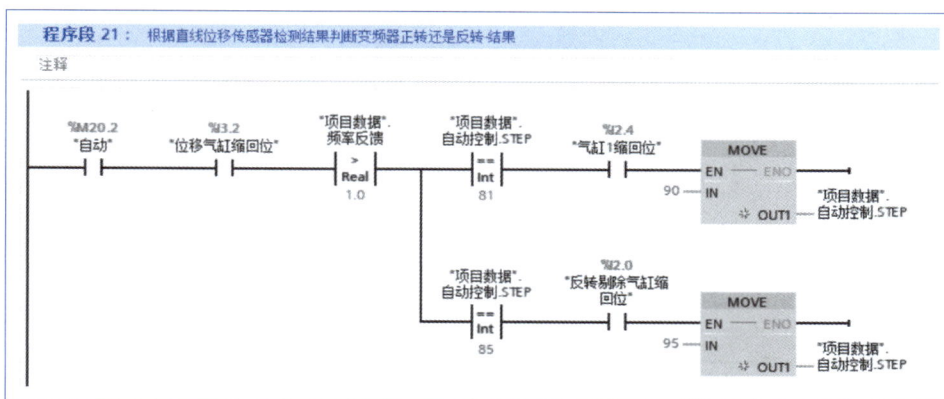

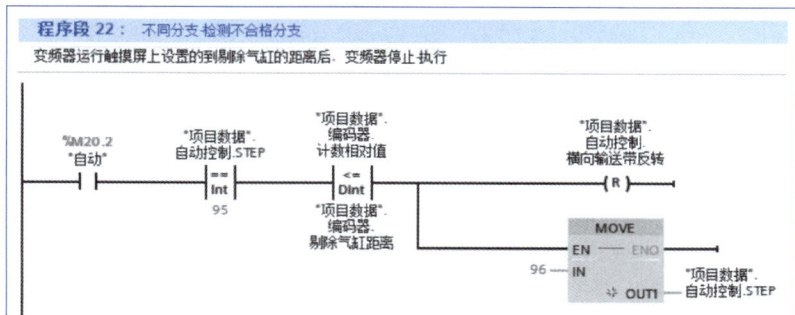

图5-69 不合格品剔除

③ 对合格品进行物料识别与分拣。由 RFID 系统读取数据，判断物料类别，若长时间未读到数据，则返回初始状态，如图5-70所示。

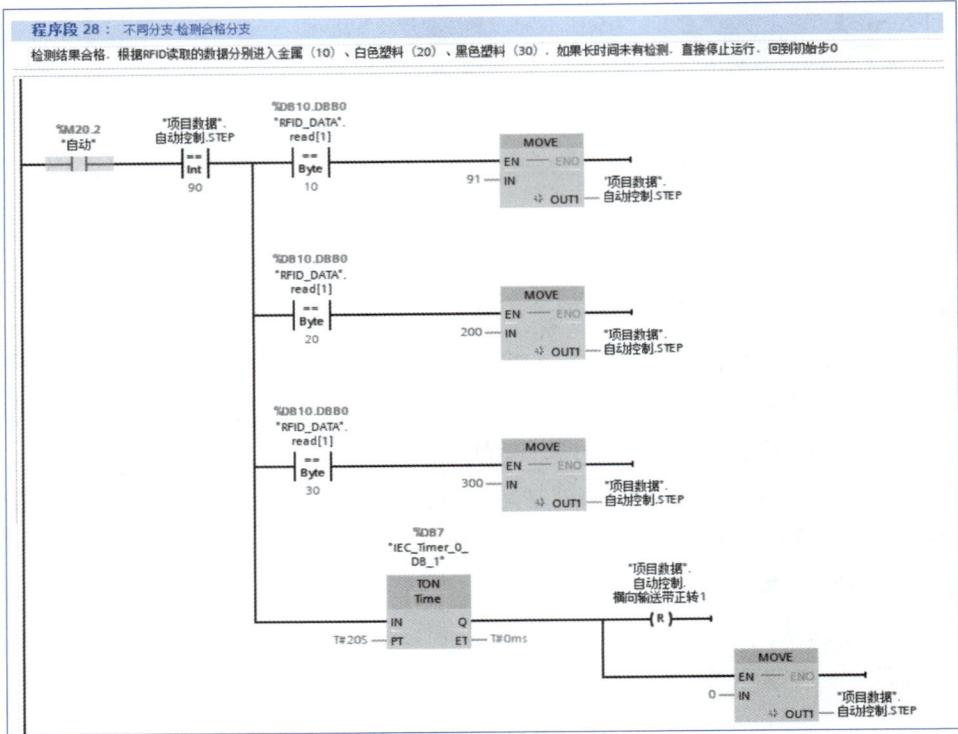

图5-70　物料识别

④ 直流电动机控制。分拣完金属工件后，若检测到门型光电式传感器信号，则启动直流电动机，并进入下一步，如图5-71所示。

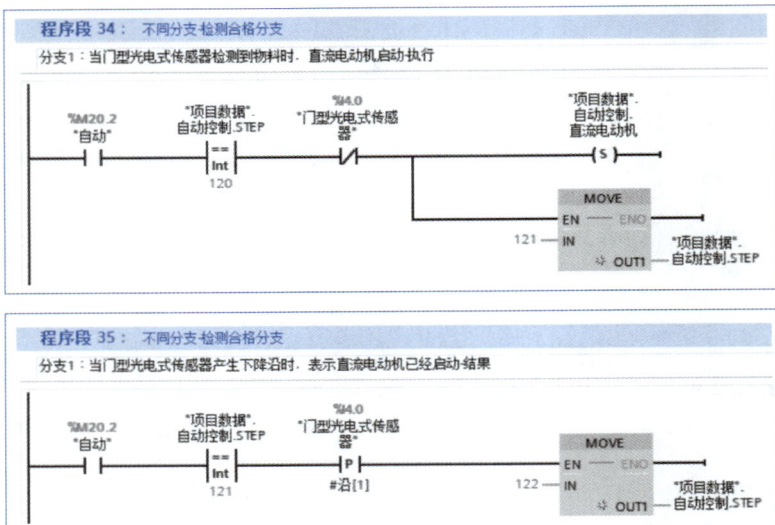

图5-71　直流电动机控制

⑤ 直流电动机启动一定时间后停止工作，若RFID读取数据数组2为40，则启动机器视觉检测，并置位单流程完成标志，延时1 s，自动控制流程重新进入初始步0，如果RFID读取数据数组1为10，则金属工件数量加1，如图5-72所示。

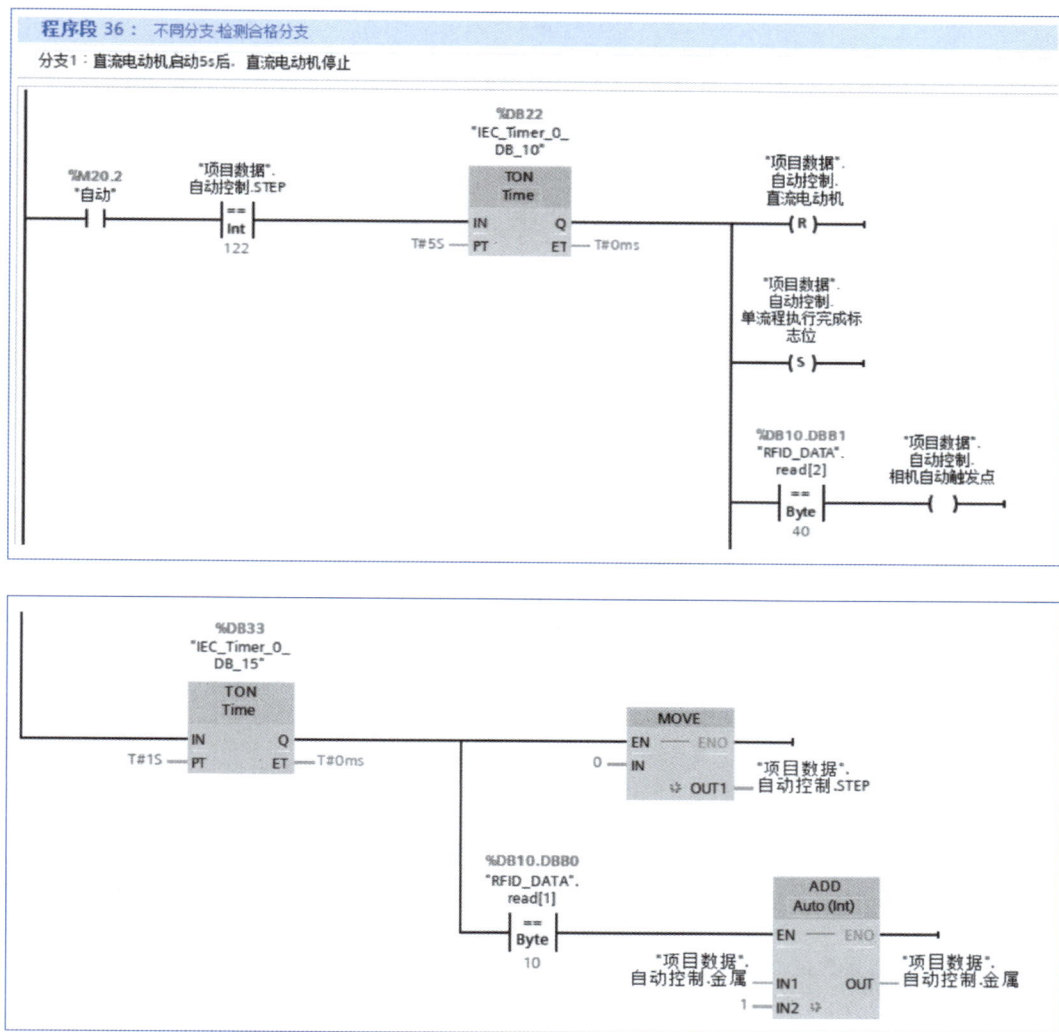

图5-72　金属工件计数

工业相机与PLC的通信及尺寸检测处理参见本项目任务二中工件外观检测内容。白色塑料、黑色塑料工件的分拣环节与金属工件的分拣环节除直流电动机和机器视觉部分以外都相同。其他指示灯和按钮程序请读者自行完成。

2. HMI设计

（1）添加新设备

新添加HMI精智面板TP700 Comfort，在"属性"→"常规"项下设置PROFINET接口，选择子网，设置IP地址，如图5-73所示。

演示视频
HMI设计与调试

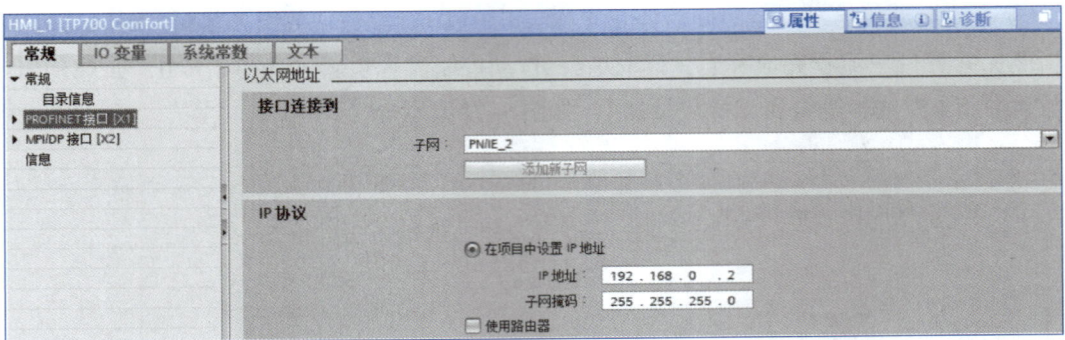

图5-73　HMI以太网设置

（2）模板设计

在画面管理中设置画面模板。将需要新建的所有画面用按钮进行画面关联，添加"原点""急停""自动""手动"文本控件显示动画，相应界面及属性设置如图5-74所示。

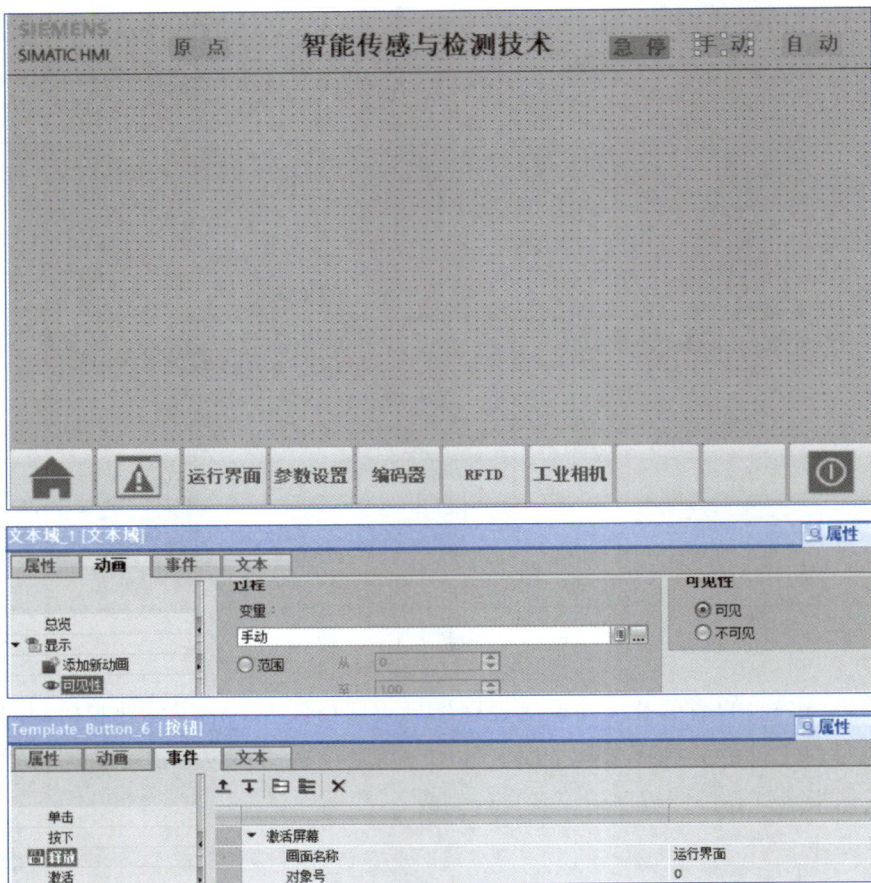

图5-74　模板设计

（3）画面设计

根据项目需要，设计工作画面，设计时可以综合考虑功能性和可看性。本任务的主要设备包括工业相机、RFID、编码器等，计划设计5~6个画面，包括根画面、运行界面、工业相机界面、RFID界面、参数设置界面、编码器界面等。

① 根画面。根画面一般作为起始画面，主要显示项目的基本信息，包括项目名称、公司名称等，也可以添加设计人员、开发时间等，如图5-75所示。根画面可根据客户需要进行定制，能够添加文字、图片等内容。

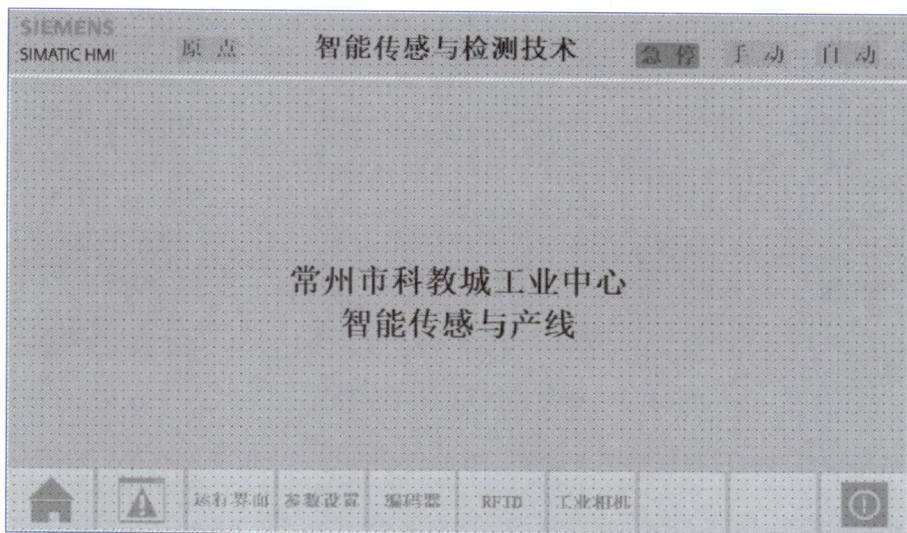

图5-75　根画面

② 运行界面。运行界面是HMI设计的主要画面之一，包括各气缸伸缩到位指示、位移检测数据、合格与不合格指示、工件分拣计数值、自动控制状态步、频率设定和反馈值、平台示意图等内容，如图5-76所示。

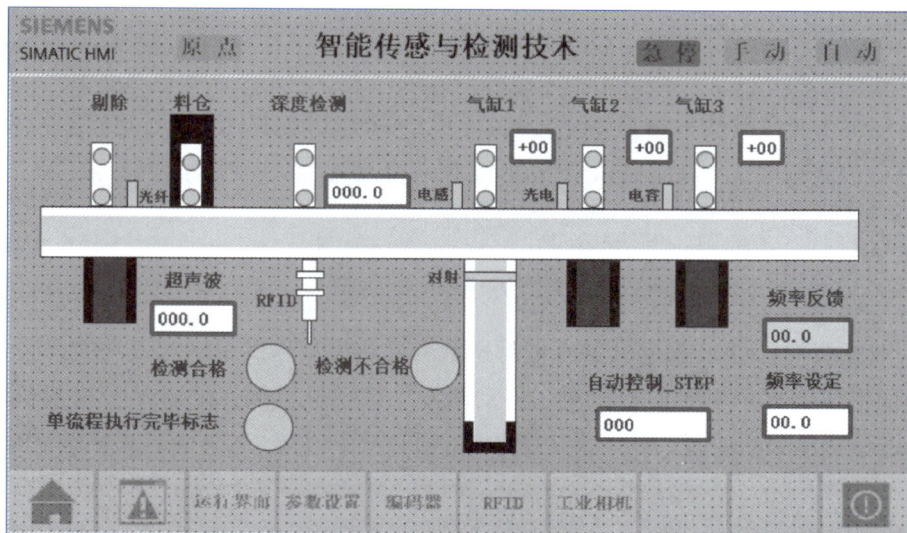

图5-76　运行界面

a. 对指示控件进行外观变量关联设置，包括合格显示、气缸伸缩位显示等，如图5-77所示。

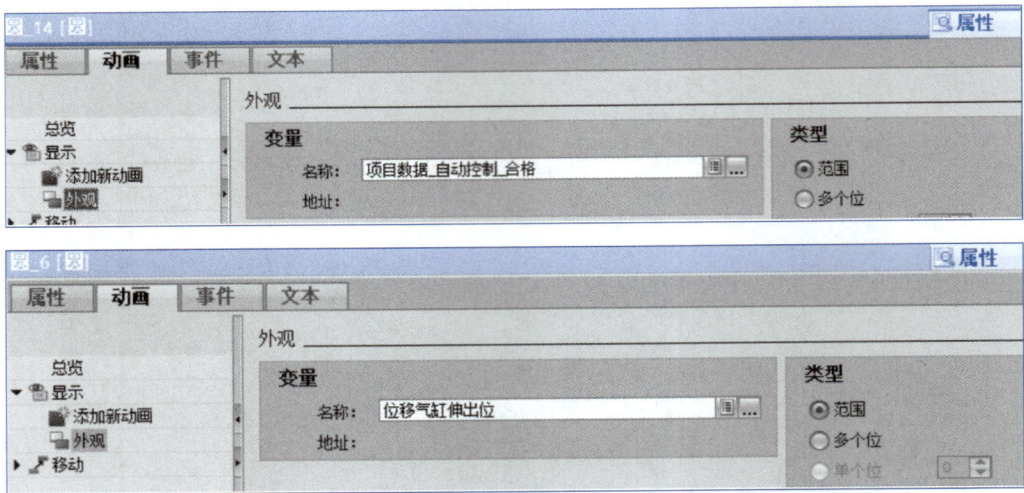

图5-77 指示控件设置

b. 对数值控件进行过程变量关联设置，有时还会进行过程值变量连接，如图5-78所示。

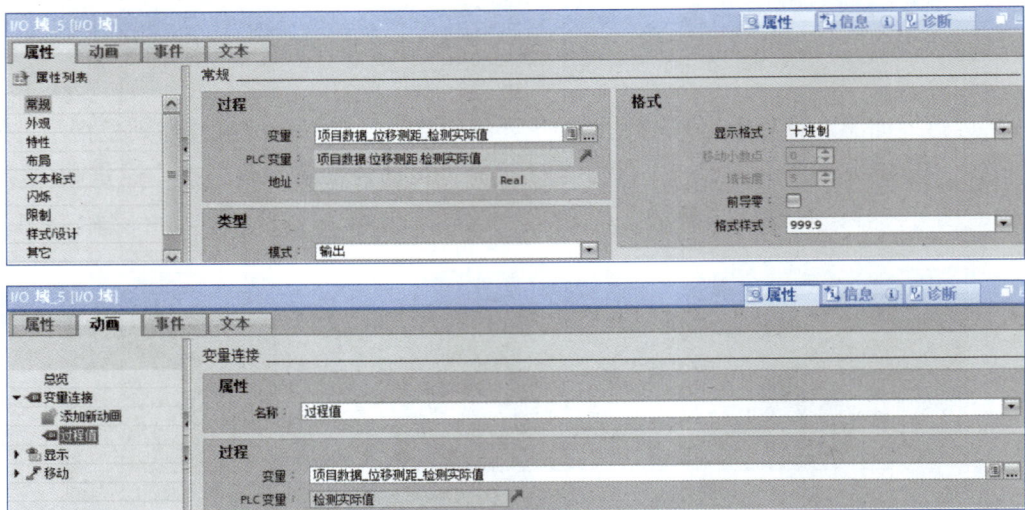

图5-78 数值控件设置

③ 工业相机界面。工业相机界面主要显示测量结果，提供手动触发功能，并为了便于客户查看而提供图样示例等内容。对"手动触发"按钮进行按钮的事件变量关联设置，对测量结果进行变量关联设置，如图5-79所示。

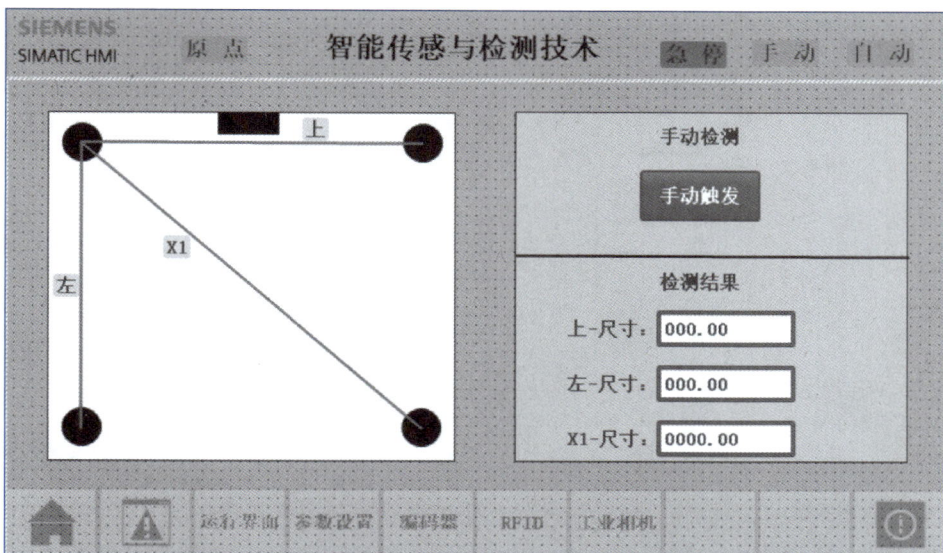

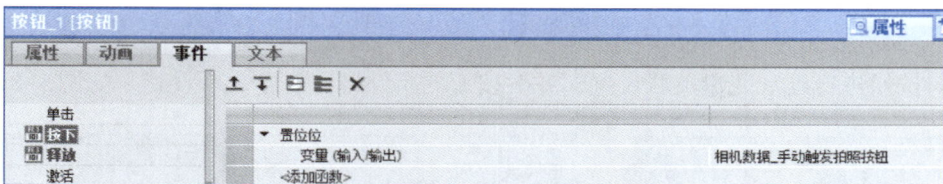

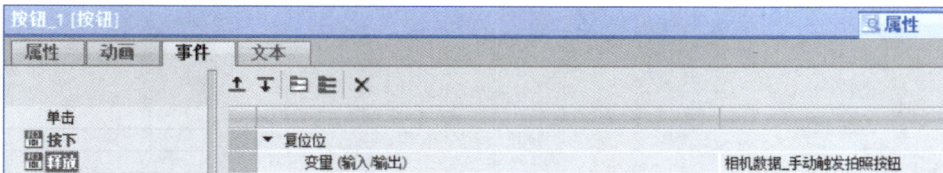

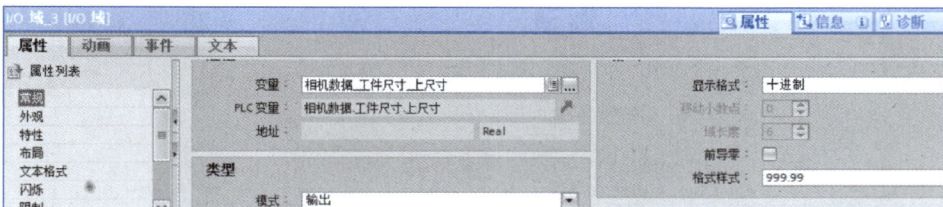

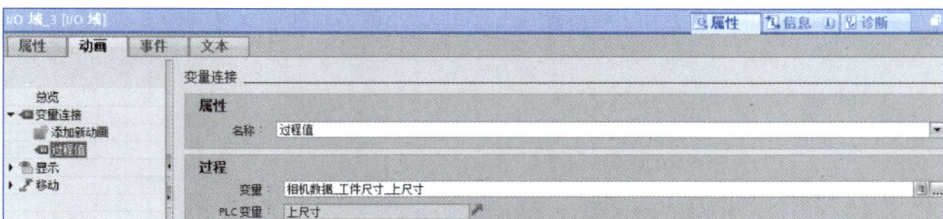

图5-79 工业相机界面及控件设置

④ RFID界面。RFID界面主要包括手动读取和写入按钮、物料信息说明、拍照信息说明等内容，如图5-80所示。

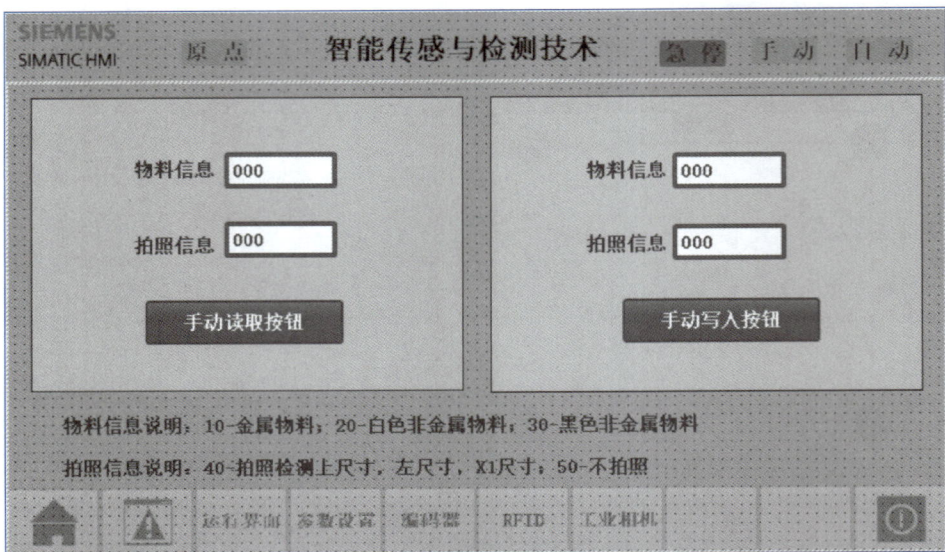

图5-80　RFID界面

a. 对按钮进行外观变量关联设置，并对按钮的事件进行变量关联设置，如图5-81所示。

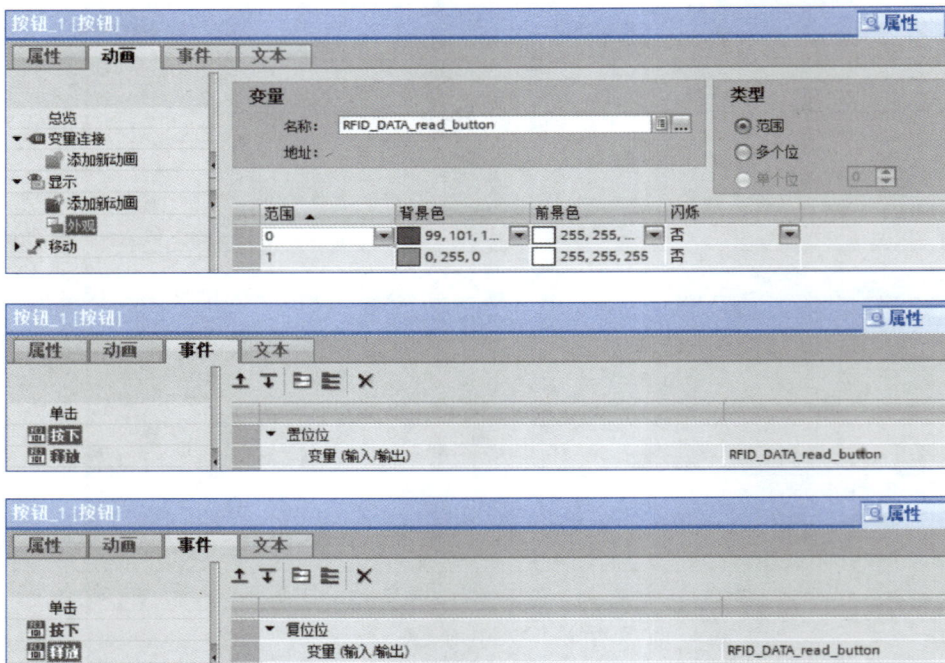

图5-81　RFID界面按钮控件设置

b. 对显示I/O域进行常规过程变量关联设置，并进行过程值变量连接，如图5-82所示。

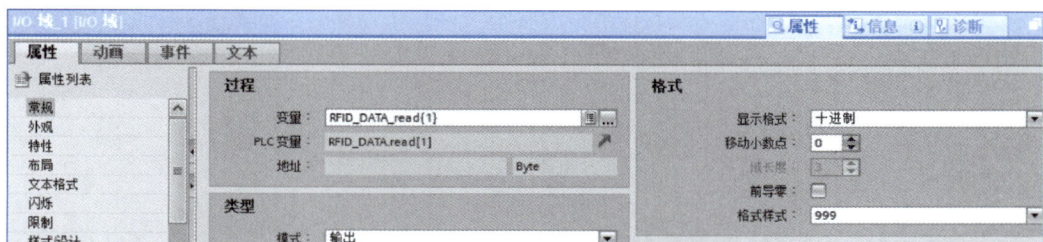

图5-82　RFID界面I/O域控件设置

⑤ 其他界面。其他界面包括参数设置界面、编码器界面等，可以根据需要使用一个或多个界面。本任务考虑练习目的，将参数设置和编码器分成两个界面。

a. 参数设置界面。参数设置界面一般放置需要设置的参数，便于用户查找，如图5-83所示。

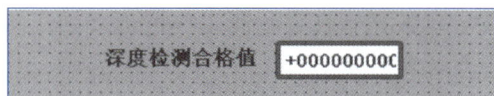

图5-83　深度检测合格值参数设置界面

b. 编码器界面。编码器界面的设计方法与RFID界面一致，如图5-84所示。

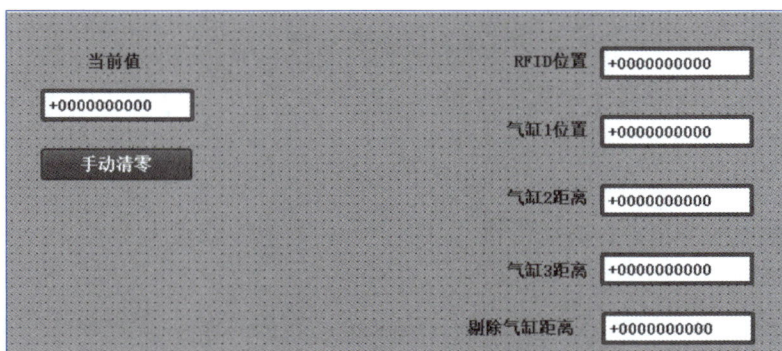

图5-84　编码器界面

通常在画面设计过程中会进行HMI变量的建立和与PLC变量的关联。

（4）连接设置

HMI界面设计完成后，需要对PLC和触摸屏进行连接设置，主要是对两者的网络连接进行配置，如图5-85所示。

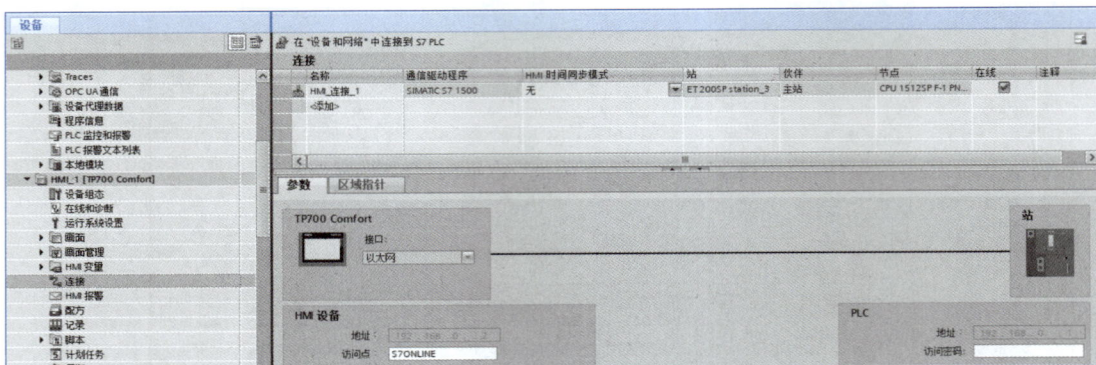

图5-85　HMI与PLC连接设置

（5）编译下载

完成HMI设计后，与PLC类似，需要对设备及画面进行编译。编译完成后，下载HMI程序至相应TP700触摸屏。TP700与PLC在相应网络下，就可以进行整体调试运行。

3. 综合调试

将3种物料正确摆放进料仓，观察所有气缸是否都处于缩回状态，如果均缩回，此时处于原点状态，将手动/自动开关切换至自动状态，按复位键，然后按启动按钮，观察物料工作过程。

（1）合格物料

正向摆放的合格物料在通常情况下应正常出仓，输送带正转启动，物料移动至RFID检测位停下，RFID系统读取数据，位移气缸伸出，检测深度，将检测值与HMI设定值进行比较，判断其为合格物料，在气缸回到原点位情况下，输送带正转启动，对3种物料进行识别，不同物料分别停在不同的气缸位置，由气缸将物料推入相应料槽。

金属工件会被送入另一支路输送带，检测到门型光电式传感器信号，启动直流电动机，将金属工件送入工业相机正下方，自动触发拍照识别，完成金属工件孔间距离的测量。

单流程结束后需要重新按启动按钮，进入下一个物料的检测任务。

（2）不合格物料

将原有物料反向摆放送入料仓，按启动按钮，物料正常出仓，输送带正转启动，物料移动至RFID检测位停下，RFID系统读取数据，位移气缸伸出，检测深度，将检测值与HMI设定值进行比较，此时深度接近0，判断其为不合格物料，在气缸回到原点位情况下，输送带反转启动，将物料反向送至剔除气缸位置，由气缸将物料推入剔除料槽，单流程结束。

在调试过程中需要对RFID数据、编码器对应各气缸距离进行数据读取和存储。

演示视频
综合调试
（手动控制）

演示视频
综合调试
（自动运行）

四、任务检查与总结（表5-26）

表5-26　任务检查与总结

序号	项目工序完成情况	检测完成情况	控制完成情况	是否合格
1				
2				
3				
4				
5				
6				
7				
8				
9				
10				

任务总结（复述工作过程及注意事项）：

✏️ **任务评价（表 5-27）**

表 5-27　任务评价表

任务	训练内容与分值	训练要求	学生自评	教师评分
智能产线的综合检测应用	检测任务分析，20分	1. 能根据任务要求完成基本任务分析； 2. 能正确、合理地分配工作任务		
	视觉处理，20分	1. 能根据任务要求完成视觉组件配置； 2. 能正确完成圆圆测量任务		
	综合检测应用程序设计与调试，20分	1. 能根据之前的任务完成本任务的程序设计与调整； 2. 能完成任务联调		
	综合检测应用触摸屏设计与应用，30分	1. 能根据检测任务完成触摸屏设计； 2. 能将触摸屏与系统进行通信及完成联调运行		
	职业素养与创新思维，10分	1. 积极思考，举一反三； 2. 操作安全、规范； 3. 遵守纪律，遵守实训室管理制度		
	学生：　　　　　教师：　　　　　日期：			

📝 **项目小结**

通过项目五的学习，应当进一步认识智能产线中传感器的综合应用，掌握工程图纸的识图方法，掌握传感器的基本安装与调试方法，能够根据任务要求进行机器视觉检测，并能够根据任务要求编写和调试程序，结合任务要求设计HMI触摸屏，完成测试工作的可视化。请读者进行本项目各任务的操作，为后续学习打下基础。

💭 **思考与练习**

1. 思考题

（1）比较传感器与延时定时器定位和编码器定位方法，说明其各自的特点。

（2）本项目使用＿＿＿＿＿＿＿＿气缸，采用的电磁阀是＿＿＿＿＿＿＿。

（3）本项目使用＿＿＿＿＿＿＿＿类型编码器，与机器人关节编码器有区别。

（4）常用质量检测包括＿＿＿＿＿＿、＿＿＿＿＿＿、＿＿＿＿＿＿等。

2. 操作题

（1）对图5-25所示的物料分拣控制流程进行修改，如图5-86所示，要求将分拣工作与料仓工作作为两个独立的工作序列，其他则参照本项目任务三实施。

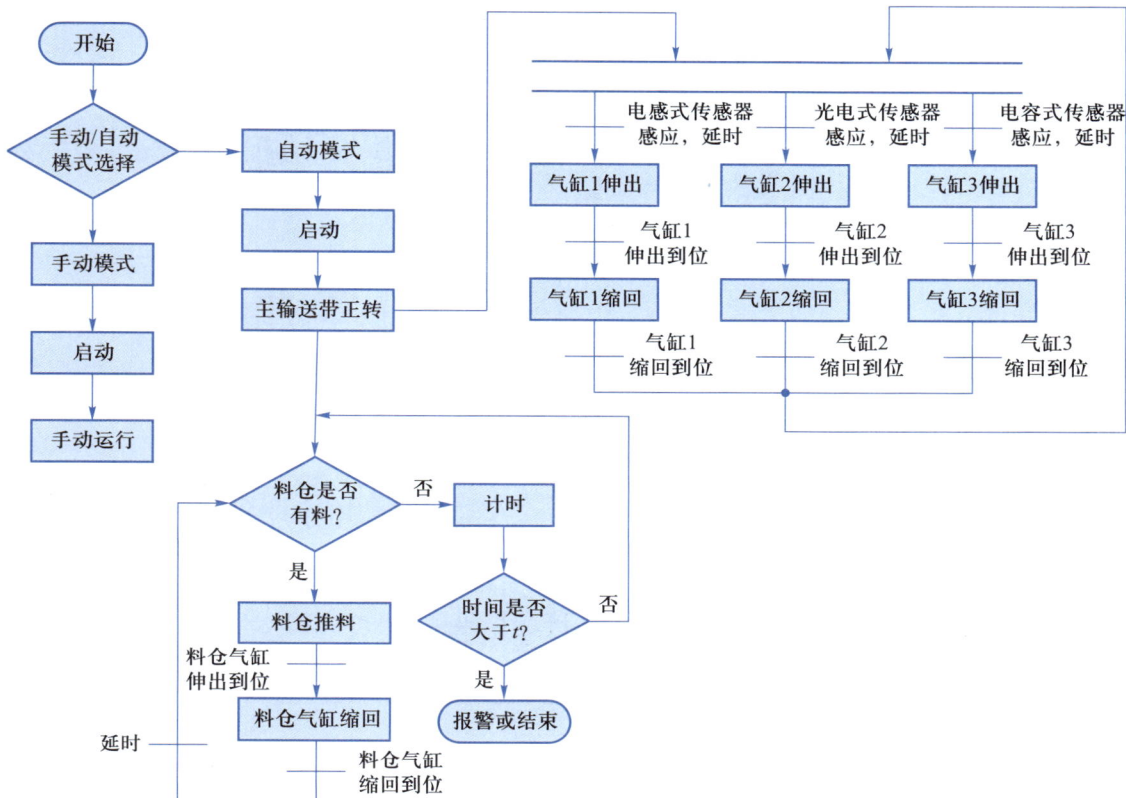

图5-86 修改物料分拣控制流程

（2）对图5-53所示的综合检测控制流程进行修改，如图5-87所示，使用传感器和延时定时器进行位置定位，其他则与本项目任务四基本一致，参考任务四完成该练习。

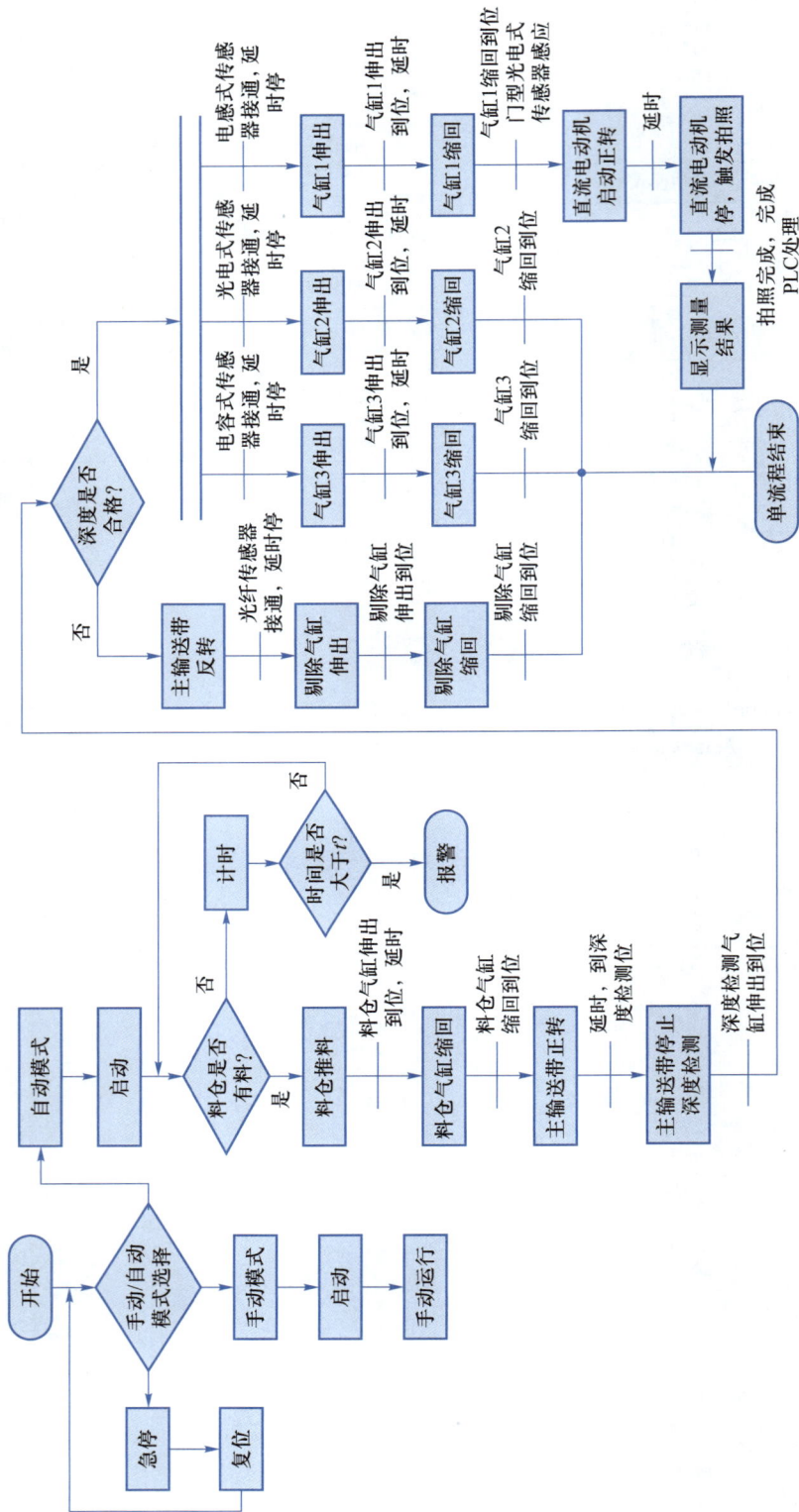

图5-87 修改综合检测控制流程

参考文献

[1] 武新，高亮，张正球，林世舒. 传感器技术与应用[M]. 2版. 北京：高等教育出版社，2021.

[2] 陈黎敏，李晴，朱俊. 传感器技术及其应用[M]. 3版. 北京：机械工业出版社，2022.

[3] 牛百齐，董铭. 传感器与检测技术[M]. 2版. 北京：机械工业出版社，2022.

[4] 俞阿龙，李正，孙红兵，孙华军. 传感器原理及其应用[M]. 南京：南京大学出版社，2017.

[5] 唐志凌，沈敏. 射频识别（RFID）应用技术[M]. 3版. 北京：机械工业出版社，2021.

[6] 刘娇月. 传感器技术及应用项目教程[M]. 2版. 北京：机械工业出版社，2022.

[7] 俞云强. 传感器与检测技术[M]. 2版. 北京：高等教育出版社，2019.

[8] 刘丽. 传感器与自动检测技术[M]. 2版. 北京：中国铁道出版社，2017.

[9] 刘韬，葛大伟. 机器视觉及其应用技术[M]. 北京：机械工业出版社，2020.

[10] 蒋正炎，刘浪，莫剑中. 工业机器人视觉技术及行业应用[M]. 2版. 北京：高等教育出版社，2022.

[11] 刘凯，蒋庆斌，周斌. 机器视觉技术及应用[M]. 北京：高等教育出版社，2021.

读者意见反馈

为收集对教材的意见建议，进一步完善教材编写并做好服务工作，读者可将对本教材的意见建议通过如下渠道反馈至我社。

咨询电话　400-810-0598

反馈邮箱　gjdzfwb@pub.hep.cn

通信地址　北京市朝阳区惠新东街4号富盛大厦1座
　　　　　　高等教育出版社总编辑办公室

邮政编码　100029